数学素养的内涵、测评与发展研究

黄友初 著

教育部人文社会科学研究青年基金项目(批准号: 14YJC880022)
温州大学出版资助项目

科 学 出 版 社
北 京

内 容 简 介

数学素养是目前国内外学者、数学教师所关注的热点之一，如何在数学教育中提升学生的数学素养，已成为各国数学课程改革的重要目标。尽管数学素养一词已耳熟能详，但是何为数学素养？它的内涵是什么，该如何测量学生的数学素养，又该如何才能更好地发展学生的数学素养？这些问题十分重要，目前国内对这方面的研究还不多。本书对国内外的数学素养发展和内涵进行了较为深入的梳理和分析，然后对 PISA 的数学素养测评进行研究，探讨 PISA 数学素养测试的理论基础、试题编制过程和标准、测评过程和结果分析等内容，并对上海和台湾在 PISA 数学素养测评中的结果进行分析和比较。研究认为，数学课程标准和教师的课堂教学是影响学生数学素养发展的两个关键因素研究，对我国数学课程标准进行分析并提出若干建议，并构建了基于数学素养发展的数学课堂教学模式。这对于职前和职后教师的数学教学、数学素养研究者都具有重要的参考价值。

本书可作为高等院校师范生、相关专业的研究生、在职教师和数学教育研究者的参考用书。

图书在版编目（CIP）数据

数学素养的内涵、测评与发展研究/黄友初著. —北京：科学出版社, 2016.6
ISBN 978-7-03-049261-6

I. ①数… II. ①黄… III. ①数学教学-教学研究 IV. ①O1-4

中国版本图书馆 CIP 数据核字 (2016) 第 144267 号

责任编辑：胡海霞 王胡权／责任校对：张凤琴
责任印制：徐晓晨／封面设计：迷底书装

科学出版社出版
北京东黄城根北街 16 号
邮政编码：100717
http://www.sciencep.com

北京教图印刷有限公司 印刷
科学出版社发行 各地新华书店经销

*

2016 年 7 月第 一 版 开本：720×1000 B5
2017 年 3 月第三次印刷 印张：16 1/2
字数：330 000

定价：59.00 元

(如有印装质量问题，我社负责调换)

前　言

一直以来，教育的主要目的就是培养社会发展所需要的人才，但是在不同的社会背景下，对人才的要求标准是不一样的。数学，是一门基础学科，在教育中占有非常重要的地位，在农耕社会和工业社会中，数学大多扮演着工具性的角色。而随着社会的发展，数学的应用越来越广泛，不但各个领域都直接或者间接用到数学知识，而且它也直接或间接地影响着人们的日常生活。不仅出行、消费、理财、保险都需要用到数学，各类数量、图表和几何信息也充斥着报纸、电视和网络等新旧媒体，如果不能读懂这些信息将会是现代社会意义上的“文盲”。这种现象下，仅仅把数学视为一种工具是不够的，社会的发展对人才所需要的数学提出了新的要求。现代社会所需要的人才不仅要具备一定的数学知识，掌握一定的数学技能，还要有灵活而严密的数学思维，能用数学眼光看待问题，用数学思想形成问题，用数学方法解决问题，这些就是个人的数学素养。可以说，无论是在工作上，还是在个人的日常生活中，现代社会都需要公民具备一定的数学素养。

提倡数学素养，这不仅是社会对人才的需求，在教育体系的内部发展也需要推行数学素养教育。很多学者的研究都已经表明了，考试是目前学生学习数学的重要动力来源。但是，随着教育的普及化，很多时候学生都不需要靠考试成绩进入下一阶段的学习。在这种教育背景下，吸引学生学习数学的只能是数学本身。为此，需要在数学教育中让学生意识到数学的价值，让他们了解到数学对个体发展的重要性，数学在日常生活的作用，数学对社会发展的价值，这样才能促使他们自发地学习数学。而这就需要推行数学素养教育，让学生在学校的数学学习中，学到真正有价值的数学知识、数学技能和数学思想。而且，随着义务教育的深入开展，未来可能推行十二年义务教育，那么在没有升学考试的情况下，各学校的数学教育质量将会与学生的数学素养监测结果相挂钩。因此，无论是社会的外部还是教育的内部，都需要在学校的数学教育中发展学生的数学素养。

自 20 世纪末以来，各国的数学课程改革都将数学素养作为重要的指导思想。2000 年以来，我国推行的数学课程改革十分重视数学素养，在课程标准中多次提到要在数学教学中发展学生的数学素养。但是，无论是数学课程标准，还是各种纲领性文件中都没有明确阐述数学素养的内涵。在学者的研究文献中，虽然较多论述了数学素养的重要性，但很少就数学素养的内涵进行深入探讨，而数学素养的测评和发展的研究文献则更少。但是，数学素养的内涵、测评和发展的研究对推行数学素养教育有着十分重要的作用。内涵是实施教育和后续研究的基础，只有厘清了数学素养的内涵才能有目的地实施针对性的数学教育，才能明确测评的目标，而数学素养的测评是检验教学效果的必要手段，也是反馈教育和教学的重要方式。因此，在数学素养的研究中，内涵、测评和发展是三个关键的要素，其中内涵是基础，发展是目的，测评是监控的手段。所以，有必要就数学素养的内涵、测评和发展进行专门的、深入的探讨。

本书首先分析国内外的数学素养发展，然后重点探讨了各种数学素养的内涵，包括国内外数学素养内涵的发展过程、内涵的分类，以及内涵所对应的核心要素等。研究发现，PISA 的数学素养内涵，是一个基于外部联结的个体内部反应的概念，它基于个体终身学习的视角，聚焦于个体在真实世界中的工作和生活。该内涵的阐述对各国的数学素养研究都有着重要的影响，而 PISA2012 中的数学素养内涵比起以往更加具体、更贴近现实生活。随后，本书对国内外的数学素养测评进行梳理和分析，研究发现国内的数学素养测评更多的是基于经验和理论的分析，而国外的研究比较注重方法的科学性，因此研究结果一般具有较强的说服力。鉴于 PISA 研究在国际上的影响，本书重点介绍 PISA 数学素养测量中试题开发的原则、开发过程、题目类型、试题难度，以及测评的结果与数据处理，并对上海和台湾在 PISA 数学素养测量中的结果进行评价和分析。

最后，本书从数学课程改革和数学课堂教学两个视角分析如何在数学教育中更好地发展学生的数学素养。在数学素养与数学课程改革的研究中，对美国、德国、英国、芬兰、澳大利亚、日本、新加坡、南非等主要国家数学课程改革和课程标准中的数学素养情况进行了分析。在论述我国数学课程改革的历程后，对目前的数学课程标准进行分析，指出若干不足，并提出一些建议。在数学素养与数学教学的研究中，从教师教学知识和教师的教学理念入手，在阐明教学知识对教师教学的影响之后，从教学设计和教学过程两个方面对以人为本的数学教学理念进行阐述，并构建基于数学素养发展的数学教学模式。最后，在研究中分别展示小学、初中和高中三个阶段的数学教学案例，用于说明如何在数学教学中更好地发展学生的数学教养。

本书可以为我国数学素养的数学素养教育和深化研究提供理论基础，包括如何构建合理化的数学素养测评体系，如何在数学教育中推行有针对性的课程改革，如何在学校教育中实施有效的课堂教学等，都可以从本书中获取有价值的参考。本书对国内外数学素养的发展情况和研究现状作较为全面的梳理和分析，尤其是对 PISA 中数学素养内涵、测评工具和测评结果的介绍和分析，是目前国内比较全面的文献之一，也是目前国内为数不多，专门阐述数学素养的著作。本书不仅适合数学教育方向的本科生、硕士生和博士生，以及数学教育研究者阅读，也适合从事中小学数学教学的教师阅读。

本书的撰写过程中得到很多老师和学生的帮忙，在此对他们表示最真挚的谢意！尤其是在台湾访学期间，有幸参与到李国伟教授和刘柏宏教授等所主持的“提升国民素养实施方案数学素养计划”项目研究中，这也激发了作者研究数学素养的热情。虽然作者在该研究团队的时间不长，但是各位学者严谨的治学态度，扎实的学术功底，给作者很大的启发和帮助，在此表示感谢！本书的出版得到温州大学学术著作出版经费的资助，在此表示感谢！最后，感谢科学出版社胡海霞和王胡权的辛勤工作！著书是一项永远都会存在遗憾的工作，尽管耗费了作者大量的精力，但每次阅读时总觉得还有值得完善的地方。

由于能力有限，本书一定还存在诸多不足之处，敬请读者给予批评和指正。

黄友初

2015年10月

目　　录

第1章　绪　　论

素养的英文名称为 literacy，它来自拉丁文的 literatus，从中世纪开始便有学者对其进行不同层面的解释，其中最普遍的是认为素养是一种读写算的能力，是日常生活中的一种基本能力(倪惠玉，1994)。随着社会的发展，对人们应具备的素养要求也日益提升。1943 年后，“素养”一词开始出现在其他领域，很多专业名词的后面都被加上了“素养”一词，用于表示该专业领域的最基本技能 (Gal，2002)。自 20 世纪 50 年代开始，数学素养逐渐成了数学教育研究的热点，并逐渐成了欧美国家数学课程改革的重要指导，也成了教师采取数学课堂教学方式重要的理论依据。

但是，数学素养的内涵是什么？该如何测评一个人的数学素养？如何在数学教育中发展学生的数学素养？大多数人对这些问题是缺乏了解的。这不仅导致了滥贴数学素养标签的现象，在教育实践中也出现了偏离数学素养本质的倾向。因此，为了更好地研究数学素养，也为了更好地发展学生的数学素养，有必要对这些问题进行探索。本书将就国内外的数学素养内涵研究进行分析，对各种数学素养的测评研究和测量工具进行梳理，并从数学课程改革和数学课堂教学两个方面就如何发展数学素养进行探讨。本章主要就研究背景、研究问题和意义做简单论述。

1.1　研 究 背 景

1.1.1　数学素养的价值

一直以来，教育的根本目的就是促进个体的发展，但是在不同的国家、不同的社会背景下，教育的指导思想是不同的，教育的具体目的也是有区别的。数学，作为一门基础学科，在教育中占有非常重要的地位，尽管在农耕社会和工业社会中数学大多扮演着工具性的角色，但如今，在信息化社会中，它对人的影响是全方位的。目前现在绝大多数的国家都已将数学素养作为国民综合素养的一个重要指标，发展学生的数学素养也成了数学教育的主要目的。研究数学素养不仅是社会发展的需要，也是教育自身发展的需求所在。

1. 社会发展需要数学素养

数学在社会各领域的广泛应用，已被人所熟知。无论是建筑、通信和机械，还是金融、生物和交通，各领域的发展都离不开数学。数学不仅给人提供了可以直接用到的知识和技能，还训练了人的逻辑思维，培养了人的数学思想，这些都可以间接地影响人们分析问题和处理问题。如果没有一定的数学基础，学生毕业后很难在社会上找到适合自己的工作，即使找到工作了，薄弱的数学基础也会限制个人在事业上的发展。例如，现在的农民也需要用计算机网络来寻找市场，用电脑软件来分析土壤、调节土壤的营养与种子的数量；护士需要用计量单位的转换来确定药剂用量的准确性；生物学家需要用数学模型来刻画生物现象，也需要发展计算机语言来绘制人类的基因；投资者需要用统计数据来分析和预测市场发展与下一步的投资；律师需要用概率和统计结果来提供证据，需要严密的逻辑思维来推理和分析等。

不仅在工作上，随着科技的发展，如今我们的日常生活也离不开数学，出行、消费、理财、保险都需要用到数学。数量、图表和几何信息充斥着报纸、电视和网络等新旧媒体，如果不能读懂这些信息将会是现代社会意义上的“文盲”。《美国学校数学教育的原则和标准》中指出的:在这不断更新的社会里，那些懂得且能运用数学的人们，大大提高了规划他们未来的机会和选择。对数学的精通，为他们打开了通向美好未来之门。相反，这美好之门对缺乏数学能力之人是关闭的。而且，一个只有少数人懂的数学在经济、政治和科学研究中所扮演主要角色的社会与一个民主社会的价值以及经济的需要是不相吻合的(全美数学教师理事会，2004)。

我们应该看到，用数学描述各种现象的数量关系，并通过建构模型进行分析和预测，这种思想是任何学科都难以取代的。而要具备这种能力不是掌握多少数学知识就可以衡量的，也不是会处理多么烦琐的计算就可以达到的，这不仅需要数学知识、数学技能，也需要数学思想，这就是数学素养的体现。随着时代的发展，社会对普通公民的数学提出了新的要求。如今很多不用复杂思维的工作已被自动化所代替，电脑和机器人有效地取代了这些工作，这种情形下，很多工作或情境中的数学是隐含着的，只有具备一定数学素养的人，才能了解不同工作中所需要的数学。因此,未来的社会需要的是具备较高数学素养的人才,他们能用数学的观点看待问题,用数学的思想分析问题，用数学知识和技能解决问题。可以说，无论是在工作上，还是在个人的日常生活中，社会都需要公民具备一定的数学素养。

2. 数学教育需要数学素养

在数学教学中,我们常看到这样一种现象:讲台上教师口沫横飞地讲解和演算,认真的同学努力地抄写或盯着老师的每一个步骤，生怕漏了重要的解法；而对基础较差的同学，不是昏昏欲睡就是双眼茫然。在目前，很多学校所热衷的学习文化其本质上就是要求学生能专心听讲、认真背诵、然后就是不断地做练习和考试。那么，教师真正的教学目的又是什么呢？难道就是为了让学生能考个好成绩吗？这种学习方式下能真正学到数学的本质吗？我们的数学教育是为培养数学家、数学机器，还是为一般公民能更好地生活和工作提供数学基础？

应该看到，随着社会的发展，必然会从英才教育的模式过渡到大众教育的模式，在全民义务教育的模式下，为考试而学习的现象将会得到改变，吸引学生学习数学的只能是数学的社会价值和数学本身的魅力，而这些都属于素养的范畴；为了学生未来的进一步发展，也需要在数学教育中发展学生的数学素养。例如，孔企平(2002)指出，在过去只要掌握熟练的运算技能就被认为具有数学素质，而在不断信息化发展的社会状况下，许多机械的工作都已经交给计算机处理，对于运算技能的要求在逐步降低，而对采集信息、处理信息的能力，以及运用数学知识解决实际问题等数学素质的要求却在逐步提高。曹才翰和章建跃(2006)认为，数学素质与具有数学的头脑是差不多的，归根到底是指学生要有数学思维方式，能从数学角度出发进行理性思考，有寻求一般性模式、追求简洁与形式完美的思维方式和习惯、追求逻辑的严谨性和结论的可靠性的意识等。朱德全和宋乃庆(2000)指出，随着社会的发展，数学科学不再局限于人们所设想的理性思辨科学，数学教育的任务也不再局限于以传授知识、培养能力为重要理想，在现代大教育观的规范下，数学教育应当着力于以现代数学思想方法观去改造传统的数学形式教育观，力求体现出它的时代文化特征，而这需要教师树立正确的素质教育观。

综上所述可看出，发展学生的数学素养已成为数学教育的主要目的，而如何在具体的教育实践中培养学生的数学素养，是今后各国数学教育需要解决的主要任务。因此，数学教育需要数学素养，需要用数学素养指导数学教育改革，指导学校的数学教学，从而能在数学教育中更好地发展学生的数学素养。

1.1.2 数学素养的缺失

1. 数学素养在数学教育中的缺失

尽管从20世纪80年代开始，我国就提出了素质教育的口号。在1988年颁布并实施的《九年义务教育全日制初级小学数学教学大纲》中将数学看成是一种素养(课程教材研究所，2001)。在1992年颁发实施的《初级中学数学教学大纲》里，首次出现了数学素养一词。2000年以后所推出的各种数学课程标准中，更是将培养学生的数学素养作为重要的教育目标。但是，数学素养在我国数学课程改革中的体现还是不足的，在数学素养的指导下，如何处理“双基”和“四基”的联系，如何体现不同人对数学的不同需求，这些都有待于进一步的商榷；而在缺乏教学指导的情况下，一些教师的数学课堂教学更是偏离了发展学生数学素养的教育目标，要么过于注重学生的获得和过程体验，而忽视了知识的系统性，导致数学学习见木不见林；

要么偏重应试教育，将数学素养等同于数学成绩。

为了提高考试成绩，一些教师在数学教学中采用了大运动量的“题型+解法”的解题训练，学生被逐步训练成了反应灵敏的“解题机器”。在这种背景下，学生的数学智能被降低为解题技能，甚至沦为了一种本能，学生仅能对熟悉的题型产生本能的反应，而对陌生的题型束手无策，无法灵活运用已有数学知识分析和解决问题。虽然说这种应试教育也不自觉地培养了学生的综合素质，但它培养出的综合素质是不全面的，也是不系统的(郑正亚和石循忠，2001)。邹云志和王宝富(2004)指出，目前的数学教育，在内容上缺乏时代感，教学手段仍没有脱离应试、解题的模式，学生参与少，难以唤起学生积极性，而且教学的评估还比较落后。

由此可看出，数学素养在我国的数学教育中还是缺失的。虽然，新课程改革将数学素养上升到了一个很高的高度，但是很多后续的配套措施和研究都还没有跟上。无论是在理论阐述上，还是在教师培训方面，都未能清晰地阐明数学素养的内涵，以及说明基于数学素养的数学教育理念应该为何。这也导致了很多一线教师对数学素养的理解不清晰，要么将其理解为降低知识难度的活动和推行讨论式的课堂教学，乱贴数学素养教育的标签；要么还是坚持原来的教学理念和教学方式。很多学者(肖绍菊，2006；刘和景，2006；全光淑，2014)的调查都表明了，一线数学教师的教学理念和教学方式和新课程的要求还存在不小的差距。而出现这种现象，与我国对数学素养的研究还不够深入也是不无关系的，尤其是对数学素养内涵、测评和发展的研究。

2. *数学素养在教育研究中的缺失*

研究数学素养的主要目的，就是希望能认清数学素养的本质特征，把握关键要素，从而实施更为合理的数学教育，通过学校的课堂教学更好地发展学生的数学素养。在这个过程中，数学素养的内涵是基础，只有厘清数学素养的内部生成过程和外部表现，才能有针对性地开展数学教育；但是数学素养发展的效果如何需要通过测评才能检验，也只有通过测评才能找出哪些环节比较薄弱，在这种反馈的基础上进一步发展学生的数学素养。因此，可以认为数学素养的内涵、测评和发展是研究数学素养的三个关键要素。但是，目前国内对这三个要素的研究还是比较缺乏的。

虽然，有关数学素养的研究论文数量众多，但是这其中有很多文献都是探讨数学素养的价值，说明推行数学素养教育的意义，缺乏深入分析数学素养的内涵。黄秦安(2001)指出，虽然从研究现状看，作为整个教育思想，素质教育的各种研究已是硕果累累，然而各门学科的素质教育研究却显得比较薄弱，已有的一些研究成果也存在就事论事、缺乏理论高度等不足。出现数学素养研究数量较多这种现象，和国家提倡素质教育有很大关系，而出现研究文献缺乏深度，多以论述数学素养的重要性，这和数学素养或数学素质一词出现之后并没有做严格的论证，导致数学素养或数学素质成了一个约定俗成的用语有关。一些学者，尤其是一线数学教师，认为既然不能以应试教育作为数学教育的主要目的，也不能将题海战术作为数学学习的主要方法，也没有明确地告知数学素养教育应该怎么实施，那么只能从自身的经验出发思考数学素养，按照自己的理解实施数学教育。这也导致了一些数学教学偏离了课程标准的要求。

与探讨数学素养的教育价值，以及基于自身经验分析数学素养内涵的文献相比，有关数学素养的测评和学生数学素养的发展方面的文献还比较少。虽然近年来有学者开始关注如何在数学教学中发展学生的数学素养，但是这类研究多以理论分析为主，一些所谓的实证研究，在研究方法上也是值得商榷的。而且，目前专门探讨数学素养的著作还十分缺乏。作者在当当网和淘宝网上输入“数学素养”作为关键词进行搜索，均没有发现有专门研究数学素养的著作。这些都表明了，数学素养虽然是目前数学教育的热点之一，但是对数学素养的研究还是比较缺乏，尤其是深入地探讨数学素养的内涵、规范化的数学素养测评体系，以及合理化的数学素养发展模式。这些都给本书留下了进一步深化和拓展的空间，也凸显了本书的价值。

1.2　研究问题和意义

1.2.1　研究问题

我国的很多数学素养研究文献都已论述了数学素养的价值，这可认为是数学素养研究的第一阶段，主要是为了引起各界对数学素养的重视。但是，研究数学素养的主要目的是为了能更好地在教育中发展学生的数学素养，为此，首先需要了解数学素养的内涵是什么，哪些数学知识与数学素养关系最为密切，数学素养都会体现在学生的哪些数学能力上等。只有把这些关系厘清了，才能有针对性地通过课堂教学发展学生的数学素养。那么教学效果如何，该怎么检验，如何根据检验效果来调整教学，这些问题又需要通过发展数学素养的测评来解决。因此，数学素养的内涵、测评与发展是紧密结合的。

在数学素养内涵的指导下，可以有针对性地开展基于数学素养的数学教育，并构建数学素养测评体系。在数学教育的过程中，应当运用数学素养的测评体系来检验教育效果，通过检测结果的反馈来调整数学教育，当然测评体系的完善也需要数学教育的支持。而对数学素养教育和测评的分析，可以进一步深化数学素养内涵的梳理。因此，可以将数学素养的内涵、测评和发展视为数学素养研究的三个关键要素，它们之间的相互联系，如图 1-1 所示。

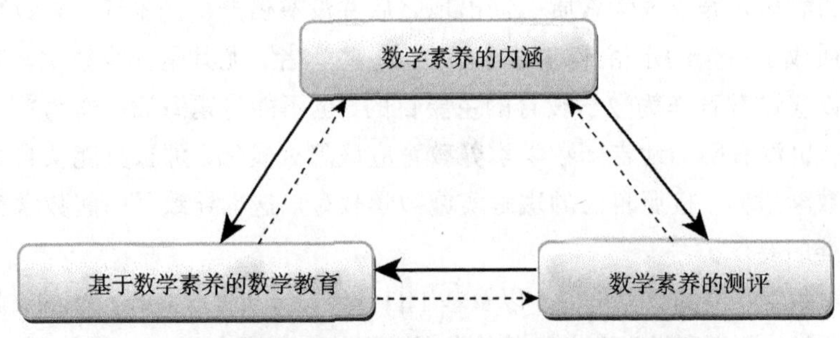

图 1-1　数学素养内涵、测评与发展的联系结构图

综上所述，将本研究主要聚焦于以下三个方面：

(1)国内外研究中对数学素养的内涵都有着怎样的论述？

(2)国内外对学生数学素养都进行怎样的测评？

(3)如何在数学课程改革和数学教学中更好地发展学生的数学素养？

其中，前两个方面的问题主要在第 2~4 章中，分别从国内、国外和 PISA(Program for International Student Assessment)三个方面的研究中进行分析和阐述；而第三个问题主要在第 5 章和第 6 章，分别从数学课程改革和数学教学两个方面进行探讨和分析。

1.2.2　研究意义

1. 为教育教学提供必要参考

虽然在 2000 年以后所推出的几份数学课程标准中，都突出了数学素养的重要性，明确提出了要在数学教育中发展学生的数学素养。例如，在《义务教育数学课程标准》(教育部，2001)的前言部分就提出了“数学是人类文化的重要组成部分，数学素养是现代社会每一个公民应该具备的基本素养”；并在实施建议部分指出“数学活动经验的积累是提高学生数学素养的重要标志”“(教师)要不断提高自身的数学素养，善于挖掘教学内容的教育价值”；在课程资源的开发和利用部分指出“(课程资源)为学生提供探索复杂问题、多角度理解数学的机会、丰富学生的数学视野、提高学生的数学素养”。在《普通高中数学课程标准》(教育部，2003)中共有 9 处提到了数学素养，有 1 处提到了数学素质。其中在《普通高中数学课程标准》的前言部分，就指出“数学素质是公民所必须具备的一种基本素质”；在课程的基本理念部分，指出“(高中数学教育)为学生适应现代生活和未来发展提供更高水平的数学基础，使他们获得更高的数学素养”；在课程目标部分，指出“高中数学课程的总目标是：使学生在九年义务教育数学课程的基础上，进一步提高作为未来公民所必要的数学素养，以满足个人发展与社会进步的需要”。

但是，这两份课程标准都没有给出数学素养的具体内涵，它们由哪些核心要素组成，具备高数学素养学生都会体现出哪些能力，该如何进行基于数学素养的数学教学，以及该如何检验基于数学素养的数学教育效果。本书在介绍了国内外的数学素养发展情况后，将重点对国内外的数学素养内涵进行梳理和分析，厘清了数学素养所对应的核心知识和所体现的主要数学能力，这些对教师理解数学素养有着十分重要的帮助。在研究中，还介绍了国内外的数学素养测评，尤其是 PISA 的数学素养测评，并展示了不同知识类别、不同难度和不同背景的 PISA 测试题目。这些内容不仅可以帮助更好地了解数学素养的表现，教师也可以将这些测试题目作为教学例题，来检验学生的学习效果。本书还从数学课程改革和数学课堂教学两个方面入手，分析了如何在数学教育中更好地发展学生的数学素养。这部分研究成果对教师的教学更是具有现实的参考价值。

因此，本书中无论是数学素养的内涵阐述、测评分析和教学中发展数学素养的探讨，对一线教师的教学都具有借鉴和启发价值，对数学课程改革和数学教育的深化也都具有重要的指导意义。

2. 为后续研究提供理论基础

我国的数学素养研究文献虽然数量较多，但是在内容上大多是论述数学素养的重要性，对数学素养的内涵、测评和发展的探讨还比较少。这其中的一个重要原因，就是缺乏研究的理论基础，尤其是来自国外的数学素养研究资料，使得他们的研究和分析只能基于自身的经验，而不能深入地、科学地进行研究和探索，尤其是实证的研究。

在本书中，将对国内、国外的资料进行较为详细的收集和分析，论述国内外的数学素养发展情况，对国外不同数学素养术语的异同进行辨析，对国内外有关数学素养的重要文献和纲领进行评述。尤其是对近几次 PISA 测评中的数学素养理论框架，测评结果进行介绍、比较和分析，包括数学素养试题的编制原则、题目内容构成、测试结果的规范化处理等。这些都可以为后续的数学素养内涵和测评研究，提供重要的参考。而且，本书将对欧洲、美洲、亚洲、澳洲和非洲的一些国家中，数学素养在国家数学课程改革中的作用分别进行论述，并将其与我国数学课程改革相比较，这对我国的数学课程改革具有重要的参考价值。在基于数学素养的数学课堂教学方面，本书从教师教学知识和教学理念两个方面入手探讨教师的课堂教学。在详细论述之后，构建基于数学素养发展的数学课堂教学模式，该模式可以为教师的教学提供依据。这些研究和探索虽然是基于理论的，但是这种阐述和分析是十分必要的。本书比较全面地梳理了国内外的数学素养研究文献，尤其是 PISA 的数学素养研究，这些都可以对我国后续的数学素养研究提供必要的理论支撑，这也是本书的另一个价值和意义所在。

1.3　本书的框架结构

本书围绕着数学素养的内涵、测评和发展的主题而展开，共分为 6 章。

第 1 章是绪论，主要介绍本书的研究背景、研究问题和意义。

第 2 章是我国的数学素养研究。首先，从教育政策、研究文献和教育实施这三个方面论述我国数学素养的发展过程。其次，分析我国文献中的数学素养内涵的探讨情况，认为可以将其分为无直接阐述时期、内涵的组合说和发展说时期，以及内涵阐述的多元化时期三个部分。在分别介绍大陆和台湾的数学素养测评和发展研究以后，从数学素养的内涵和研究发展趋势两个部分对数学素养的研究趋势进行分析。

第 3 章是国外的数学素养研究。由于各国采用不同的术语表示数学素养，因此本书首先对数学素养术语的发展做简介，然后对 Numeracy、Quantitative Literacy、Mathematical Literacy、Mathematical Proficiency 和 Matheracy 等若干常用数学素养术语所表示的内涵分别进行分析，并对国外数学素养的测评和发展进行论述。

第 4 章是 PISA 的数学素养。先从测评对象和方式、测评科目和目标、测评的学生抽样和问卷设计三个方面对 PISA 的研究和实施情况进行介绍。然后对 PISA 的数学素养内涵进行分析。接着，从试题的编制、结果的处理等方面介绍 PISA 的数学素养测评，并对上海和台湾学生在 PISA 数学素养测评中的表现进行介绍，也对数学素养与学生、学校、家庭之间的联系进行分析。

第 5 章是数学素养与数学课程，从课程改革的视角探讨学生数学素养的发展。首先从数学素养教育背景、数学素养教育的研究和课程标准中的数学素养三个方面分析国外数学课程中的数学素养；其次分析我国的数学课程改革，并从数学素养的视角对目前的课程标准进行评述，在指出不足的同时，也给出若干的建议。

第 6 章是数学素养与数学教学，从课堂教学的视角探讨学生数学素养的发展。研究认为，教师教学知识和教师的教学理念是影响数学素养教育的两个重要方面。研究还指出，首先要在课堂教学中发展学生的数学素养必须要求教师具有扎实的教学知识和以人为本的教学理念，并构建基于教学知识的数学素养教学模式。其次按照小学、初中和高中三个不同学习阶段分别展示数学教学案例，供读者参考。最后对本书的主要研究结果进行总结，在指出本书的若干不足之后，也对后续研究进行展望。

第 2 章　我国的数学素养研究

数学在我国有着悠久的历史，自新式学堂开办以来，数学也一直是我国学校教育的重要学科。由于文化传统、教育体制，以及师资力量等原因，我国中小学生的数学基础相对较强，其中一个突出的表现就是我国学生在国际中学生奥林匹克数学竞赛中屡创佳绩，在数学的国际比较方面也表现不俗。但是，在欣慰之余，我们也要思考数学基础牢固、学科知识扎实的人才是否就足够了？现代社会对人才的数学需求有哪些？随着讨论和研究的深入，数学素养开始进入了人们的视野，如今数学素养已走进了我国的数学教育。

本章将从数学素养的发展过程、数学素养的定义与内涵、数学素养研究趋势分析等三个方面，对我国的数学素养的研究进行论述。在归纳我国数学素养研究文献中有关数学素养的定义和内涵的发展过程之后，简要分析我国的数学素养研究趋势。

2.1　我国数学素养的发展过程

数学素养，在我国也被称为数学素质，虽然很多人是从 20 世纪末才开始听到数学素养，但实际上，数学素养一词在我国由来已久。早在 1956 年 10 月，《数学通报》刊登的一篇苏联文献的译稿中(洛斯，1956)，就出现了数学素养的一词。但在此后的二十多年时间里，才出现了几十篇包含数学素养的文献。这说明数学素养，还未引起人们的重视。直到改革开放后，我国政府提出了素质教育的口号，并逐渐通过各项政策和指导性文件，把提高全民族的素质作为教育的一项根本任务，数学素养才逐渐被人们所熟知。下面从政策引导层面、研究文献层面和教育实施层面等三个方面对我国的数学素养发展进行简单论述。

2.1.1　政策的引导过程

1. 我国数学教育的变迁

有学者(李兆华，2005)认为，中国的近代数学教育始于 1862 年。1862—1911 年，是中国数学教育的近代化时期，构成了中国古代数学教育与现代数学教育之间的转变与过渡；而中国的现代数学教育则是以 1911 年的辛亥革命为界，民国元年和此后陆续公布的各种学制，以及其后的数学教育的变化被视为现代数学教育的开端。一般来说，可以将辛亥革命以来我国的数学教育分为以下六个阶段。

1912—1952 年：这个阶段也可以称为我国数学教育的起步阶段，主要特点是学习日本和欧美，在课程设置、教科书方面多仿照国外(先学习日本，后学习欧美)。数学教师也多从国外留学，但学时和教材不统一，尤其是“解放区”和“国统区”的数学教育体制和内容存在较大区别。

1952—1958 年：这个阶段可以称为我国数学教育的学苏阶段，主要特点是全面学习苏联的数学教育体制，在全国范围内规范了教学大纲，使用了统一的教材，教学内容上比较突出数学知识的严谨性(例如，严格证明和准确演算)。但是这种学习不是很成功，主要原因是苏联的数学教育体制与我国国情并不完全符合，苏联实行的是十年学制，而我国是十二年学制，而且新的教学大纲中取消了我国原来有的解析几何，这些都给我国的数学教育造成消极的影响。

1958—1966 年：这个阶段可以称为我国数学教育的调整发展阶段，在这段时间进行了两次主要的教育改革，主要目的是消除照搬苏联学科的局限性。其中 1958 年的课程改革主要将数学教育与我国实际相结合，增加了与生产劳动相结合的数学内容，但是也犯了“大跃进”式的错误，新增的教学内容过多，削弱了数学的基础知识；为了纠正这种错误，在 1961 年的课程改革中提出了基础知识和基本技能的“双基”观点，并阐明了数学教育需要培养学生的计算能力、逻辑推理能力和空间想象能力的“三大能力”观点。总体来说，这次改革既吸收了国外的长处，又符合我国的实际，符合当时社会发展的需要，我国的数学教学质量也开始稳步提高。

1966—1976 年：这个阶段可以称为数学教育的文革阶段，已经稳步前进的我国数学教育在“文化大革命”中受到了严重破坏。不但学校的数量在减少，学制和学时也都在压缩，学生忙于“学工”“学农”没有时间学习文化课。数学的内容在不断地精简，所剩下的内容也多与实际应用相结合。学科的教育质量和学生的数学水平，都下降到新中国成立以来的最低点。

1977—2000 年：这个阶段可以称为数学教育的全面推进阶段，在前期主要表现为逐步恢复数学教育的学习内容和学时，例如，将学制从十年学制(5—3—2)转变为了十二年学制(6—3—3)，然后全面推进教育改革，包括推行了九年制义务教育。在数学教育方面，颁布了多个教学大纲，突出了“双基”和“三大能力”，开始尝试实施多个版本的数学教科书。在改革开放的背景下，欧美的一些教育理念逐步被我国所接受，在数学教育中开始注重数学与人发展的联系，在基础知识中首次提出了数学思想和方法，在基本技能中指出发展思维能力是培养核心能力的核心。

2001—至今：这个阶段可以称为我国数学教育的深化改革阶段，主要特点是数学教育的改革逐步深化，随着国际间交流的增多，东西方的数学教育在逐渐靠拢。多元化、开放性是这个时期数学教育的最主要特征，数学课程标准不但继续保持了数学本身的逻辑顺序，还注重了学生的个体发展。数学教科书逐步多样化，重视了信息技术在数学中的应用，提倡了数学的人文价值。不再把数学看成其他学科发展的工具，而是突出了数学在个体发展中的作用(马忠林等，2001；代钦和松宫哲夫，2011)。

2. 数学素养政策的提出

从以上论述可看出，自新中国成立以来，我国百废待兴，教育以培养适应工业发展的人才为主，对数学教育的要求是培养能准确计算、画图，以及解决一些工程、机械中出现的和数学有关的问题的人才。因此，尽管20世纪50年代我国就出现了数学素养的提法，但在1976年以前，这个名词并未引起人们的重视。“文化大革命”结束以后，我国进入了四个现代化建设时期，教育问题受到了国家更多的重视。随着20世纪80年代的改革开放，我国经济发展的区域不平衡性开始凸显，统一大纲和教材所带来的不适合性逐步出现。而且，随着国际交流的增多，西方注重个体发展的教育理念对我国的教育改革产生了重要的影响。素质教育的提法开始出现，数学素养也开始进入了人们的视野。

1983年，邓小平为北京景山学校题词“教育要面向现代化、面向世界、面向未来”，成了此后教育发展的指导思想。1985年5月，中共中央召开改革开放后第一次全国教育工作会议，颁布了引领中国教育发展的纲领性文件《中共中央关于教育体制改革的决定》，在文件中明确提出“教育体制改革的根本目的是提高民族素质，多出人才，出好人才”等一系列重要内容(中国教育报，1985年6月1日)。此后，素质教育的说法开始在各文件中出现，各教育部门也逐渐把提高全民族的素质作为教育的一项根本任务。

1986年我国颁布了《义务教育法》，开始推行九年制义务教育，此后，各个学科的义务教育教学大纲也相继开始修订。1988年颁布并实施了《九年义务教育全日制初级小学数学教学大纲》，在其中将数学看成是一种素养，认为“掌握一定的数学基础知识和基本技能，是我国公民应当具备的文化素养之一”(课程教材研究所，2001)。而在1992年颁发实施的《初级中学数学教学大纲》里出现了数学素养一词，这是我国首次在官方的纲领中出现了数学素养。

此后，国家对素质教育越来越重视，几乎每年都有相关的政策文件颁布。例如，在1994年6月，第二次全国教育工作会议中提出各地要抓素质教育改革试验区，并提出具体的措施和目标，有力地推动了素质教育试验和探索。1997年10月，原国家教育委员会专门印发《关于当前积极推进中小学实施素质教育的若干意见》，把全面推进素质教育作为当时中小学教育的重大任务(桂德怀，2011)。1998年，教育部制定了《面向 21 世纪教育振兴行动计划》，提出“跨世纪素质教育工程”(中国青年报，1999 年 2 月 25 日)。1999 年 6 月，第三次全国教育工作会议颁布了《关于深化教育改革全面推进素质教育的决定》，进一步强调了素质教育的重要性和必要性，以及实施素质教育的具体措施。教育部长袁贵仁也在 2001 年撰文指出，教育改革和发展的中心是全面推进素质教育，培养更多高素质人才；并指出素质教育是 21 世纪教育教学改革的旗帜和行动指南(袁贵仁，2001)。在这种背景下，我国的数学教育研究者、数学教师开始对数学素养进行了研究，各种类型的研究文献开始逐渐增多。

3. 数学素养政策的深化

在国家大力倡导素质教育的背景下，同时也为了改变传统数学教育中一些不合时宜的现象，进入 21 世纪后，有关数学素养的政策文件、纲领进一步增多，例如，在相继出台的数学课程改革文件中都明确提出了要在数学教育中发展学生的数学素养。

2001 年教育部颁发了《义务教育数学课程标准》，2003 年颁发了《普通高中数学课程标准》。这两份数学课程标准都是以培养学生的数学素养作为指导思想，在具体内容上多次提到了数学素养。例如，在《义务教育数学课程标准》(教育部，2001)的前言部分就提出了“数学是人类文化的重要组成部分，数学素养是现代社会每一个公民应该具备的基本素养”；并在实施建议部分指出“数学活动经验的积累是提高学生数学素养的重要标志”和“(教师)要不断提高自身的数学素养，善于挖掘教学内容的教育价值”；在课程资源的开发和利用部分指出“(课程资源)为学生提供探索复杂问题、多角度理解数学的机会、丰富学生的数学视野、提高学生的数学素养”。

在《普通高中数学课程标准》(教育部，2003)中共有 9 处提到了数学素养，有 1 处提到了数学素质。其中在《普通高中数学课程标准》的前言部分，就指出“数学素质是公民所必须具备的一种基本素质”；在课程的基本理念部分，指出“(高中数学教育)为学生适应现代生活和未来发展提供更高水平的数学基础，使他们获得更高的数学素养”；在课程目标部分，指出“高中数学课程的总目标是：使学生在九年义务教育数学课程的基础上，进一步提高作为未来公民所必要的数学素养，以满足个人发展与社会进步的需要”；在课程设置的原则和意图部分，指出“系列 3 和系列 4 是为对数学有兴趣和希望进一步提高数学素养的学生而设置的，所涉及的内容反映了某些重要的数学思想，有助于学生进一步打好数学基础，提高应用意识，有利于学生终身发展，有利于扩展学生的数学视野，有利于提高学生对数学的科学价值、应用价值、文化价值的认识”；并在其后多个部分中提到了数学素养，包括“随着时代的发展，无论是在自然科学、技术科学方面，还是在人文科学、社会科学等方面，都需要一些具有较高数学素养的学生”和“数学教学要体现课程改革的基本理念……提高(学生)数学素养”等。这两份课程标准对我国的数学教育改革有着重要的影响，随着课程标准的实施，我国的数学素养教育和研究也进入了深化发展的阶段。

除此以外，在国家政策层面也持续推动素质教育工作。例如，2010 年 7 月，第四次全国教育工作会议再次强调，坚持以人为本、全面实施素质教育是教育改革和发展的战略主题，是贯彻党的教育方针的时代要求。可以说，如今的素质教育已深入人心，受此影响，数学素养的研究也逐渐增多。虽然，受到传统观念和具体考核措施等因素的影响，在具体的教学中，数学素养教育的理念还很难落实到实处，但是整个教育氛围较之前已经有了较大改观。从趋势上看，我国的数学教育正朝着以培养学生的数学素养为主要目的的发展方向不断前进。

2.1.2　研究文献的特点

虽然我国对数学素养的研究是在 20 世纪末才逐渐盛行，但是数学素养一词在我国的文献中却出现的较早，研究者于 2013 年 3 月通过华东师范大学的图书馆网页进入中国知网(www.cnki.net)，分别用“数学素养”和“数学素质”两个关键词查找，发现早在 1956 年 10 月份的《数学通报》上就出现了“数学素养”一词，这是一篇译文，是由王敏翻译苏联学者洛斯(1956)发表在苏联《数学教学》杂志上的一篇论文。而在 1982 年，我国的文献中就出现了“数学素质”一词，是由华东师范大学二附中的滕永康(1982)老师发表在我国的《数学教学》杂志上。由此可见，数学素养一词的出现具有自发性，而数学素质一词在 20 世纪 80 年代的出现，与当时提倡素质教育不无关系。

以上所提的这两篇文献，都是仅在文献的内容中出现了数学素养或者数学素质一词，文献标题并不包含数学素养或数学素质。研究者在中国知网中发现在 1985 年的《江苏教育》杂志上，相继出现了两篇在文献标题中分别包含数学素养和数学素质的文献。它们是由袁桐和周锦泉(1985)撰写“处理好特殊与一般的关系，提高学生的数学素养”和由林志礼(1985)所撰写的“谈我省考生的数学素质”。

虽然说数学素养或数学素质的词汇在我国的文献中出现很早，但是从早期文献的内容来看，无论是文献的内容中出现数学素养或者数学素质，还是以数学素养或者数学素质作为文献的标题，其内容均不是对数学素养或数学素质本身进行研究。文中更没有数学素养或者数学素质的定义，也没有论述它们的具体内涵，而是仅仅将其作为一个名称。因此，可以认为文中提出该词仅是将其看成一个类似于数学能力的，约定俗成的叫法。研究者从该文的内容上分析，其文献中所指的数学素养内涵和今天的内涵也有较大的区别，具体在本章的下一环节进行论述。

数学素养或者数学素质一词出现以后，在当时并未引起学者的广泛重视，因为当时我国紧缺工程技术性人才，数学更多的是起着工具性的作用。对大部分学生来说学习数学的主要目的就是应付考试，掌握解题技能是最主要的。一直到 20 世纪 80 年代国家大力提倡素质教育后，学者才开始广泛关注数学素养。具体的表现就是从 20 世纪 90 年代开始，有关数学素养或者数学素质的文献逐渐增多。

2013 年 3 月 15 日，研究者分别用“数学素养”和“数学素质”两个关键词在中国知网文献库的篇名、摘要和全文三个地方进行检索。发现在 20 世纪 90 年代以前，我国的文献中出现数学素养或数学素质还很少，例如，20 世纪 80 年代，每年只有几十篇甚至几篇，而从 1993 年开始出现包含这两个词语的文献已达上百篇(116 篇)，从 1999 年开始则每年有上千篇(1093 篇)，最高值是 2012 年，达到了 7419 篇。而文献标题中含有这两个词的文献数量也在 1994 年出现了两位数(23 篇)，在 1999 年出现了三位数(108 篇)。各类文献数量的检索结果，如表 2-1 所示。

表 2-1　“数学素养”和“数学素质”文献数量比较

关键词＼位置	篇名中包含	摘要中包含	全文中包含
数学素养	783	3458	26082
数学素质	1220	3306	22659

随着时间的推移，不但在数学素养文献的数量上出现了变化，在文献的具体内容上也有了较大的区别，通过分析发现我国的数学素养研究具有以下四个方面的特点。

第一，数学素养一词出现的自发性。

从以上论述我们可以看出，数学素养在我国出现的时间早于国家倡导的素质教育的时间，这说明了数学素养不是因为倡导素质教育才提出的。虽然该词来自于翻译外国著作，但是当时国内并无数学素养一词，是国内学者自发创设的。即使当时并未阐明数学素养的定义和具体内涵，但该词的提出就说明了当时的作者希望提出一个有别于数学知识的名词。因此，数学素养在我国的出现具有自发性。

当然我们也应该看到，在国家倡导素质教育之后，大大地促进了数学素养的研究，对数学素养的探讨更为宽泛和深入。其实，这两者的关系是十分紧密的，素质教育提升了数学素养的研究，而素质教育思想在数学学科中的落实必须以提高学生的数学素养为落脚点。

第二，数学素养含义逐步明确。

早期我国文献中出现的数学素养或者数学素质虽然没有具体说明定义或者内涵，但是从上下文内容中可以分析出它们所指的含义。可以说，这些文献所指的数学素养内涵有着较大的区别。有的文献中的数学素养实质就是数学知识，例如，杨国翰(1956)在文中写道“不过后面几种内容比较深奥，没有相当的数学素养是不易读懂的”，谢恩泽(1991)等在文献中指出数学素养是一个人拥有的相应的数学内容知识，包括算术、代数、几何、分析等；有的文献中的数学素养实质就是数学解题能力，例如，斯米尔诺夫(1963)在文中写道“青数学校的基本目的是提高对数学有特别兴趣的中学生的数学素养，具体的目的是发展学生解题的技能，培养独立阅读数学书籍的能力”；而有的文献中的数学素养指的是数学能力，例如，盛祥耀等(1984)，在文中写道“一批优秀学生应该具有什么样的数学素质……我们认为，在培养高质量人才中，应特别要注意抽象思维能力、逻辑推理能力和分析判断能力的培养”。

但是，从随着社会的发展，人们越来越意识到数学素养内容的多元化和社会化，因此，数学素养的内涵逐渐区别于数学知识和解题能力，越来越向人发展所需要的数学靠拢。虽然目前还没有出现一个统一的或者标准的数学素养的定义，但是从各类文献和文件中都可以看出大家都普遍认为数学素养是有关人、数学和社会三者之间的一个结合体，数学素养就是为了让人更好地在社会中生活，能认识到数学的社会价值，能积极学习并有意识地使用数学，能用数学的眼光看待生活中的问题，用数学思维转化问题，用数学知识解决问题等。

第三，数学素养名称的趋向统一。

从文献搜索中可发现数学素养的词在我国出现的要比数学素质来得早，但是当时我国急缺工业技术型，对数学的要求也多以计算能力为主，数学的工具性价值突出，因此数学素养的提法在当时并未能引起大家的共鸣，倒是后来在素质教育称呼的影响下，包含有数学素质的文献越来越多，在同个时期内一度超过了数学素养的文献数量(表 2-1)。

那么数学素养和数学素质哪一个词更为恰当呢？有很多学者对此进行了探讨。一些学者从素质和素养的含义入手，探讨名词的合理性。例如，王子兴(2002)认为，人的素质可以分为先天素质和后天素质，先天素质是人的心理发展的生理条件，但不能决定人的心理内容和发展水平；而后天素质是教化的结果，是可以培养造就和提高的，也是知识内化和升华的结果，对于这种后天养成的比较稳定的身心发展的心理品质,我们称为“素养”。因此数学素养比数学素质更合理。桂德怀(2011)从素质和素养两个词内涵的异同分析入手，认为这两个概念的差异不仅在“词义”上，更体现在“特性”上——素质侧重于积淀性和结果性，而素养强调过程性和累积性。因此，她认为数学素养比数学素质更能体现内涵的本质特点。潘小明(2012)也持类似观点，他从心理学角度分析，认为素质是在先天遗传的基础上，经过长期的身心积淀形成的、最终的、颇为稳定的个性特点，而素养则主要是后天通过短时的培养和练习就能获得的知识、技能、技巧等经验系统。因此，从教育学角度分析，数学素养更具有后天的教养效果的意味，更注重数学活动主体在数学活动中的动态生成过程及其效果。也有学者从数学素养和数学素质的概念入手，探讨名词的贴切性。例如，周先育(2011)认为“数学素质是一种理性的思维模式”。它包括归纳、演绎数学建模等方法以及人的自由创造本能。数学素养与数学素质进行对比，其“养”字更具有一个动态的特征，更能体会在现代社会中对教育的追求和对个人能力的要求。由此可看出，很多学者都通过文献阐述，认为从名称上数学素养比起数学素质更为贴切、合理。因此，在这种情况下，数学素养一词出现的频率逐渐超过了数学素质。

研究者统计发现，从 2005 年开始，出现数学素养文献的篇数均高于出现数学素质的文献的篇数，而且这种趋势越来越明显。尤其是在近年来所颁布的数学课程标准中，数学素养一词的出现频率明显超过了数学素质。例如，《义务教育数学课程标准》中 4 次提到数学素养，没有提到数学素质；而在《普通高中数学课程标准》中有 9 处提到了数学素养，有 1 处提到了数学素质。这种纲领性文件更具有指导意义，使得学者们在研究过程中使用数学素养的名词越来越多。

第四，数学素养元研究逐渐增多。

从表 2-1 中可看出，我国包含数学素养或者数学素质一词的文献有数万篇，这些文献中数学素养的地位和目的主要可以分为以下三种类型。

第一种是论述其他主题，但顺便提起数学素养一词，认为这样做也可以提高学生的数学素养。而对数学素养为何物并没有过多的笔墨，有点缀或者时髦之嫌。从文献内容分析可发现这类文献所指的数学素养分别指数学应用、数学解题、数学思维等内涵。而且这类作品多出现在 20 世纪 90 年代前，目前这类文献出现越来越少。

第二种是文献中提到要培养学生的数学素养，重点阐述数学素养的重要性，但对数学素养的定义和核心成分均没有讨论。这类文献属于“喊口号”类型，数量也的最多的，特别是新课程实施前后的几年里，出现了较多的呼吁性的论文，但这类文献对该如何做并没有过多的论述，更不必说论证了。这种现象和国家提倡素质教育有很大关系，也和数学素养或数学素质一词出现之后并没有做严格的论证，导致后来数学素养或数学素质成了一个约定俗成的用语有关。一些学者，尤其是一线中小学数学教师，从自身的经验出发，认为不能以应试教育作为数学教育的主要目的；不能将题海战术作为数学学习的主要方法，应该从人的素质的发展上思考数学教育，从而提出数学素养的观点。

第三种是文献中包含了探讨数学素养或者数学素质的定义和内涵，对数学素养本身进行元分析，这类文献多出现在 2000 年以后。随着社会对数学素养的重视，学者开始对数学素养本身进行了研究，研究的作者多为高校的数学教育研究学者、数学教育的博士、硕士研究生，以及部分中小学教师。近年来，这类对数学素养元研究的文献数量在逐渐增多，而且目前在影响力较大的我国杂志中，若见到数学素养方面的文献，则多为这种类型。应该看到，这是数学素养研究的必然现象。随着研究的深入，在对学生的数学素养发展阶段，必然需要明确数学素养的内涵。因此，这种元研究是十分必要的，这种现象的出现也说明了我国的数学素养研究进入了一个新的阶段。

2.1.3　教育实施的过程

尽管在我国 1956 年就出现了数学素养的词语，但是并未引起大家的注意，而且在当时也没有素质教育这一说，因为当时我国百废待兴，生产力水平低下，急需大量技术型人才，数学主要为机械、建筑、化工等领域服务，因此对学生数学知识量的要求和计算能力的要求较高，行为主义的数学教学模式明显。

进入 20 世纪 80 年代后，国家对教育开始重视，而且随着改革开放，一些西方的思想也在我国传播，于是素质教育成了当时时髦的词语，并随之提出了要培养学生的数学素养或数学素质的数学教育目标。但是，当时并不是实施义务教育而是英才教育，从小学、初中、高中到大学的学校数量呈金字塔状，只有考试取得好的成绩才能进入下一级别的学校就读，而且在当时对大多数人来说，只有通过获取更高的学历才能过上更好的生活。于是，教育的功利性使得应试教育越来越盛行，特别是受桑代克的“刺激-反应”理论的影响，在数学教育中，大搞题海战术，将学生训练成解题的工具，造成了很多高分低能，甚至是低分低能的数学人才。因此，此时的素质教育，培养学生的数学素养，更多的是作为一个口号而存在，并没有实际的操作。

到了 20 世纪末，随着义务教育在我国各地的相继实施，大学也经历了几次大规模的扩招，升学的激烈性在降低；随着社会经济的发展，对需求人才的类型也发生了变化；加上传统应试教育带来的弊端越来越严重，在这些因素的影响下，20 世纪末开始的数学课程改革中大力提倡培养学生的数学素养，在此指导思想下的课程改革不但在课程标准中对数学教学内容做了较大的调整。例如，删除了难、繁的教学内容，增加了高科技、数学的应用等部分教学内容，重视非形式化的数学(部分形式化的数学虽然逻辑严密，但是限制了创造性思维的发展)。而且还提出课堂教学方法的改革，例如，提倡将数学文化融入数学教学中，提升学生在数学学习中的主体性地位，推行学生的发现学习、主动学习等教学方式。更重要的是在高考的题型中也有了一定的变化，例如，增加了实际应用题和体现现代计算工具的题目，适当减少了计算量很大的题目。在这种情况下，数学教育出现了很大的改观，例如，学生的课堂参与度在增加，教学中增加了情境性的建立和数学文化的融入。

虽然传统的应试教育模式依然在目前的数学教育中存在，而且从目前的文献来看，所谓数学素养的具体实践或者培养研究，多为中小学一线数学教师的经验总结，还缺少基于数学素养理论指导的自觉实践。但是，我们也应该看到新课程实施这十年以来，数学教育整体局面较之以前已经有了很大改观，至少教师在理念上已经认同了数学素养的重要性。而且，培养数学素养并不是否定传统的数学教育模式，传统教育中也有很多优势值得肯定，需要加以吸收。当然，要彻底地推行以培养数学素养为目的的教学模式，需要在学生的考试模式、教师的考核体制上做根本的变革，才能为其创造良好的外部条件。具体说来，要在具体的数学教育层面推行基于数学素养培养的数学教学，在我国还任重而道远！

2.2　文献中的数学素养内涵

尽管数学素养已频繁地出现于数学课程与教学改革的相关文件中，但是在绝大多数的文件中并没有非常清晰地诠释数学素养的内涵和外延，这不仅使得数学教育研究过程中出现了滥贴数学素养标签的现象，也使得实践层面产生对数学素养培养本质的偏离。其实出现这种现象也从另一个方面说明了数学素养内涵的复杂性。素养是一个综合性、动态化的概念，其内涵和政治、经济、文化等因素也有着密切联系，数学素养在我国的不同发展时期体现出不同的含义，即使在同一时期，基于背景的不同，学者对数学素养的表述也不尽相同，因此要对数学素养下个准确的定义以及厘清数学素养的内涵是比较困难的，这点从文献中数学素养定义的“百花齐放”就可以看出来。

但是，从深化研究以及发展数学素养的角度考虑，对目前研究文献中的数学素养内涵进行梳理是十分有必要的。由于涉及数学素养和数学素质的文献众多，限于精力不可能一一阅读，研究者按照文献发表时间的代表性、文献发表杂志的重要性、文献内容的紧密性等因素，一共选取了 192 篇文献作为代表，这其中最早发表的是 1956 年 10 月，最迟发表的是 2015 年 2 月。这 192 篇文献都提到了数学素养，但是有的文献阐述了数学素养或数学素质内涵，有的则没有直接描述，需要从文献内容中做出判断。从内涵上分析，结合时间顺序，可将数学素养内涵分为以下三个时期。

2.2.1　无直接阐述时期

这个时期主要包括 1956 年至 1990 年，在我国出现的有关数学素养文献。这些文献中虽然提到了数学素养或者数学素质，并没有直接阐述它们的内涵，更没有定义。只能通过文献的上下文进行分析，从分析中可认为这些文献中所指的数学素养或者数学素质的内涵多指数学知识、逻辑思维、解题能力、推理能力、分析能力、书写能力中的一种或者几种。

例如，杨国翰(1956)在文中指出，“……最新的一些成果或创见，一般来说，在书本上不易看到，只有在期刊上才能得到这些东西……有些对同学们充实数学知识或提高教学质量还是有用的……不过后面几种(期刊的)内容比较深奥，没有相当的数学素养是不易读懂的”。这可认为，该文中所指的数学素养类似于数学知识。林志礼(1985)认为要提高数学素养，需要“在教学中狠抓双基的同时，特别要注意提高学生的运算能力,培养学生分析问题的能力,加强解题分析的教学，还要在语言表达等方面对学生加强示范，严格要求”。 盛祥耀等(1984)认为，“优秀学生应该具有什么样的数学素质……我们认为，在培养高质量人才中，应特别要注意抽象思维能力、逻辑推理能力和分析判断能力的培养”。这些都属于这个范畴。

由此可看出，这个时期我国学者对数学素养的认识还比较模糊，没有专门探讨数学素养内涵的文献，只是在文中提到这些概念。从上下文分析，其内涵大多其等价于数学知识和解题能力，以考试成绩作为主要衡量标准。认为凡是数学素养高的人，数学思维会比较活跃，解题能力会比较强，能较快地发现题目中的数量关系，最具体的表现是在考试成绩方面会比较好。

2.2.2　内涵的组合说和发展说时期

这种类型的文献主要出现在 1990 年至 1999 年。进入 20 世纪 90 年代后，随着素质教育战略的影响，学者开始研究数学素养或数学素质本身的内涵，这期间对其论述主要有两种形式，一是将各种能力进行组合，将其作为数学素养或数学素质的内涵或定义；二是从素养或素质的含义入手，强调人的先天基础和后天发展的联系，以此作为数学素养或数学素质的内涵或定义。

例如，李善良和沈呈民(1993)认为数学素养应该包括数学知识、数学能力和数学品质，其中数学品质包括对数学的认识、兴趣，以及学习和使用数学的主动性。蔡上鹤(1994)认为，数学素养包括知识技能素养、逻辑思维素养、运用数学素养和唯物辩证素养这 4 个基本素养。臧雷(1995)认为数学素养包括数学意识、创造能力、思维品质、数学语言。江西教委教研室“提高数学素养”课题组(1995)认为数学知识素养包括四大要素：数学基础知识、基本技能、数学思想、数学方法。张玉林(1998)认为数学素养是指基本的数学思想方法和语言、基本的数学思维品质、基本的数学观念和意识或者说是数学文化中最基本的素质等。这些文献都将各种能力进行组合，认为这些能力的综合就是数学素养，这属于数学素养内涵的组合说。

还有一些文献的数学素养内涵属于发展说，例如，陈眉(1996)认为数学素养是指在人的先天性生理基础上受后天环境、数学教育的影响，通过个体自身的努力和实践认知活动而获得的数学知识、数学能力和数学品质。“MA”课题组(1997)认为，数学素养是指以人的先天生理特点为基础，在后天的环境和数学教育影响下形成并发展的心理方面的稳定属性。这类文献更多的是从心理学的视角，指出了数学素养需要人具有一定的先天基础，然后在后天的学习和活动中培养各种数学能力，这属于数学素养的发展说。

还有一些文献是将这两种形式进行结合，例如，韩龙淑和丁琴芳(1995)从“素质”一词入手，认为人的素质即指以个体的先天禀赋为基础，在环境和教育影响下形成并发展起来的稳固性质。具体包括数学鉴赏、数学意识、问题解决、逻辑推理和信息交流五个方面。

在 20 世纪 90 年代，在我国的数学素质研究中，一些学者成立了数学素质教育研究小组，在数学教育界影响比较大。研究小组通过举办研讨会的形式，对数学素养进行讨论。研讨会是由原国家教委(现教育部)人事司和华东师范大学高师培训中心主办，华东师范大学数学系的张奠宙教授牵头，组织了全国约 50 位数学教育专家从 1992 年开始几乎每年进行一次研讨，讨论结果以数学教育研究小组的名义进行发表。

在首次研讨中，他们结合英国的“考克罗夫特(Cockcroft)报告”，美国的“每个人的数学(Everybody Counts)”，美国数学教师协会(National Council of Teachers of Mathematics，NCTM)的“课程标准”，德国和日本的“数学教学大纲”，认为数学素质指个体具有数学意识，能进行问题解决、逻辑推理和信息交流。并分别从知识观念、创造能力、思维品质和科学语言四个层面分析数学素质的内涵(数学教育研究小组，1993)。此后，1995 年 5 月在青岛召开的第三次研讨会上，数学素质教育研究小组给出了具体的数学素质定义，认为数学素质是指在先天的基础上，通过后天的学习所获得的数学观念、知识和能力的总称，是一种比较稳定的心理状态(孙宏安，1996)。由此可看出，数学素质教育研究小组对数学素养的论述也属于这两种形式的范畴。

虽然这两种形式的内涵或定义论述还不尽全面和准确，但是较之以前，学者已经开始意识到数学素养不仅包括数学知识和解题能力，而是和人的数学观有密切联系，对其认识从解题能力的范畴拓展到了解决问题能力的范畴。

2.2.3 内涵阐述的多元化时期

自从 2000 年以来，探讨数学素养和数学素质内涵(为了便于书写，下面的讨论中将数学素质归入数学素养范畴)的研究逐渐增多，虽然在理念上逐渐接近，都将其与数学知识、考试能力相区别，与人的发展逐渐建立联系。但是在内容阐述上，有较多的形式。主要可以分为以下六种。

1. 数学素养的成分说

该类数学素养的内涵主要将数学素养看成是几种能力的组合，与20世纪90年代的数学素养组合说比较类似，但是其所包括的各种成分更为全面，也更加贴近人的社会生活。例如，王秀珍(2001)认为所谓数学素质一般是指人认识和处理数形规律、逻辑关系以及抽象事物的悟性和潜能。吴晓层(2003)认为数学素质是指人认识和处理数形规律、逻辑关系及抽象事物的悟性和潜能，它包括数学知识、数学方法、数学思想和数学能力、数学意识、数学语言、科学精神和科学价值观以及使用计算机的技能和能力。蔡志丹和王崇阳(2005)认为数学素质是一种理性的思维模式，包括归纳、类比、演绎、数学建模等方法以及人的自由创造本能。桂德怀和徐斌艳(2008)在文中指出数学素养是数学情感态度价值观、数学知识、数学能力的综合体现。朱长江(2011)也指出数学素养包括数学意识、数学语言、数学技能和数学思维。由此可见，这些文献虽然也将数学素养的内涵看成是几种成分的综合，但是除了知识和解题能力以外还提到了数学思想、数学意识、数学语言、数学情感态度等和人在社会生活中对应用数学的有关品质。这说明了，这种数学素养内涵的表述，比以前的组合说更加贴近了人在生活中对数学的使用。

吴晓红和郑毓信(2012)对国家课程标准中的数学素养内涵进行了探讨，他们认为虽然在课程标准中没有给数学素养明确下个定义，但其内涵已经隐含在知识与技能、过程与方法、情感态度与价值观这个三维目标中。数学素养是三维目标的汇聚体，三维目标是数学素养的具体体现。反映在义务教育阶段，数学素养具体表现为知识技能、数学思考、问题解决、情感态度；反映在高中阶段，其具体表现为基础知识与基本技能、数学能力、数学意识以及数学情感态度价值观等。

也有学者就数学素养内涵中各成分的联系进行了探讨，例如，刘林芝(2012)将数学素养内涵分成数学知识素养、数学思想方法素养、数学思维素养、数学应用素养和数学精神素养这五个方面。其中数学的本体性素养是数学的知识素养，而数学的应用素养是数学思想方法素养和数学思维素养以及数学精神素养的具体体现。因此，研究学生的数学应用素养就可以了解学生其他四个方面的素养。

数学素养内涵的成分说将数学素养分解为各种成分，这种阐述有利于研究的分析，也便于探索如何在数学教育中发展学生的数学素养。其不足在于各种成分相差较大，缺乏实证分析未能真正揭示数学素养的真实内涵。

2. 数学素养的后天训练说

该类数学素养的内涵主要从个体的先天生理条件和后天数学训练这两个方面入手，延续了20世纪90年代的数学素养发展说，但是后天训练说所涉及的数学品质更为丰富，更接近人在社会中生活所需要的数学。例如，王子兴(2002)认为数学素养乃是数学科学所固有的内蕴特性，是在人的先天生理基础上通过后天严格的数学学习获得的、融于身心中的一种比较稳定的状态。武学平(2002)在文中首先论述了素质的内涵，并将其分为先天素质和后天素质，然后指出数学素质是一种后天素质。认为一个人的数学素质，是指在先天禀赋基础之上，通过数学活动而且只能通过数学活动形成和发展起来的，并对其后继的数学活动和未来发展长期、广泛、高效率地发挥作用的内在品质。

陈冬等(2006)认为数学素质是学生(主体)以先天遗传因素为基体，在从事数学学习与应用活动的过程中，通过主体自身的不断认识和实践的影响下，使数学文化知识和数学能力在主体发展中内化，逐渐形成和发展起来的“数学化”思维意识与“数学化”地观察世界、处理和解决问题的能力。刘艳和杜其奎(2011)也认为数学素养是在人先天生理的基础上，受后天环境、数学教育的影响，通过个体自身的实践和认识活动，所获得的数学知识、能力、思维方法和品质等方面的素养。

由此可看出，后天训练说都强调了数学素养与个体的先天基础有关，但更重要的是后天的训练。在 21 世纪初期，后天训练说所指的数学素养内涵还先对简单，更多的是认为数学素养是某种品质或心理状态，但是随着时间的推移，所阐述的数学素养内涵越来越与个体的生活相结合。此外，后天训练说虽然强调个体在学习中的训练，但与解题训练还是有区别的，它需要培养的是综合性的数学能力，也需要确立学生在数学学习时候的主体地位。

3. 数学素养的实践说

这类数学素养内涵主要从个体在数学教育和数学实践中所积累的知识、能力或者品质来阐述。例如，朱德江(2004)认为数学素养就是人们通过数学教育以及个体自身的实践和认识活动，所获得的数学知识、数学技能、数学能力、数学观念和数学思维品质等方面的素质与修养。乐瑞芳(2008)认为数学素养是人们通过数学教育以及个体自身的实践和认识活动，所获得的数学知识、数学技能、数学能力、数学观念和数学思维品质等方面的素质与修养。李玉红和石永生(2010)认为数学素养是经过数学教育和实践发展起来的参加社会生活、经济活动、生产实践和个人决策所需的数学知识、技能、方法和能力。杜文平(2012)通过对北京市部分小学教师和学者进行调查，并采用聚类分析后，也认为数学素养是指学生通过数学教育以及个体自身的实践和认识活动，所获得的数学知识技能、数学能力、数学观念和数学情感等方面的素质。持类似观点的文献还有李宏彬(2006)、韦碧琴(2011)等。这些文献的数学素养内涵都有一个共同的特点，就是认为数学素养是个体在实践后，所形成的各种知识或能力的综合。

除此之外，还有一些数学素养实践说所阐述的内涵与上述略有不同，将其看成是实践后个体所具有的某种品质。例如，刘喆和高凌飚(2011)认为，数学素养就是在数学经验积累的基础上，生成并外显出来的可用于指导特定背景或区域中数学活动的一种整体性行为和思想特征，这里的行为和思想特征主要通过数学知识、数学能力以及数学情感等表现出来。

值得一提的是虽然我国最重要的两份数学教育课程标准，《全日制九年义务教育数学课程标准(实验稿)》和《普通高中数学课程标准(实验稿)》没有明确提到数学素养的定义，但是上海教委(2004)则在《上海市中小学数学课程标准(试行稿)》的课程理念中给出了数学素养的定义，认为数学素养是指人们通过数学教育以及自身的实践和认识活动，所获得的数学基础知识、基本技能、数学思想和观念，以及由此形成的数学思维品质和解决问题能力的总和。由此可看出，这种阐述也属于数学素养实践说的范畴。

4. *数学素养的内化说*

这类阐述认为个体在数学学习中通过感悟和体验，将知识内化成品质，形成了数学素养。这种表述和数学素养的实践说有类似之处，但是比起实践活动，这种阐述更加注重个体的内涵过程与结果。例如，朱德全(2002)认为数学素养的生成是个体在已建立数学经验基础之上对数学感悟、反思和体验的结果。陈汝平(2005)认为数学素养的生成是个体在已建立数学经验基础之上对数学感悟、反思和体验的结果。郑强(2005)认为数学素养是个体通过数学学习，加深对数学知识的理解，内化数学文化的成果，最终在学习者身上体现的一种时代价值或自己达到的新水平，同时能够主动将数学理论应用于生产生活实践。康世刚(2009)认为数学素养指主体在已有数学经验的基础上，在数学活动中通过对数学的体验、感悟和反思，并在真实情境中表现出来的一种综合性特征。戴雄燕(2011)认为，数学素养指主体在已有的数学经验的基础上，在数学活动中通过对数学的体验、感悟、反思，并在真实情境中表现出来的一种综合性特征。欧朝成(2012)认为数学素养是主体经历了数学事实、概念、技能、原理和数学思想方法的学习，经过了认知、理解、推理和探索的认知过程，通过体验、感悟和反思的，在现实情境中表现出来的一种数学能力、数学思想方法和数学精神的综合表现。此外，虽然有些文献没有明确指出数学素养的内涵，但是从文献内容判断，也可将其归入此类。例如，顾沛(2000)认为数学素养，是通过数学教学赋予学生的一种学数学、用数学、创新数学的修养和品质。该论述中虽然未提到内化和感悟，但从作者认为数学素养是一种修养和品质可看出必定经过个人内化这一过程，因此这种论述也属于数学素养的内化说。

从以上所列的各文献观点可看出，在数学素养实践说中，随着时间的推移，文献对数学素养内涵的表述内容越来越丰富，越来越贴近于生活中需要用到的数学。其实，从本质上说，数学素养的实践说和内化说所表达的内涵是一致的。它们都说明了数学素养的产生需要个体经历与数学有关的实践活动，在活动中通过感悟和反思，将数学知识内化，成为个体内在的一种综合性特征。只是有的论述偏重实践在数学素养中的价值，而有的表述则认为个体的内化过程在数学素养的发展过程中更为重要。但是，无论是哪种论述都指出了数学素养需要个体经历实践和内化这两个阶段才能获得，具有较强的合理性。因此，这两种论述也得到较多学者的认可。

5. PISA 中的数学素养

一般来讲，提出一个全新的概念是比较困难的，而从其他地方引进或者对其进行适当的改造要来得简单些。在国际上具有较大影响的国际学生评估项目(Program for International Student Assessment，PISA)中就有较为完整的数学素养内涵阐述。尤其是在 2009 年上海代表我国第一次参加 PISA 的测试就获得数学素养测量的第一名以后，国内越来越多的人开始关注 PISA，很多学者也撰文介绍 PISA 的数学素养。

我国介绍 PISA 的文献基本都可分为数学素养的内涵和测评方式这两个部分的内容。虽然都是对 PISA 进行研究，但是在数学素养内涵的具体中文表述上还是有一些差别。例如，黄惠娟和王晞(2003)认为数学素养是一种个人能力，学生能确定并理解数学在社会所起的作用，得出有充分根据的数学判断和能够有效地运用数学。于丽(2009)认为数学素养是个体识别和理解数学在世界中所起作用的能力，做出有根据的数学判断的能力，以及作为一个关心社会、善于思考的公民，为了满足个人生活需要而使用和从事数学活动的能力。黄华(2010)认为数学素养是个体作为一个积极的、关心他人以及反思的公民，识别和理解数学在世界上所起作用的能力，能进行有根据的判断的能力，并且能在个体生活的需求时，运用和从事数学活动的能力。这种论述和前面最大的不同点在于提到了反思性公民的能力。王广辉(2012)、綦春霞和王瑞霖(2012)、田果萍和崔克忍(2013)在文献中也都有类似的描述。

这其中值得一提的是魏爱芳(2011)的研究，她比较全面地介绍了 PISA 中的数学素养情况。在比较了 PISA 在 2003 年、2006 年和 2009 年这三次对数学素养的定义后，魏爱芳(2011)认为这三个定义都是基于终身学习的动态模型基础上提出的，内涵基本一致，均可表述为：数学素养是个体认识、理解数学在现实社会中所起作用的能力，做出有根据的数学判断的能力，以及作为一个有独创精神、关心他人、有思想的公民参加数学活动以满足现实和未来生活需要的能力。此外，魏爱芳(2011)还介绍了 PISA 中认为具备数学素养的学生应该是能将数学知识和数学技能，创造性地将其应用于各种情境中，在知识和情境之间转换，这一过程也可称为“数学化”。而在数学素养所体现的能力方面，PISA 采用了丹麦学者尼斯(Niss)等的研究观点，认为数学素养可体现为八种典型的数学能力，包括思维和推理、论证、传递交流、建立模型、提出和解决问题、表述、使用语言并进行操作，以及使用辅助工具。

由此可看出，PISA 的数学素养，强调个体要在生活中有应用数学的意识，能认识到数学在现实世界中所起的作用，能在具体生活中析取有价值的数学信息，能合理运用数学知识和工具，做出有根据的判断，并能用在交流中合理使用数学语言。这种论述是基于个体终身学习的动态模型基础上提出的，除了重视数学的生活性、情境性和过程性以外，还突出个体对数学的认识和态度。这不仅体现了素养本身的内涵和价值，也与教育的本质特征相符合，因此得到越来越多学者的认同。

6. 国外文献的数学素养

除了 PISA 的数学素养外，我国学者也对其他外文文献中的数学素养内涵进行了介绍，例如，徐斌艳(2007)介绍了德国数学教育标准提出的数学素养，认为其包括了数学论证，数学地解决问题，数学建模，数学表征的应用，数学符号、公式以及技巧的熟练掌握，数学交流等方面。苏洪雨(2009)介绍了美国数学教师协会(NCTM)在 1989 年以及 2000 年的《学校数学课程与评价标准》中所蕴含的数学素养，认为其包括了树立数学的价值观、对做数学充满自信、应用数学知识解决数学内部与外部的数学问题、能够数学地交往、能数学地推理等 5 个方面，并认为该数学素养的内涵与数学技能、数学态度与社会能力是紧密相连的。

康世刚(2009)介绍了澳大利亚数学教师协会的数学素养，认为其中的定义为：有数学素养是指在家庭日常生活中、工作薪水、参与社会团体和公民生活中有效地使用数学。胡典顺(2010)认为澳大利亚全球生活技能调查对数学素养的定义是：人们用来有效处理生活与工作过程中出现的数量问题所需的技能、知识、信念、气质、思维习惯、交流能力、问题解决能力的聚合。张维忠等(2014)介绍了南非的数学素养课程，该课程以培养学生的数学素养为目的，课程定位为："使学习者成为一个自我管理的人，一个积极奉献的劳动者和积极参与民主政治的公民。数学素养的教学和学习提供分析问题并数学地解决问题的机会。这种数学教学和学习机会，还将协助学习者通过媒体中传播的数学成为精明的消费者。"

刘喆和高凌飚(2012)对国外数学素养的研究进行了梳理，认为斯蒂恩(L.A. Steen)从不同的价值取向将个体应具备的基本数学素养分实用数学素养、公民数学素养、专业数学素养、休闲数学素养和文化数学素养 5 个方面。此外，他又介绍了两项国际成人数学素养的测试，国际成人素质调查(International Adult Literacy Survey，IALS)和成人素质与生活技能调查(Adult Literacy and Life Skills Survey，ALL)。IALS 中的数学素养维度主要是关注面对包含数学信息的印刷材料，开展数学运算所需的基本知识和技能。ALL 中数学素养的调查从背景、反应、数学信息以及数学信息的表述四个方面设计问卷评估数学素养。

这些文献对西方的数学素养内涵进行了介绍，为国内学者的数学素养研究提供新的素材。这些西方的数学素养内涵表述虽然各异，但大多与个体在社会生活中需要用到的数学知识、数学思想和各种数学能力有关，也可称之为数学素养的生活说。

2.3 大陆数学素养的测评与发展研究

相较于数学素养必要性、内涵的探讨，以及介绍国外的数学素养而言，对我国学生数学素养发展的研究还很少。出现这种现象也是正常的，因为必要性的探讨和内涵的分析是数学素养发展的前面两个阶段，只有厘清了数学素养的内涵，才能有针对性地发展学生的数学素养。应该说，目前我国的数学素养研究还处于第二阶段，即分析我国学生数学素养的内涵阶段，此时并不是探讨如何发展学生数学素养的成熟时期。但是，目前也有一些学者，就如何在数学教学中发展学生的数学素养进行了探索。这类文献主要可以分为理论上的探讨和实际教学中的发展尝试两个类别。

2.3.1 理论探讨

虽然数学素养的内涵还在探讨之中，但是由于发展学生数学素养的重要性，很多学者开始从理论上探讨学生数学素养的发展途径。例如，薛怀维(2001)认为教师在学生的数学素养发展中起着重要的作用，为此教师在教学过程中应该注意重视学生数学知识的形成过程、注重培养学生的数学思维能力、重视学生知识结构网络的构建、注重数学思想方法的渗透，以及加强数学实用性的教学，培养学生的应用意识。孙国芹(2004)认为数学基本能力培养数学素养的基础、数学思想和方法是培养数学素养的重要途径，在教学中要加强数学思维的教学，培养学生用数学思维分析解决问题的素质，加强对数学中“数感、符号感、空间观念、统计观念、应用意识和推理能力”的教学，培养学生具有时代感的、能收集与处理数学信息、能用数学语言进行交流和合作的数学素养。孔企平(2011)以 PISA、TIMSS(Trends for International Mathematics and Science Study)、美国的 NAEP(The National Assesment of Educational Progress)测验、英国的 Kassel 测验、日本的学力测验和法国的诊断性测验等区域性测评体系为例，指出国际数学学习测评具有以社会需求为导向，以学生生活经验为基础，考查学生基本的数学素养；以核心数学知识为基本载体，建立数学素养的基本评价框架；以核心数学知识为基本载体，建立数学素养的基本评价框架；重视后继分析研究，发挥评价对教学的反馈作用，提高学生的数学素养等四个方面的趋势，为此我国的数学教育改革中要关注学生的素养，以发展学生的数学素养来引导教师的课堂教学。吕雪和陈忠(2014)认为拔尖人才的数学素养应该具有合理的数学认知结构、良好的数学建模能力、创新意识、理解和欣赏数学美的意识，而要培养这些品质需要传统传授型向创新教学型转化、多元化培养模式，以及加强数学运用能力教学。李静(2015)认为要培养学生的数学素养可以发掘学生的非智力因素，主要途径包括运用情感手段强化自我效能，培养学生的学习兴趣；挖掘教材的潜在功能，培养学生的学习方法；激发学生的探索精神，培养学生的学习毅力；用数学眼光去看生活中的问题，让学生体验到数学活动是充满探索与创造的；营造民主、平等、和谐的氛围，实现真正意义上的教、学互动；培养问题意识，激励学生积极主动地投入学习。

值得注意的是，有不少学者对如何提高小学生的数学素养进行了探讨。例如，朱德江(2004)从联系生活实际，利用丰富的数学课程资源引领学生走进数学世界；关注学习过程，引导学生在积极参与知识的“再创造”过程中理解数学；重视实践应用，引导学生在“做数学、用数学”中感悟数学等三个方面提出了培养小学生数学素养的教学策略。刘丽敏(2013)认为要在数学教学中发展小学生的数学素养，需要做到让学生从动手操作可获得经验，教师要掌握提问的艺术、利用多媒体技术，以及在教学中通过教材，利用生活经验。汤建英和许丽(2013)认为分学段实施小学生数学素养发展目标需要处理好双基与素养、长效与短效、内隐与外显、多与少、培优与普及五对关系；而发展小学生数学素养的课堂教学可采用水涨船高、里应外合、兴趣引路、循序渐进、启发引导、过程呈现、问题解决、结构搭建、创新求异和反思集成等十大策略；而富有综合性、关联性、挑战性、实践性的数学综合学习活动是培养小学生数学素养的重要途径。叶金标和陈文(2014)分析了PISA和TIMSS中的数学素养之后，认为要在数学课堂教学中发展小学生的数学素养应该做到优化知识结构，完善认知体系、经历数学探索，提高数学能力、训练数学语言，发展数学能力、提炼数学思想，把握数学精髓、培养数学情感，丰富人文素养和注重数学应用，提高数学意识这六个方面。虽然文中作者也举出了一些例子来说明，但总体上这些培养策略是理念上的。林清珍(2015)认为农村小学生的生活空间比较狭窄，见识不广，课外阅读量少，语言表达不丰富，数学基础较差，要培养他们的数学素养应该做到创设生活情境、激发学生学习兴趣，从农村的生活实例入手，提高数学素养，以及利用身边资源，引导学生主动参与。李云芳(2015)认为，可以从注重培养学生的质疑精神，使学生“爱问”、联系生活，提高学生主动解决问题能力，从说理中培养语言表达能力，由实际生活引出计算教学，理解算理，提高计算能力、动手操作，促进学生思维的发展等五个方面培养小学生的数学素养。

束镇文(2013)认为受应试教育的影响，一直以来，人们对学生数学素养培养缺乏科学的认识，导致在具体的教学实践中存在一些典型性误区，主要表现为：培养学生数学素养只是公开教学中的应景之缀，日常教学还得依靠扎扎实实的机械训练，否则大面积提高教学质量只是空谈；数学教材中有的内容适合培养学生的数学素养，有的则不然；学生数学素养培养必须在数学文化背景下进行，课堂上于是出现了为素养唯文化现象。在分析了出现这种误区的主要原因在于对数学素养缺乏深入理解之后，他提出要培养小学生的数学素养教师应该确立大数学观，目中有人、巧妙利用教材资源，以本为本、灵活变换教学手段，因需定法、科学进行数学评价，以评促优。

也有一些学者就如何培养教师的数学素养进行了探讨，例如，顾荣华(2012)认为教师是教学的关键，要发展学生的数学素养，应该提高教师的数学素养，为此师范生需要注意加强师范在校生的数学理论学习、注意加强师范在校生相关教育理论学习、注意加强师范院校与数学素养提高有关的课程比重、注意提升教育实践的效果，以及在进行数学或者相关学科的知识储备时要注意积累。李祎(2012)认为应该从微观上对数学知识的准确、深刻理解；从宏观上对数学知识整体结构的正确把握；对显性知识背后隐性的思想方法的统领性认识；对中小学数学中某些拓展性、衍生性知识的认知；对数学知识产生、发展等“来龙去脉”的过程性把握；从高观点对中小学数学的居高临下的认识与把握等六个维度，提高教师的数学素养。刘明香(2013)通过对高中数学教师的调查后认为，为了提高数学教师的专业素养，应该加强数学教师数学知识的学习；拓展教师专业化发展渠道，保证效率；加强硕士学历教师数学能力的培养；不容忽视数学教师的数学专业素养的性别差异；继续培养高中数学教师的数学专业素养；重视数学观念知识和数学结构知识的形成。

以上这些数学素养发展的理论探讨虽然在内容上比较空泛，也缺乏实践的价值，但是这种探讨是数学素养发展的必要过程，只有不断地探讨才能让教学实践的目的性和有效性越来越清晰。而且这些文献的作者中有很多是一线教师，这种探讨也是他们对自己教学的反思过程，这对他们的教学也会具有较大的促进作用。

2.3.2　实证研究

除了理论上的探讨，一些学者还就如何在教学中发展学生数学素养进行了实证研究，这其中较多的研究借鉴了 PISA 的研究框架和数学素养测试题目。例如，卢光辉(2007)以 PISA2003 的数学素养测试题目为工具，编译后对八年级学生进行测量，结果表明男女生的数学素养在统计学上没有显著差异，学生数学学习的内在动机、工具动机、自我效能、数学焦虑、自我概念、精加工学习策略，以及他们对学校、竞争性学习、课堂的纪律与气氛、教师支持的态度与其数学素养表现有着统计学意义上的显著相关，而学生数学学习的记忆策略、控制策略、对合作学习的态度与其数学素养表现并没有显著的相关。为此，要发展学生的数学素养需要做到以下几个方面：重建学校文化，加强校园精神文明建设，以学校文化的核心价值观来统率学校的各项工作，真正意义上来创建一个“以人为本、人人发展”的和谐校园；重视学校教育中的性别刻板印象问题，关注不同性别学生在学习过程之中的情感、态度及其价值观对其学习的影响，有针对性地发展男女学生的各自潜能，缩小学生在发展过程中的性别差异，使男女学生都能得到完善、健康的发展；建立完善、缜密的学业评价体系，改革学业评价的内容和评价标准评价“精英教育”或“大众教育”应该用不同学业评价体系内的不同指标来评价，二者的界限不能混淆；加强教育评价研究，着重考试研究，深入研究考试技术，以科学的考试观促成科学的教育评价观，最终树立科学的教育发展观；重视计算机信息技术在教育评价中的应用，以计算机信息技术为纽带，通过整合教育专家、测量专家和考试命题人员的人力资源，大力开发具有专门特色的教育考试评价软件包。

康世刚(2009)对 PISA 的数学素养测量工具进行改进后，对初中学生的数学素养及其相关性进行调查，研究发现从数学素养的整体性来看，我国注重数学知识的教学，忽视数学素养的全面提升；从数学素养涉及的情境来看，我国注重数学知识与技能的常规应用，忽视在具有真实的、多样化的、开放性问题情境中的应用；从数学素养的生成过程来看，我国注重数学问题的解决，忽视学生对问题解决以及对数学的体验、感悟、反思和表现能力的引领；从数学素养生成的课程资源来看，我国注重课堂教学，忽视社会生活中应用数学的引领。研究还发现，学生的数学素养与学习数学的兴趣和使用数学的动机、数学自我效能感、数学自我概念、加工策略、控制策略、竞争性学习、师生关系和学习风气是正相关的；其中，数学自我效能感、数学自我概念、控制策略和学习风气与数学素养具有显著的正相关的；而数学焦虑、记忆策略、合作性学习和教师帮助与数学素养是负相关的，其中数学焦虑、记忆策略以及教师帮助与数学素养呈显著的负相关，而且各影响因素之间也具有不同的相关性。为此，作者通过实践证明了培养数学素养的数学课堂教学应该以具有真实情境的问题为驱动，指向数学素养的各个层面；以多样化的数学活动为载体，引领学生的体验、感悟、反思和表现；以转变师生关系为手段，调适教师的帮助和学生的自主；以数学在现实生活中的应用为依托，开发从教材走向社会生活的教学资源；以真实的、多样化的、开放性的问题为工具，激发和引导学生数学素养的表现。

王庆元(2011)以 PISA2003 的数学素养测试题目为主，经过语句表达上的处理后，对八年级学生的数学素养进行调查，经过分析后表明男女生的数学素养没有统计学上的差异，而且学生的数学学习策略、数学自我认知和学校的气氛和课堂气氛与学生的数学素养有关，为此在教学中应注意学生的学习过程，重视学生应用数学能力的培养。肖云霞(2014)以 PISA 的数学素养测试题目为背景，经过改编后对高二学生的数学素养进行调查，经过分析表明男女生的数学素养存在差别，而且师生关系、教学方式、数学阅读、自我效能感、数学经验均对数学素养有显著性影响，为此教师的数学教学应从教师教学知识丰富化、教学内容综合化、教学方式广泛化、评价方式多样化等方面发展学生的数学素养。

也有学者采用 PISA 的数学素养测量题目，对数学素养的影响因素进行了实证研究。例如，马蕾迪(2013)借鉴了 PISA2003 的数学素养测量工具和学生背景信息调查问卷对云南昆明初三学生的数学素养和学习参与度进行数据的收集，研究发现学生学习的参与度和他们的数学素养之间存在正相关；其中学生的学习兴趣、工具性动机、自我效能感的高低和家庭作业时间投入的多少显著影响了学生的数学素养，而学校归属感对学生数学素养的影响较小。研究还发现学校间和不同家庭学生的学习参与度存在显著差异；女生的数学学习参与度显著高于男生。为此，作者认为教师要注重培养学生的内部学习动机，教学中要注重增强学生的自我效能感，特别是激发学生的自我效能感，数学教育中要消除性别刻板印象；另外，家长要为孩子创建一个支持性的学习环境；数学教育评价不仅关注评价的结果，也注重学生的发展过程，使评价能为改进学生的学习和激励学生进步服务。文德靖(2013)也采用 PISA2003 的数学素养测试问卷、学生背景信息问卷和教师问卷，从数学教师的学生评价方法对初三学生数学素养的影响方面进行研究，研究发现教师评价学生的方法越丰富越注重学生的参与性，则学生的数学素养越高。

除采用 PISA 的数学素养试题进行实证研究以外，一些学者还通过文献梳理，自己开发测量工具，对学生的数学素养进行实证研究。例如，向文娟(2011)将数学素养分为了数学知识素养、数学能力素养和数学品质素养三个部分，并自拟问卷对武汉初中一年级学生进行调查，研究表明学生的数学知识素养普遍好于数学能力素养和数学品质素养；为了培养学生的数学素养，教师在教学中应该重视基础概念的教学、重视规律性知识的总结，提高学习效率、重视关联性知识的学习，增加数学的趣味性、重视数学思想方法的传授、重视培养学生养成良好的数学习惯、重视培养学生的发现问题和解决问题的能力、培养学生的“说数学”能力、重视培养学生的归纳总结能力、重视培养学生的数学意识、数学精神，让学生了解数学史、数学美，培养学生的数学情感。欧朝成(2012)采用类似的研究，他将数学素养分成数学知识素养、数学能力素养、数学思想方法素养和数学精神素养四个部分，自拟问卷对湖北恩施州农村初中数学教师的数学素养进行测量，发现教师的数学知识素养、数学能力素养和数学思想方法素养处于中上水平，但是数学精神素养较差。为此，他提出了提升数学教师数学素养的几个建议，包括提高数学教师数学教学能力、提高数学教师多媒体数学教学能力、提高数学教师的学历水平、通过培训提高数学教师的数学素质、加强教材研究，以及鼓励教师积极参与教学研究六个方面。

刘林芝(2012)对如何培养优等生的数学素养进行研究，通过一个学期的实验后认为，运用探究式教学和接受式教学有效整合的教学策略，能够提高学生的数学学习成绩及其数学素养。在整合过程中要做到提供真实的问题情境、设计多样化的数学活动、明确介绍数学思想方法、培养学生活跃的创造性思维能力和设计开放化的课堂教学。王博(2013)将数学素养分为数学知识与技能、数学能力、数学思维能力、数学思想方法、数学应用意识与应用能力等几个方面，采用 TIMSS 的测试问卷，对高中三年级学生的数学素养进行测量，发现高中生数学素养的发展问题亟待解决，为此他提出了创设现实的问题情境，构建数学素养全面发展平台；创设数学的应用氛围，挖掘从教材走向社会的教学资源；创设沟通、合作的课堂学习环境，鼓励学生进行积极的数学交流三个方面的教学策略。

此外，也有一些学者对数学素养中的某一方面进行实证研究，例如，刘明香(2013)自编问卷从数学知识、数学能力和数学情意三个方面对浙江省高中教师的数学专业素养进行了调查，发现男女教师的数学专业素养没有显著差异；但是，不同学历和不同教师之间的数学专业素养都存在显著差异，为此她认为教师应该加强数学教师数学知识的学习；拓展教师专业化发展渠道，保证效率；加强硕士学历教师数学能力的培养；还要正视数学教师的数学专业素养的性别差异，重视教师数学观念知识和数学结构知识的形成。杨萍(2013)自编问卷对数学教师的知识素养来源进行调查，认为教师的知识素养主要包括普通数学知识、数学文化知识、教材知识、教学知识、教学素养和实践知识这六个方面，并从改善测量和思维途径的视角探讨如何发展教师的知识素养。

虽然这些研究都带有调查或者测量，但从根本上说，这种所谓的实证研究对师生数学素养的发展还缺乏深入的分析，尤其是在通过实践来验证数学素养的发展方面。而且这些研究的工具和研究方法是否合理还值得商榷，国外研究工具移植的效度和信度都需要进一步的论证。当然，这种探索也是十分有必要的，可以为后续研究积累宝贵经验。应该看到，随着 PISA 的影响，我国的数学素养测评和发展研究会越来越深入，在研究方法上也会逐渐科学化，以此提高研究结果的说服力。

2.4　台湾数学素养的测评与发展研究

从以上分析可以看出，大陆学者在数学素养的研究方面，以理论阐述居多，而在实践研究层面，多以借鉴国外(主要是 PISA)的研究框架来测评本地学生的数学素养。而台湾学者在数学素养的理论探讨和实践探索方面已做了不少工作，尤其是在数学素养的测量工作方面。在台南大学设立了台湾 PISA 研究中心，主要负责包括数学素养在内的台湾学生素养的测评；除此之外，在台湾师范大学林福来教授等还对数学素养的测评进行了深入的研究。在台湾学者的研究中，单纯对数学素养进行理论探讨的研究文献不多，也很少有专门对数学素养的教育价值进行“呼吁”类型的文献，他们的研究主要聚焦在数学素养与其他知识或能力的相互影响，以及对数学素养的测评工具进行探索。

2.4.1 数学素养的测评

由于台湾比较早就参与 PISA 的测评，因此 PISA 的数学素养理念对台湾的数学教育有着较大的影响，很多台湾学者对数学素养的测评进行探索，这也包括对与数学素养相关的量化素养和统计素养的测评研究。这些研究大多借鉴 PISA 的测评模式，开发结合台湾特点的数学素养测评工具。

1. 小学生数学素养测量研究

陆昱任(2004)首先论述了数学素养对学生社会生活、工作就业以及进一步学习的重要性，然后通过对国内外数学素养文献的梳理后，认为数学素养是一个复杂的概念，它的内涵应该包括以下四个方面的特征。

1)数学素养应能反映时代与文化

过去工业时代，掌握算术技能或四则运算，足以被认为是具有数学素养。但随着知识的爆炸与资讯科技等的发展，对于一个具有数学素养个体的要求已产生巨大的化学变化，过去许多繁杂的运算工作，现在已经能有效率地交由计算设备来完成。再者，尽管现今世界宛如一个地球村，但随着各地文化的差异，生活的形态也就因而有相当大的不同。因此，个体的数学素养应当反映时代的内涵，并合乎社会文化的脉络。

2)数学素养应是强调身体力行

一个具备数学素养的个体绝非仅是一个只会纸上谈兵的空谈家，他们不仅能意识到数学在日常生活与学习上的功用，并在面对问题时能善于使用数学与生活的周遭产生互动，利用数学的方法帮助解决问题，即数学素养的展现是存在于个体生活的每一个角落，是能在生活中直接或者间接应用数学，具备实践的特性。

3)数学素养并不等同单一特质的表现

数学素养不等于知识、技能等任何一个分支，数学素养也不等于计算、推理思考等任何一种能力。数学素养是一个人品格、精神、知识、能力、学识、言谈、行为举止等的综合，是一种内化与升华的结果。此外，从素养层次的观点讨论也可知，素养的发展不应被视为简单的线性发展，而是一种不同层次间可以同时发展、彼此相关，但发展速度可能不一的复杂模型。因此，数学素养在本质上应当是一种整合的实体。

4)数学素养也需要数学的学习

虽然数学与素养不等同于数学，但是强调数学素养的同时并非排斥数学的学习，相反，数学的学习应当是数学素养的基础与必要条件，而且数学素养也为数学与生活之间搭起了友谊的桥梁。当然，这并不意味着数学知识掌握越多数学素养就越高，只有当数学知识内化到个体的品质中，并体现在个体的学习和生活中，才促进了数学素养的发展。

根据以上特征，陆昱任在研究中给数学素养下了一个定义，认为数学素养是指在社会文化的脉络中，个体能用数学的眼光看世界，能认识及转换多样化的信息成数学的形式，使用数学解决来自生活上的问题，以作为判断和做决定的依据，并且能透过说明与沟通，让别人了解决定的过程与结果。

通过对 33 篇国内外文献中数学素养成分的梳理，陆昱任将以文献认同次数在 10 次以上的沟通交流、数学推理、问题解决、符号与表征以及做决定五种要素作为基础，构建能力指标。经过分析和讨论，决定在研究中，将数学素养的能力指标分解为解决问题的能力、推理思维的能力、沟通说明的能力、评判做决定的能力、资讯取择与表征能力，以及使用数学的意向六个向度。将这六个一级指标进行分解，并通过专家论证，将其分解成 19 个二级能力指标，具体分布如表 2-2 所示。

表 2-2　数学素养能力指标表

序号	一级能力指标	序号	二级能力指标
A	解决问题的能力	A-1	能在情境中依需要转化成合适的数学问题
		A-2	能知道情境中的条件与待答问题
		A-3	能重新将问题描述或将复杂的问题分解成数个子问题
		A-4	能应付生活上所碰到有关整数、分数以及小数的基本四则运算
		A-5	能使用工具协助解题
B	推理思维的能力	B-1	能透过规律与结构的察觉提出合理的猜想
		B-2	能提出理由说明臆测的(不)合理性
		B-3	能应用比例推理
		B-4	能应用演绎逻辑
C	沟通说明的能力	C-1	能了解日常生活常见的数学语言
		C-2	能正确地使用一般语言和数学语言说明问题与解题的过程和结果
		C-3	能尊重他人合乎逻辑的解题方式
D	评判做决定的能力	D-1	能根据解题过程和结果来审视解答在情境中的合理性并进行修正
		D-2	能比较不同解题过程在解题情境中的适用性
E	资讯取择与表征能力	E-1	能知道生活资料获取过程中现实条件的限制
		E-2	能依需要转换，组织已知的讯息为可利用的形式

续表

序号	一级能力指标	序号	二级能力指标
F	使用数学的意向	F-1	知道可以透过数学来解决或处理生活问题
		F-2	能有主动使用数学来解决生活中事务的倾向
		F-3	至少能在熟悉的情境中能利用信息与自主地使用数学解决问题

在具体测量工具的命题过程中，该研究同时参考了数学内容、能力指标和情境类型这三个要素。根据小学数学的特点，在数学内容中包含了数与计算、图形空间与测量、资料处理这三个部分；将情境类型分为居家上课购物、卫生健康饮食和休闲娱乐交通这三个类别。如果每一种能力指标都根据一类数学内容和情境类型设置一道题目，则测试工具的题目量太大，受时间和精力限制，难以在调查中实施。因此，在研究中，根据数学内容和情境类型设置了九种(3×3=9)群组，并组成三个题本，具体题本结构如表 2-3 所示。

表 2-3　数学素养测评工具题本结构表

情境类型 数学内容	居家上课购物	卫生健康饮食	休闲娱乐交通
数与计算	题本一(群组 A)	题本三(群组 B)	题本二(群组 C)
图形空间与测量	题本二(群组 D)	题本一(群组 E)	题本三(群组 F)
资料处理	题本三(群组 G)	题本二(群组 H)	题本一(群组 I)

题本一主要处理“数与计算×居家上课购物(群组 A)、图形空间与测量×卫生健康饮食(群组 E)，以及资料处理×休闲娱乐交通(群组 I)”的问题；

题本二主要处理“数与计算×休闲娱乐交通(群组 C)、图形空间与测量×居家上课购物(群组 D)，以及资料处理×卫生健康饮食(群组 H)”的问题；

题本三主要处理“数与计算×卫生健康饮食(群组 B)、图形空间与测量×休闲娱乐交通(群组 F)，以及资料处理×居家上课购物(群组 G)”的问题。

由于测试时间的限制，每群组中只设定了两个题组。所谓题组是由一个情境、故事(题干)以及数个与情境或故事有关的问题所组成的，所有的问题皆可直接渗透参酌情境中的咨询而被回答，不需要依赖先前试题是否获得正确的回答。因此，由于题目数量的限制，导致不能对数学素养的所有能力指标都进行测试，根据需要只选取了 A-3、A-4、B-3、C-1、D-1 和 E-2 这七个能力指标编制题目 69 个。每个题目都对应一个能力指标、数学内容和情境类型。例如，群组 D 第 12 题对应的是能力指标 A-4 能应付生活上所碰到有关整数、分数以及小数的基本四则运算，数学内容是图形空间与测量，情境类型是居家上课购物，题目如下。

12. 小明想要把规格 10cm × 15cm 的照片放到相框中，如图 2-1 所示，则粘贴在黄板纸左右两边双面胶的宽度最大不可以超过多少？

A.0.5cm　　B.1cm　　C. 2cm　　D.3cm

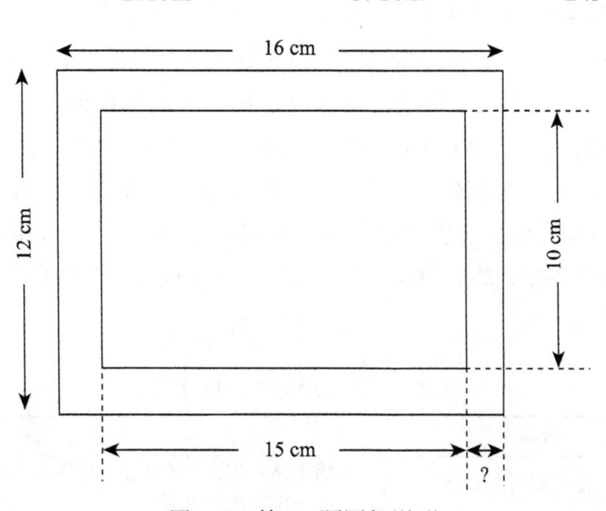

图 2-1　第 12 题图解说明

题本采用重测信度，对台湾宜兰某小学 64 位学生进行测量，重测信度分别为题本一 0.91，题本二 0.80，题本三 0.92。经过预研究的调整后，本问卷对台湾宜兰的 634 位小学生进行了为期三天的测试(每天一份题本)。同时，还对部分老师和学生进行访谈，了解他们对测量工具的看法，题本与学校的数学考试存在怎样的差异，以及试题中生活情境的适应性等。访谈显示，大部分师生对该问卷表示认同，认为其中 80%以上题目中的情形在生活中会碰到；并认为这份测试问卷与学校强调公式或计算的试卷有较大的不同，更强调数学在生活中的应用。

研究发现，学生数学素养测试的得分和学生在学校考试中的数学成绩呈现中度相关；在同一内容的不同情境类型中，学生的测试结果也呈现中度相关，说明数学素养测试与学生的学校数学成绩、情境都有一定联系。研究还对学生在 9 个群组中的表现进行比较和分析，但并未对小学生数学素养的测量结果做出一个总结性的结。当然，这与该研究的主要是为了检验测量工具的有效性而非检测学生的数学素养水平有关。

在对数学课程和教学提出若干建议之后，该作者对研究提出了若干建议。认为在数学素养的内涵部分，应该扩大文献梳理范围，让数学素养的内涵和成分更加具有说服力；在数学素养的测评方面，应该注重评价的多元性(不能仅限于笔试)、扩大命题的范围；在数学素养测评工具的分析方面，应该扩大样本和测试题目的数量、通过访谈等手段增强工具的有效性、构建水平层次分析标准，以及注重影响数学素养因素的研究与分析。最后指出，数学素养具有文化性，应在借鉴他人研究的基础上，结合对本地区数学文化的研究成果，开发适合本地的数学素养测试工具。

2. 中学生数学素养测试研究

郭慧玲(2002)以量化素养(英文名称为 Quantitative Literacy，在一些欧美国家也用该词表示数学素养)为研究目标，将其定义为个人能合理地应用量化技能，去处理或解决日常生活中与量化有关的问题，包括解释资料、估算、测量和解决不确定问题等量化技能。通过对国外 22 篇相关文献的梳理，她将量化素养的成分归结为解释资料(包括图表解读和能应用基本的统计概念)、估算、测量和解决日常生活中不确定的问题四个部分。然后编制了问卷(由 31 题构成)，涉及了九个能力指标，具体如表 2-4 所示。

表 2-4　量化素养能力指标表

序号	一级能力指标	二级能力指标
1.3	量化资料的特性	能察觉到生活中有些量化资料是具有随机的特性，没有一定的规则可寻
2.1	量化资料的产生	能透过估算的方法产生量化资料
2.2	量化资料的产生	能透过测量的方式产生良好资料
3.1	处理量化资料的过程	能将量化资料整理成多维表格
3.2	处理量化资料的过程	能计算出量化资料的相关统计量(如百分比或平均值)
3.3	处理量化资料的过程	能将量化资料整理成统计图表(如将原始资料整理成长条图，或将表格中的资料整理成折线图等)
4.1	量化资料的诠释	能解读生活中常见的表格
4.2	量化资料的诠释	能解读生活中常见的统计图(如长条图或折线图)
4.3	量化资料的诠释	能知道量化资料中的基本统计图(如众数)所代表的意义

注：在初始阶段共设计了 6 个一级能力指标，共开发了 19 个二级能力指标，但是由于测量条件的限制，后来仅选取了 9 个三级能力指标

在测试问卷中，解释资料类题目 14 个、估算类题目 6 个、测量类题目 5 个、解决不确定性问题类题目 6 个；在题目呈现方式方面，以文字呈现的题目 11 个、以图形和表格呈现的题目均为 10 个，详细分布如表 2-5 所示。

表 2-5　量化素养测试题目分布表

题号	施测内容 (能力指标，技能，情境，呈现方式)	题号	施测内容 (能力指标，技能，情境，呈现方式)
1	2.1，估算，育乐，图形	4	4.1，解释资料，食，表格
2	1.3，不确定性，食，文字	5	2.1，估算，行，文字
3	2.2，测量，衣，图形	6	3.2，解释资料，育乐，表格

续表

题号	施测内容 (能力指标，技能，情境，呈现方式)	题号	施测内容 (能力指标，技能，情境，呈现方式)
7	2.2，测量，住，图形	18a	4.3，解释资料，衣，图形
8	1.3，不确定性，食，文字	18b	4.2，解释资料，衣，图形
9	3.2，测量，食，表格	19	4.2，解释资料，育乐，图形
10	3.2，解释资料，衣，文字	20a	3.1，解释资料，住，表格
11	2.2，测量，食，图形	20b	4.3，解释资料，住，文字
12	4.1，解释资料，行，表格	21	1.3，不确定性，育乐，文字
13	1.3，不确定性，育乐，图形	22	2.1，估算，育乐，文字
14	2.1，估算，食，文字	23	3.1，估算，行，文字
15a	4.1，解释资料，育乐，表格	24	4.2，不确定性，行，图形
15b	3.2，解释资料，育乐，文字	25	3.3，测量，住，表格
16	3.2，解释资料，育乐，表格	26a	4.1，解释资料，衣，表格
17a	3.3，解释资料，育乐，图形	26b	4.1，不确定性，衣，表格
17b	3.2，估算，育乐，文字		

例如，第 1 题为图形题，主要测试估算技能，情境类型为育乐，对应的能力指标是 2.1 能透过估算的方法产生量化资料。因此，设置题目如下。

1. 小利与外公外婆一同到阳明山爬山，从冷水坑出发要爬到竹嵩山，在爬到途中看到一个指标如图 2-2 所示，请问小利大约还需要爬多远才会到竹嵩山？

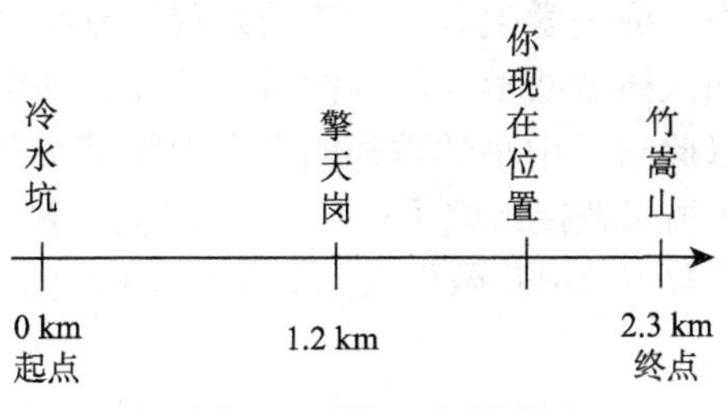

图 2-2　题 1 示意图

(1)0.5km　　(2)1km　　(3)1.5km　　(4)2km

在预研究后，对问卷的某些试题进行了一些小的调整，正式问卷的信度为 Kuder-Richardson 20=0.63。然后对台北某高一的 410 名学生进行了量化素养测试，同时对他们进行问卷调查，以了解影响中学生量化素养表现的因素。测试表明，研究对象的中学生在量化技能中的解释资料方面表现最好，而在估算方面表现较差；在能力指标的量化数据诠释上表现最好，表现较差的是在量化数据的产生；在衣、食、住、行、育、乐五个实践量化素养的情境中，学生在衣方面表现最优，在行方面则表现较不理想；在以文字、图形和表格三种方式呈现量化素养的题目时，中学生在表格和图形方面都表现不错，而在文字方面表现较差一点。在男女性别比较方面，发现除了在能力指标“能透过估算的方法产生量化数据”中男女生表现存在显著差异外，在量化素养其他方面的表现上，男女生都大多没有显著差异。此外，研究还发现，越是认为学习数学是很容易的学生，他们在量化素养题本中的表现反而偏低，这与部分国外学者的观点一致，说明了数学(考试成绩)不好并不代表就不具有量化素养。

除中学生量化素养的测试结果以外，研究在测试工具的开发上还取得了一些结果，首先，是在施测时间方面，由于量化素养的评量并非测验学生的做答速度，所以试题的数量要配合做答的时间，才不会使学生的答题表现受到影响；其次，是在设计量化素养的题目时，一定要留意编写题目的情境是否是中学生在日常生活中常遇到的情形，只有让学生在答题时有身临其境的感觉，这才符合量化素养的基本精神；最后，若要更进一步了解中学生的量化素养，除纸笔测验外，还可再加上一些实作评量的试题，或将题目设计成两个阶段式的评量，这样可以了解学生选择该选项的真实原因。该研究结果还对测试学生的数量、难度，对具体测试题目的修改等方面提出了若干建议。

3. 数学素养测评试题开发研究

随着数学素养在台湾研究的深入，尤其是 PISA 测试对台湾数学教育的影响，学者逐渐意识到开发适合台湾的数学素养测试题目是十分有必要的。在 2010 年 12 月公布的 PISA2009 测试成绩中，台湾学生的阅读素养、数学素养和科学素养相比 PISA2006 都有了下降，这引起了教育主管部门的注意。官方和学者都认为，要为了更好地在数学教学中，促进学生数学素养的发展，有必要调整数学教学的评价标准，逐渐在考试中融入体现数学素养的测试。因此，开发适合台湾文化背景的数学素养测评试题，以此指导中小学教师的数学教学是十分有必要的。在此背景下，台湾师范大学的林福来教授组织了全台湾 25 名大学教师和 180 名中学教师，历时六个月，编制了《台湾 2011 数学素养评量样本试题》。试题分为上下两册，共有 509 页，180 道题目。

试题的开发借鉴了 PISA 的数学素养研究，从情境和内容两个方面检验学生的数学过程及其背后所涵盖的数学能力，包括将情境转化成数学问题的能力、能应用数学概念、事实、程序进行推理解题，以及能解读、应用和评估数学结果。在数学情境方面，研究小组将其分为个人情境、教育和职业情境、社会情境和科学情境四个部分；在数学内容方面，分为了变与关系、空间与图形、量以及不确定性四个方面。每个类型的情境下，都按照不同的数学内容编制测试题目。

在个人情境的类型中，共有 58 道题，所对应的数学内容的题目数量如表 2-6 所示。从表中可以看出，涉及量的题目最多，有 50 道题；涉及不确定性的题目最少，只有 7 道，而且单纯的不确定性内容的题目没有；58 道题中，涉及单个知识点的题目只有 25 道，大部分题目是多个知识点的综合。

表 2-6　个人情境中各题所对应数学内容的题数表

数学内容	单一内容	变与关系&量	空间与图形&量	空间与图形&不确定性	量&不确定性	变与关系&空间与图形&量	空间与图形&量&不确定性	数量总计
变与关系	2	18				1		21
空间与图形	5		7	1		1	3	17
量	18	18	7		3	1	3	50
不确定性	0			1	3		3	7

例如，第 50 题的名词是胶带，涉及了变与关系和量两个部分的数学内容，具体题目如下：

某一款圆形胶带，如图 2-3 所示，使用了 X m 后，胶带厚度身下 Y m，请回答下列问题：

问题 1：若胶带使用了 5 m 后，厚度刚好减少了一半，请问剩下的胶带能否再使用？为什么？请写出理由。

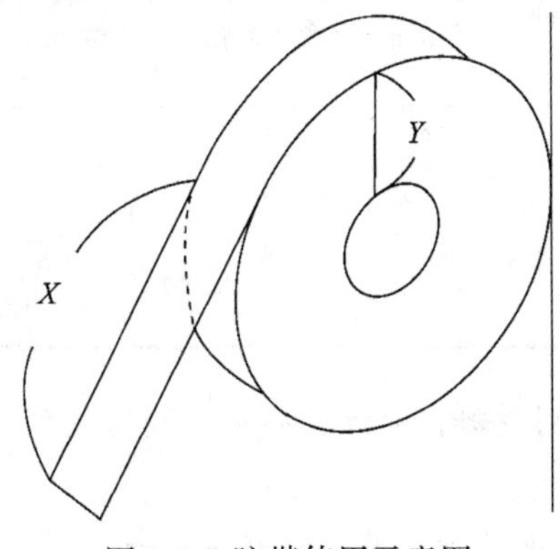

图 2-3　胶带使用示意图

问题 2：下列哪一个图显示胶带的厚度 Y 随着使用长度 X 变化的情形？

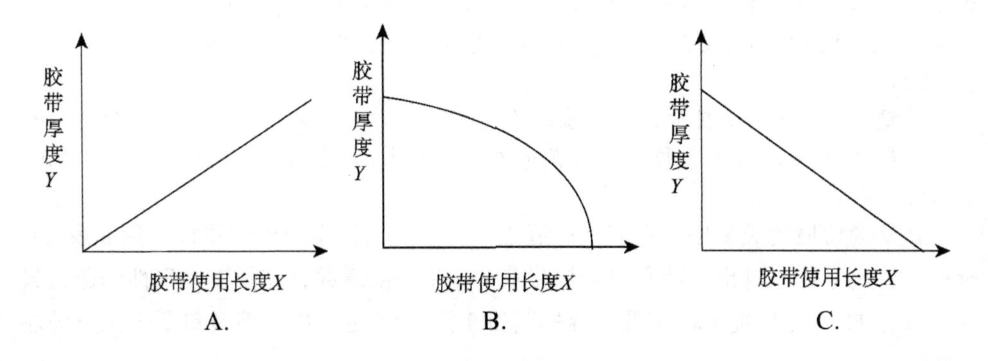

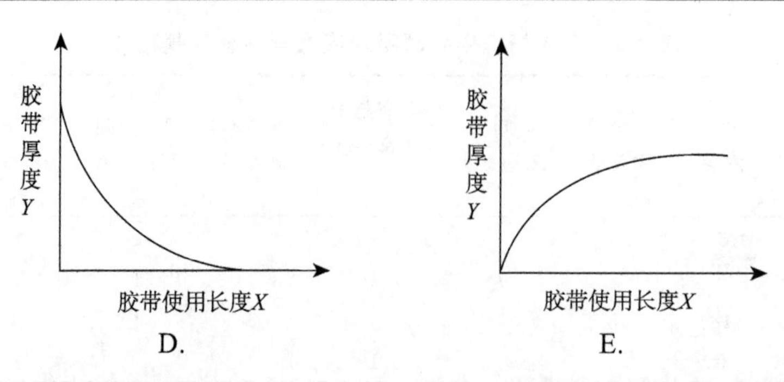

在教育和职业情境的类型中，共有 31 道题，所对应的数学内容的题目数量如表 2-7 所示。从表中可以看出，涉及量的题目最多，有 21 道题；涉及不确定性的题目最少，只有 4 道，但是出现了单纯不确定性内容的题目 1 道；31 道题中，涉及单个知识点的题目只有 13 道，大部分题目是多个知识点的综合。

表 2-7　教育和职业情境中各题所对应数学内容的题数表

数学内容	单一内容	变与关系&空间与图形	变与关系&量	空间与图形&量	量&不确定性	变与关系&空间与图形&量	变与关系&量&不确定性	数量总计
变与关系	3	2	4			1	3	13
空间与图形	4	2		8		1		15
量	5		4	8		1	3	21
不确定性	1						3	4

例如，第 26 题的题目是舞台设计，涉及了变与关系和空间与图形两个部分的数学内容，具体题目如下：

小英是个有名的室内设计师，最近她在设计一个礼堂的内部。她想要在礼堂内设计一个正方形的舞池，上面镶有图腾，是以四个顶点为圆心，半径为 10m 画成的(图 2-4)。观众席距离舞池 8m，这样观看效果比较佳。观众席由三层阶梯的形式出现，和舞池同宽。第一层和第二层，考虑到观众所携带的包以及舒适度，宽为 0.75m，第三层则为 0.5m。每一层的高度为 0.5m。场地是一个长方形，宽 10m，长 20m。

问题 1：小英想要在阶梯上覆盖红色的毯子，她应该购买多少平方米的毯子？

问题 2：小英想要用五种油漆涂在正方形舞池上，若想用紫色涂满 B 区(图 2-5)，请问需要涂多少平方米？

在社会情境的类型中，共有 64 道题，所对应的数学内容的题目数量如表 2-8 所示。从表中可以看出，涉及量的题目最多，有 54 道题；涉及不确定性的题目最少，只有 11 道，单纯不确定性内容的题目 1 道；64 道题中，涉及单个知识点的题目只有 15 道，仅占 23.4%，大部分题目是多个知识点的综合。

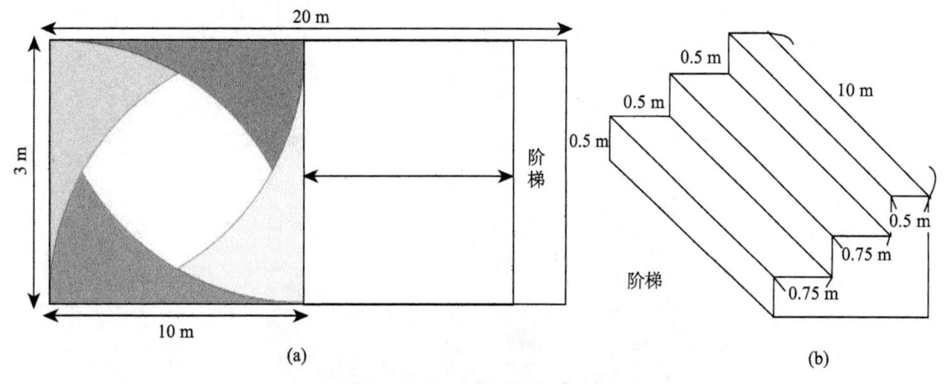

图 2-4　长方形礼堂示意图

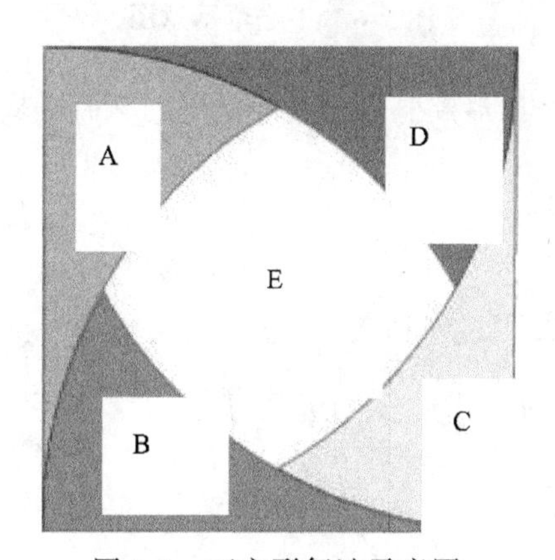

图 2-5　正方形舞池示意图

表 2-8　社会情境中各题所对应数学内容的题数表

数学内容	单一内容	变与关系&空间与图形	变与关系&量	变与关系&不确定性	空间与图形&量	量&不确定性	变与关系&空间与图形&量	变与关系&量&不确定性	数量总计
变与关系	3	1	24	2			4	2	36
空间与图形	3	1			10		4		18
量	8		24		10	6	4	2	54
不确定性	1			2		6		2	11

下面举一个单一知识点的例子，该系列的第 55 题名称为农场与牛，仅涉及空间与图形这一数学内容，具体题目如下。

农夫在一片长满草的大草原的农场中央建了一间边长为 5 m 的牛棚(牛棚的部分没有草),农夫在一个墙角栓了一头牛,如果绳子长 12 m,且可以只有弯曲(图 2-6)。

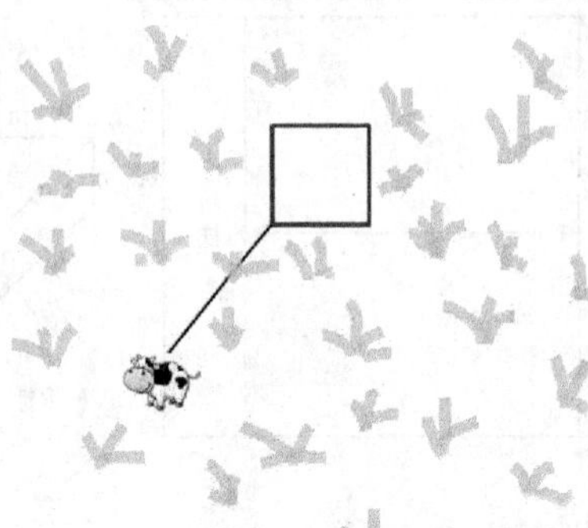

图 2-6　牛吃草示意图

问题 1:下列哪一个图形最能表示牛可以吃到草的区域?

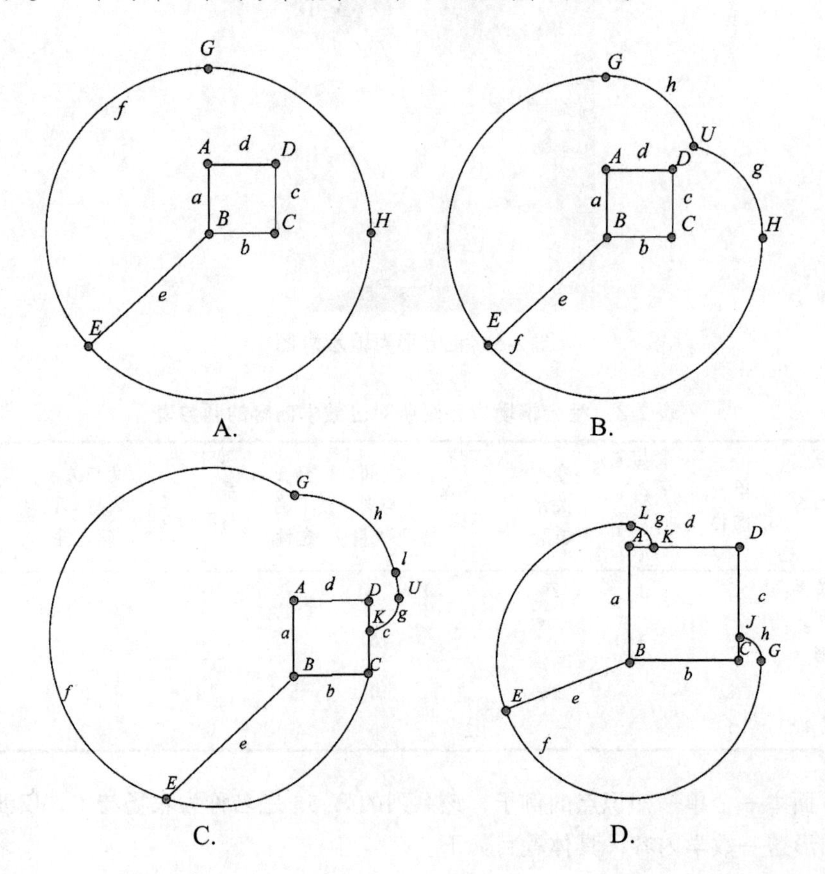

问题 2：牛大约可以吃到多少面积的草地？

A. 约 452 m^2　B.约 427 m^2　C.约 416 m^2　D.少于 413 m^2

在科学情境的类型中，共有 27 道题，所对应的数学内容的题目数量如表 2-9 所示。从表中可以看出，涉及量的题目最多，有 21 道题；涉及不确定性的题目最少，只有 4 道，而且单纯不确定性内容的题目没有；27 道题中，涉及单个知识点的题目只有 7 道，仅占 25.9%，大部分题目是多个知识点的综合。

表 2-9　科学情境中各题所对应数学内容的题数表

数学内容	单一内容	变与关系&量	变与关系&不确定性	空间与图形&量	量&不确定性	变与关系&空间与图形&量	变与关系&量&不确定性	数量总计
变与关系	2	9	1			4	2	18
空间与图形	3			3		4		10
量	2	9		3	1	4	2	21
不确定性	0		1		1		2	4

例如，该序列的第 14 题名称为汽车雨刷，涉及空间与图形和量这两部分数学内容，具体题目如下。

在汽车挡风玻璃上，雨刷的设计在相同的前提下，以能刮除最大的面积为首选，现有两款不同的设计款式，如图 2-7 和图 2-8 所示。

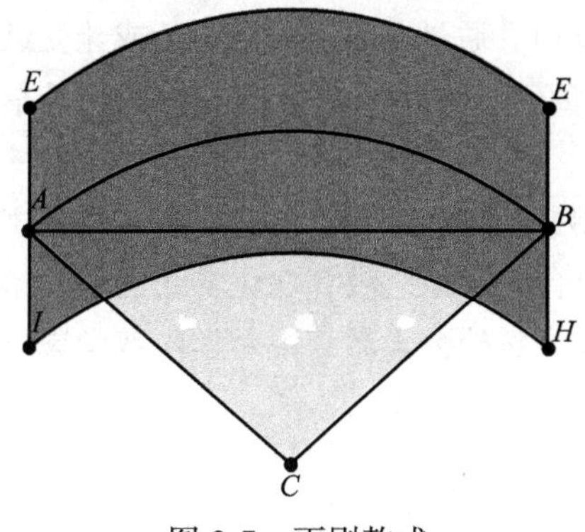

图 2-7　雨刷款式一

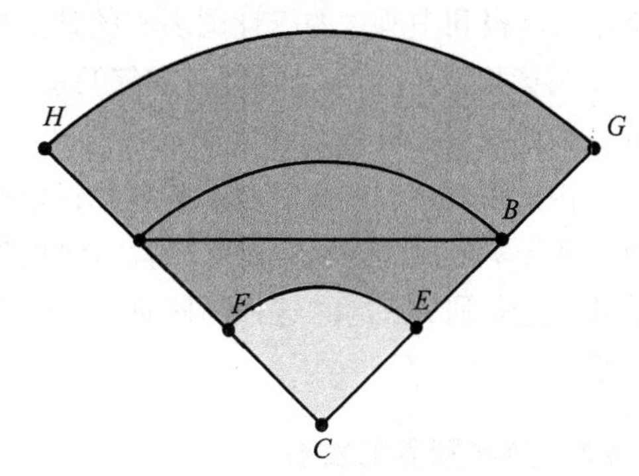

图 2-8　雨刷款式二

问题 1：雨刷条保持铅垂方向，扫过挡风玻璃，若雨刷骨 *BC* 线段长 50 cm，雨刷条 *EH* 线段长 50 cm，雨刷 *AC* 线段以 *C* 为轴心，固定速率来回在 *AC*—*BC* 运动扫过，而雨刷条始终保持与 *AB* 线段垂直方向刮除雨水，若以 $\angle ACB=120°$ 计算，则雨刷刮除区域 *EFIH* 的面积为多少？(图 2-7)

问题 2：雨刷固定和支架方向重叠，以同心圆扫过挡风玻璃。雨刷骨 *BC* 线段

50 cm，雨刷条 GE 线段 50 cm，雨刷条保持与 BC 线段重叠方向刮除雨水，$\angle ACB=120°$，求雨刷的刮除面积为何？

问题 3：由前两题结果可知，在相同的雨刷骨、雨刷条长度及相同夹角条件下，上述何种方式所刮除的面积较多？请说明你的依据及看法。

试题开发完成后，项目组将其全部公开，鼓励教师在教学中试用，希望能在教学中提升学生数学素养的同时，也希望能推出更好的数学素养测试题目。此外，本次的数学素养测试题目开发活动有 180 位中学教师参与，除了听取一线教师的意见，项目组还有两个目的，分别为希望通过这种活动，帮助教师了解 PISA 的数学素养，以及未来的教育趋势；也希望通过相互交流和学习，帮助数学教师发展设计评量数学素养试题的能力。

除以上这些数学素养测评以外，还有台湾学者根据一些国外的数学素养测量工具，对本地区学生进行测量。例如，黄雅云(2011)利用美国的教育进展评估(The National Assessment of Educational Progress，NAEP)的数学素养测试中将数学素养分为数学能力(Abilities)、数学威力(Power)和数学内容(Content)三个方面为原则，从 NAEP 历年测试题目中挑选出 41 道题，其中数的性质 4 道题、几何 14 道题、概率与统计 8 道题、代数 15 道题。通过预研究后，正式确定 21 道题组成正式问卷，包括数的性质 2 道题、几何 6 道题、概率与统计 5 道题、代数 8 道题。然后，对台湾台中的 555 名高三年级的数理优质班、普通班和职业类学生的数学素养分别进行测试，并根据测试结果比较差异，提出教学建议。陈幸玫(简大为，2009)采用内容分析法，从报刊中所含的统计图表和统计摘要为题材，通过开放式的问答，或让受试者在阅读报纸的内容后以口谈或笔写的方式来回答、计算或判断报道中的统计信息，以此探讨个体的统计素养水平。

由此可看出，台湾的数学素养测评已开展得较为深入，不仅研究的方式比较规范，基于实证而非经验，而且已就如何构建适合台湾本地区教育文化特征的数学素养测评进行研究，同时这种测评研究工作也促进了学校数学教育中对学生数学素养的培养。

2.4.2　数学素养的发展

对数学素养研究的最主要目的就是要在学校数学教育中发展学生的数学素养，随着台湾学者对数学素养的重视，对如何发展学生数学素养的研究也逐渐增多。尤其是随着以 PISA 为代表的数学素养测量的深入开展，通过测评来促进数学教学成了培养学生数学素养的一个重要渠道。例如，新北市五峰国中的数学教师邓家骏就利用《台湾 2011 数学素养评量样本试题》中的题目融入数学教学，并研究了学生在做这类题目时的表现和一般数学问题题目的表现有何区别、学生在试题中不同类别题目的表现有何差异，以及数学素养与数学程度有何关联。这种探索，对于一线教师如何在教学中处理教学内容、选取何种合理的教学方式，以更好地发展学生的数学素养都具有重要的推动作用。下面分别从理论分析和实践探索两个方面，简单介绍台湾在发展学生数学素养方面的研究。

1. 提升学生数学素养的理论分析

培养数学素养最重要的场所是学校的数学教学，因此数学课程标准、教材这些对学生的数学学习有着重要的影响，有学者对这方面进行了探讨。钟静(2005)对 20 年来台湾实行的四种数学课程标准(分别为 1975 年版、1993 年版、1994 年版和九年一贯版)进行了比较，认为最近推出的九年一贯版数学课程标准突出了联结(Connection)这一主题。它包括数学内容的联结和外部的联结，在数学内部是指在数与量、图形与空间、代数、统计与概率四个主题中交错发展，强调的是解题能力的培养；而数学外部的联结则是指在生活及其他领域中形成或应用数学问题。这二者均包含培养察觉(Recognition)、转化(Transformation)、解题(Problem Solving)、沟通(Communication)和评析(Evaluation)等能力。具备这些能力，一方面可增进学生在日常生活方面的数学素养，能广泛地应用数学，提高生活质量；另一方面也能加强其数学式的思维，有助于个人在生涯中求进一步的发展。许瀞方(2003)认为台湾 1994 年版和九年一贯版的数学课程标准都强调了对学生数学素养的培养，这需要教师自身具备较高的数学素养，还需要在教学方式中寻求变革，而讨论式的数学教学是培养数学素养的重要途径。教师只有秉持以学生为中心的观念，通过课堂讨论让学生养成思考、批判和创新等能力，才能更好地培养他们解题、沟通、讲道理等数学素养。

周玉秀(2006)以 PISA2003 的数学素养测试结果为依据，对 41 个参与国家的数学素养表现进行简单阐述后，分别从变化与关系、空间与形状、量与不确定性四个方面进行分析学生的解题表现，最后指出随着 PISA 的深入，各国都在审视自己的数学教育，包括从课程标准、教学策略等方面进行改革，为此台湾应该积极行动，要意识到数学不再是班级精英的专属学科，数学可以是学生解决生活问题的功能性语言，学校教育宜启发学生把数学学习视为生活工具，由情境问题中建立基础严谨的数学概念。若能在此信念之上，转化数学素养之程序与内容于教材中，浅入深出，当可厚植学生解决各类型数学情境的基本兴趣，敏于探索课堂上未教导之问题概念。洪碧霞等(2009)在国外学者研究的基础上，从方程式信息、图形资讯与认知类别三项成分对 PISA 数学素养的 90 个试题进行认知成分分析(又称为难度成分分析)，探讨该测验不同难度层次试题的认知成分特征。研究表明，所构建的分析模式能精简有效预测 PISA 数学素养试题难度参数变异。研究对 PISA2006 测试中，台湾学生在数学素养上的表现较差的题目进行分析，认为教育决策应立即拟订具体的补救教学计划，以提升台湾学习弱势学生的基础数学运作能力。从试题内容和难度上看，层次试题需要转译文字为方程式或应用图形信息来解题，认知类别则为在制或联结的题目。故补救教学的目标首重为方程式与图形信息的解读应用，之后再提供情境新颖或非例行的问题，让学生获得各种生活情境数学问题洞察的经验，提升其数学问题解决的认知层次。

2. 提升数学素养专案计划

台湾在 2011 年元旦宣布开始启动十二年国民基本教育，计划在 2014 学年高中职学生全面免学费、大部分免试入学。为此，教育部门从 2011 年开始启动了一系列教育改革，包括制定了“十二年国民基本教育实施计划”。该实施计划的配套措施有 11 项子计划，共包含 19 个方案。其中第 3 项配套措施为“学生生涯规划与国民素养提升”，方案 3—6 为“提升国民素养实施方案”。根据此方案成立了“国民素养项目计划办公室”，主要任务为研讨建构素养的核心概念与测量指标，检视目前所有国民素养相关调查，整合各素养调查，并规划尚未调查的素养项目。国民素养指的是重要的且能带得走的能力与态度，每位学生都有权力获得且必须获得，才可以与时代、社会接轨并满足生活上解决问题的需求。该方案由台湾“中央研究院”的曾志朗院士担任总负责人，计划对五个领域的素养进行研究，包括了语文、数学、科学、数位和教养。

数学素养部分的研究由台湾“中央研究院”数学所的李国伟教授负责(2012.12—2013.11)，还有三位共同主持人，分别为台湾高雄大学的黄文璋教授、台湾嘉义大学的杨德清教授和台湾勤益科技大学的刘柏宏教授。研究者于 2013 年上半年在台湾访学期间，也加入到该项目的研究中。项目组在一年的时间内，在台湾的北部、中部和南部各举办了一次专家座谈会；研究小组成员之间召开了八次讨论会；对 545 位一线数学教师进行了问卷调查。通过这些研究，认为数学素养的内涵为：个人的数学能力与态度，使其在学习、生活，与职业生涯的情境脉络中面临问题时，能辨识问题与数学的关联，从而根据数学知识、运用数学技能，并借用适当工具与信息，去描述、仿真、解释与预测各种现象，发挥数学思维方式的特长，做出理性反思与判断，并在解决问题的历程中，能有效地与他人沟通观点(张维忠和陆幸意，2014)。

研究认为，素养是每位学生都有权利获得，且必须获得的能力。学校的数学教育，应该注重发展学生的数学素养，并提出了数学素养的愿景：从学习数学的历程中，学习到数学的思维方式，以便灵活运用数学知识、技能与工具，去解决生活中的问题，并成为有理性反思能力的国民。研究小组对十二年义务教育中，学生数学素养的发展目标归纳为以下四个方面。

目标1：学习并发挥数学思维的特长；

目标2：充实并活用基本的数学知识；

目标3：建立健康对待数学的态度；

目标4：善于利用计算工具与数字科技。

其中，目标1分为数学的抽象性和逻辑性两个二级指标，进而分为5个三级指标，每一个指标都分为精熟、基础和待加强三个层次，精熟层次最高，待加强为最低。目标2分为变化与关系、空间与形状、数量，以及不确定性与数据四个二级指标，也同样分为精熟、基础和待加强三个层次的要求。目标3的要求是能培养出对数学的自信，并乐于尝试使用数学，而成为思路清晰并擅长沟通的国民。还根据研究结果拟定一份数学素养态度调查问卷。目标4的要求是能运用各种数位工具，例如，计算器、电脑、数学软件、多媒体、网络、云端等，以解决数学相关的问题。也将其分为精熟、基础和待加强三个层次。

在对台湾目前各级数学课程标准进行分析之后，该研究还对数学素养的发展提出若干建议。具体包括培养数学直观，提升推理能力，联结情境脉络；活化教学模组，使在必要的共同基础知识上，能有适性发展的空间；将数位科技有效融入数学教学，提升学生探索与解决问题的能力；体会数学创造的历程，加深认识数学的人文价值；建立数学素养教育在师资培育方面的配套措施；规划建立追踪辅导机制(张维忠和陆幸意，2014)。研究还对数学素养的测评提出了建议，认为测评方式可以多元化，还要注重对学生学习态度、课堂反应、参与的积极性、在团队解决问题时候的贡献程度等方面的测评。而学校也不能只重视学生的测验分数，应该重视是否启发学生在生活环境中，发觉与数学相关的事情；是否举办鼓励学生尝试数学创新的活动，特别是观察与猜想的活动；是否让学生参与数学拟题与写作，以及合作发展数学实验；是否培养学生能不脱离人文与美学脉络来鉴赏数学，认识到数学作为人类文化重要成分的价值。此外，学校也应注重提供教师研发与实验提升数学素养教育的设备、资源与机制，并且要评鉴教师执行数学素养教育的成效。

3. 发展学生数学素养的实践探索

为了探索如何在教学活动中发展学生的数学素养，很多台湾学者就影响数学素养的相关因素进行了探索，这些研究多以实证的研究为主。简大为(2009)就高中学生的数学素养和数学焦虑、数学成就和自我效能的相关性进行了研究。他以PISA2006的数学素养试题为测量工具，对台湾2046名高中和高职的一年级学生进行调查。研究表明，学生的数学素养和数学成就相关性最高，数学素养和自我效能感的相关性次之，而数学素养和数学焦虑的相关性最低；男生的数学素养高于女生，女生的数学焦虑高于男生，但男生的自我效能感高于女生；高中学生的数学素养高于高职学生。最后，研究提出了若干教学建议，认为要提升学生的数学素养，可优先针对学生的数学成就进行补救及加强，其次再将提升数学自我效能的活动设计放入教学中，借由数学与成就、数学自我效能的提升，提升数学素养；数学成就方面，教师不论针对全体学生、高中职学生或是不同性别学生，如要补救学生数学成就，应优先将数学素养之要素融入课程中，以培养学生的数学素养，其次再改善学生的数学焦虑，在数学素养提升以及数学焦虑降低的过程中，将使数学成就有所成长；数学焦虑方面，教师欲改善学生的数学焦虑，就必须考虑不同群组的特性，对高职生以及女学生来说，优先强化学生的数学自我效能是重要的，其次再加强及补救数学成就，对全体学生、高中生以及男学生而言，则需优先针对学生的数学成就进行补救及加强，其次再去提升学生的数学自我效能；数学自我效能方面，教师欲改善数学自我效能的对象为普通高中生，则与其他群组不同，对高中生必须优先以数学成就为优先加强的变项，其次才改善数学焦虑，而对全体、高中以及不同性别的学生则以培养学生的数学素养为优先考量，其次也是需消除学生的数学焦虑，在教师介入的过程中，数学自我效能会受到其他因素的影响而有所提升。

吴炎冠(2012)认为资讯能力和数学素养是未来个体必须掌握的两个重要能力，他以 PISA2009 的测试数据为准，对中国香港、日本、韩国、中国澳门和新加坡等国家和地区学生的信息交流技术(Information Communication Technology, ICT)与数学素养的联系进行了研究。分析显示，新加坡学生的 ICT 能力和数学素养都十分优秀，而中国澳门和日本学生的数学素养和 ICT 能力都较低；曾使用过电脑的学生的数学素养高于未使用过电脑的学生；ICT 能力和数学素养具有正相关性，但是学生在学校使用 ICT 越频繁，其数学素养反而越低。他在研究中指出，科技信息融入数学教学有利于培养学生适应社会的能力，但是要把握好时间和度的问题；如果 ICT 的使用能帮助学生简化在进行问题解决的历程中所遭遇的困境，则有助于学习目标的完成，但是过多地依赖 ICT 也会使学习效果适得其反。从社会发展趋势上看，信息技术融入教学是受到积极推动的，也有不少研究认为信息技术融入教学可以促进数学学习兴趣与理解，提升数学学习成就，缩短高低成就水准差距；学生也都持肯定态度；也有研究表明信息技术融入数学教学有利于发展学生的创造力。但从该研究来看，信息交流技术对数学素养的影响既不是完全正面，也不是完全负面，需要更深入的探讨。

数学臆测是指学生在面对各种不同情境的数学问题时，能借由观察有限的信息提出一个合理猜测的动态过程，此动态过程起点为观察，接着在猜测、检验、相信与反驳的历程中循环。在此循环的过程中，学生透过检验他人的猜想、反驳他人的猜想和为自己的猜想做辩护，以获得思维的发展与数学知识的建构。台湾学者林福来指出臆测是培养数学素养的重要核心，是数学学习各个面向的中枢(包含概念化、过程操作、解题和证明)，好的臆测活动提供学习者主动思考和建构知识的机会。因此，有学者(游昭芳，2012)认为着重臆测思维历程并以臆测为中心来设计教学活动，可以让学生能借由特殊化、一般化、猜测、检验与反驳的过程将自己一开始的猜想更精致化，体验学习数学的乐趣以丰富数学课室环境，这是提升学生数学素养的有效策略。

游昭芳(2012)也认为阅读在数学教育中扮演着重要的角色，因此她决定以阅读融入臆测的数学教学活动为主题，通过在台湾八年级学生中进行三轮的行动研究，探索数学素养的发展途径。她以美国国家研究委员会(National Research Council，NRC)下属的数学学习研究委员会(Mathematics Learning Study Committee，MLSC)对数学素养的内涵阐述，从概念性的理解(Conceptual Understanding)、过程的流畅性(Procedural Fluency)、策略性的能力(Strategic Competence)、合适的推理(Adaptive Reasoning)、积极的倾向(Productive Disposition)五个方面编制了数学素养观察表。在行动研究的同时，从研究对象中，以方便取样选取三位能够提供丰富资料的不同学习成就学生作为本书主要观察对象。研究工具包括教学活动学习单、教室的录音和录影、学生活动回馈单、非正式和半结构性访谈记录、教师的反思日志与学生数学素养观察表，透过多元质性资料的收集与分析，探讨个案学生数学素养五股能力的展现情形。

由于研究目的是希望透过阅读融入数学臆测活动的教学，提供一个多元的学习环境，让学生能在经历大胆提出猜想、不断地检验、相信与反驳，以获取数学知识的过程中，促进学生概念理解、程序流畅、策略运用、适性推理与建设性倾向数学素养五股能力的发展，进而成为主动思考的学习者。因此在研究中，她设法结合数学相关文本的阅读与数学臆测活动的探索过程，让学生学习整理自己的思绪与想法，鼓励学生能解释概念或用自己的话作定义，并利用数学史、数学家的故事或数学相关新闻等信息提供数学家的观点让学生延伸阅读，以应用所学的概念及技能于新的情境中。建立沟通抽象数学概念和实际生活应用的桥梁，达到将数学能力运用在解决日常数学问题上。研究结果显示，当遭遇学生对以阅读融入臆测活动来学习数学的不熟悉与不信任时，并非透过几个策略就能立即有效的解决，而是需要给予学生更多的时间与机会才能改善；阅读可以协助学生更有效率地进行臆测活动，尤其在问题的聚焦、猜测和检验的阶段；实施阅读融入臆测的数学教学活动，对不同学习成就学生的数学素养皆有所提升；实施阅读融入臆测的数学教学活动对于低成就学生，适性推理与建设性倾向的面向有显著影响；实施阅读融入臆测的数学教学活动对于中成就学生，概念理解、程序流畅、适性推理与建设性倾向的面向有显著影响；实施阅读融入臆测的数学教学活动对于高成就学生，适性推理与建设性倾向的面向有显著影响。

基于研究结果，她从数学阅读和臆测的角度对教学中提升学生数学素养提出了四点建议，认为数学的阅读文本可以在臆测活动中每个历程实施融入，但为了使得臆测活动流畅进行，阅读文本篇幅不宜过长，且可利用课余时间作为学生的作业进行；市面上的数学书籍文章，往往会写出翔实的数学概念与解题历程，这对于臆测活动而言会影响学生猜测与检验历程。所以阅读融入臆测教学活动所使用的阅读文本应做适度地改写，只对问题的思考方向做出约略的指引，而不能显示出问题的答案。换言之，文本的作用应该是指南针，而不是卫星导航系统；对于有意进行教学改变的教师而言，不论未来是否要实施阅读融入臆测的数学教学活动，皆可在教学上透过适当的活动设计来达到兼顾高、中、低不同学习成就学生的个别差异，让每位学生皆能依据个人的学习特性展现出不同面向的数学素养；要善用科技设备，如电子白板或实物投影机来协助学生发表与分享，让阅读融入臆测教学活动能够更有效率地进行。

从臆测的角度探索数学素养提升的研究在台湾还有不少。例如，尤昭奇(2009)和庄青伦(2012)探讨以臆测为中心的数学探究教学下初中学生数学素养的发展情况，研究均证明了以臆测为中心的数学探究教学可以促进学生数学素养的发展。尤昭奇(2009)研究认为学生的解题策略越来越多元；学生能在学习中体会数学本质的动态改变；学生从读题、解题、猜想、辩证、反驳的历程中构建数学知识。庄青伦(2012)的研究也表明了类似的观点，并指出同等层次学生在探究活动的讨论中更能碰撞出火花，以臆测为中心的数学探究教学对于中高成就学生的数学素养发展更明显。值得一提的是，尤昭奇(2009)在研究中还借鉴 NRC 的数学素养阐述，构建并检验了学生数学素养观察表，具体如表 2-10 所示。

表 2-10　尤昭奇(2009)的学生数学素养观察表

	学生外显表征
概念理解	学生能了解单元中数学概念的定义 学生能了解数学运算、公式背后的含义 学生能根据不同情境使用不同的概念表征
程序流畅	学生能熟练的计算或运算 学生能掌握每个解题的流程 学生能对不同的数学表征加以操作
策略应用	学生能拟订解题计划 学生能将情境抽象化表述为数学式 学生能应用各种有效率的方法进行解题 学生能运用有关解题经验进行解题

续表

	学生外显表征
合适推理	学生能证明自己的想法 学生能尝试说服别人接受自己的想法 学生能尝试从别人的说明中寻找可能的错误 学生能进行猜测与检验 学生能举例说明自己的想法是对的 学生能找到型与规律，并能将其一般化
积极倾向	学生认为数学是有用的 学生能积极参与课堂 学生认为只要努力学习就能学好数学 学生认为数学是有趣的

此外，赖纪宁(2010)还探讨了以臆测为中心的数学写作活动对学生数学素养的影响。研究所采用的写作形式包括解释性写作、侦错式写作、拟题写作以及总结式写作四种类型；活动方式包括写出自己的想法或解题策略、解释为何答案是合理的(可举例或写出运算过程的理由)、讨论并整理他人的解题策略、判断自己或他人想法之对错，并说明理由、分析比较不同的解题策略，并提出结论、根据教师给定的条件，同学之间相互拟题目，讨论修正后发表、用自己的话总结数学概念，并写出活动中遇到的困难感想和建议七个阶段；而臆测能力的发展也分为提出猜测或写下自己的想法、检验猜测、讨论猜测以及整理他人猜测、相信或反驳-修正猜测、形成结论，以及回顾反思六个阶段。在研究中他也基于 NRC 的数学素养内涵，提出了学生数学素养能力观察表，如表 2-11 所示。

表 2-11　赖纪宁(2010)的学生数学素养观察表

数学素养五股能力	学生数学素养之观察项目及编码
概念理解(C)	C-1 能充分了解数学概念的定义 C-2 能理解做数学的过程，如演算、公式等所表达的含义 C-3 能以不同的表征呈现数学概念 C-4 能理解不同概念或表征之间的关联性
程序流畅(P)	P-1 能运用基本数学定义和性质进行演算 P-2 能熟练地使用各种数学演算流程 P-3 能解释运算程序中所蕴涵的数学概念 P-4 能根据问题情境灵活运用不同的演算程序

续表

数学素养五股能力	学生数学素养之观察项目及编码
策略应用(S)	S-1 能运用以前的数学知识和经验进行解题 S-2 能建构一个或多个数学表征以呈现问题的数学关系 S-3 会选择比较有效的方法解题 S-4 能看出不同问题的共同数学结构，将问题一般化
合适推理(A)	A-1 会检验自己或他人的想法 A-2 能为自己或他人的想法进行解释与辩证 A-3 能根据数学知识对自己或他人的想法提出质疑 A-4 能比较不同的解题策略并进行修正或得出结论
积极倾向(D)	D-1 会主动参与数学活动 D-2 只要持续努力，相信自己能学好数学 D-3 认为数学对日常生活有帮助 D-4 会将数学学习经验应用在其他领域的学习

赖纪宁通过对四名学生经过三轮的研究表明，以臆测为中心的数学写作活动对不同背景学生的数学素养有不同的影响。具体表现为：高解题动机低成就学生通过合作学习提升概念理解、策略应用和适性推理能力，学业成绩进步至高成就之列；高成就学生在三次循环阶段皆呈现多股交织的数学素养能力，特别是测量应用和适性推理能力；中成就学生透过臆测任务启动适性推理能力，并渐进展现概念理解、策略应用以及建设性倾向；低成就学生以相信或反驳他人想法为臆测起点，从第二循环起逐渐展现概念理解、适性推理能力和建设性倾向。研究最后也指出了合作学习的重要性，并认为要增加男女合作，以及鼓励女生发言，以增强女生的数学自信心。

由此可看出，台湾学者在数学素养发展的理论分析和实践探索方面的研究都比较注重方法的科学性，研究结论都是以一定的研究过程为基础，尤其是实证分析，这也使得研究结果具有强的说服力，可以为后续研究打下良好基础。研究者在台湾访学期间，多次参与了数学素养的研讨，体会到台湾学者注重研究的严谨性和合理性，这也使得他们的研究结果都有较高的参考价值。由于台湾参与 PISA 测试较早，而且很多台湾数学教育研究者都有欧美留学的经历，因此欧美的数学素养研究，尤其是 PISA 的研究对台湾的数学素养有着较大的影响。目前台湾学者的数学素养研究重点主要聚焦于数学素养的测评和发展这两个方面。

2.5　数学素养研究趋势分析

从以上论述可以看到，我国对数学素养的定义的研究经历了从无到有，从原创到借鉴国外，从知识技能到社会实践。虽然目前所呈现的数学素养定义都还不是很完善，例如，有的陷入了概念循环之中，有的重复表述，有的过于宏观，但是从总体上说，这些定义所描述的方向都基本一致，都聚焦于人在社会中所需要的数学，而且定义从课堂状态越来越贴近生活状态。从这些研究文献中，可看出我国的数学素养研究具有以下几个方面的发展趋势。

2.5.1　数学素养内涵的研究趋势

1. 重视数学知识

数学知识是个体具备数学素养的基本前提，正如没有经历了数学的思考，体会不到数学的美感一样，数学知识是发展数学素养的基础，它在数学素养的定义和内涵中应具有稳固的地位。但是，从国内外数学素养的发展趋势中也可以看出来，现在所提倡的数学知识和以前有很大的不同，特别是从我国的数学课程标准来看，在必修内容中减少实际生活和工作中用到不多的数学知识，将理工科所需要用到的较为高深的知识和后续数学研究需要的抽象知识作为选修内容，供有需要学生学习。虽然在一些细节上还有待商榷，但是这种做法很好地诠释了我国数学教育所提倡的：在每个人都掌握必要的数学基础上，让不同的人在数学上有不同的发展。尽管对数学知识的抽象性要求上有所降低，但是对知识应用方面的要求有所加强。因此在数学素养内涵中，知识的重要性应继续得到重视。

2. 重视经历、数学体验、个体的感悟

从我国数学素养内涵的发展历程可以看出，学者们不再认为数学素养的发展过程就是教师教、学生学的单一模式，而是越来越重视个体在学习数学中的作用。无论是国内还是国外学者，在数学素养内涵的阐述中，都越来越重视个体的数学经历和体验。在个体数学素养的形成方面，大多认为数学素养是数学知识经过训练、体验和感悟后，内化为个体自身的某种品质。数学素养的这种转换过程，是今后研究的一个重点，也是研究的难点。

3. 体现社会生活和工作中需要的数学

随着义务教育的深化，素质教育的推广，尤其是数学素养研究的深化，数学素养所面对的范围也从课堂扩大到了社会，从考试扩大到了将来的工作和日常生活。因此，数学素养的内涵，应该考虑个体将来在社会生活和社会工作时候所必须用到的数学，包括数学知识、数学思维、图形观念、数学建模、数字化交流、使用数学工具、基于数学思考后的判断等。由此可看出，从个体社会生活的视角探讨数学的价值，是诠释数学素养内涵的趋势。

4. 能力的体现

要在教育中落实数学素养，必定要发展数学素养的测评，用检验结果来衡量数学素养的教育质量。而从测量的角度上分析，知识和能力相对容易测试。例如，数学思维之类的品质是难以直接测量的，只能当它转化为某种能力表现出来，才能测量。因此数学素养的内涵中应体现学生某种数学能力，况且数学素养的高低若不能在各种能力中体现，也是没有价值的。因此，数学素养的内涵应该包括具备数学素养的个体所应具备的各种能力。

5. 非智力因素

我国学者在数学素养的内涵中涉及个体的非智力因素的不多，国外的数学素养内涵中虽然没有直接提到非智力因素部分，但是其中的“能确定并理解数学在社会所起的作用”和“树立数学的价值观、对做数学充满自信”等句子中可看出他们还是十分重视非智力因素在数学素养中的作用。实际上，很多所谓的“高分低能”的学生，缺乏的就是应用的意识。如果将数学看成静态的知识，学习数学是用来应付考试的，而忽视了数学的人文背景，忽视了数学的应用价值、忽视数学对思维的启迪，忽视对个体智力发展的潜移默化影响，那么个体所具有的所谓数学素养也得不到体现，这就失去了培养数学素养的意义。

黄秦安(2001)认为，只有深入到一门学科的文化的层面，而不仅仅局限于学科的知识层面，才能获得对学科素质及其培养的新认识。因此，今后在数学素养内涵的阐述中也必须提到非智力因素，例如，让学生认识到数学的价值，具有应用数学的意识。

6. PISA 的影响

总体来说，对于数学素养的结构，目前我国学界还没有一个统一、成熟的认识，绝大多数研究都是经验总结式的思辨研究。而西方对数学素养构成要素的研究思路较为清楚，不仅研究对象明确，而且具有一定的学理基础。因此，今后我国在数学素养的研究方面还需要不断地学习西方的研究。由于很多国际上的数学教育专家都参与到 PISA 的数学素养研究中，这部分成果是值得借鉴和吸收的，鉴于 PISA 将数学素养的内涵进行鉴定、甄析出主要构成，再编制测试题目进行测量分析这个模式具有很强的可移植性，因此 PISA 的数学素养研究将会是我国数学素养研究所关注的重点。

2.5.2 数学素养研究发展趋势分析

虽然我国现在实行的还是九年制义务教育，但是今后肯定要过渡到十二年制的义务教育，现在沿海部分省市已经提出来要在本地实行十二年制义务教育。而实施义务教育后，为考试而学习的目的得到了弱化，培养数学素养的重要性在数学教育中就会得到凸显。因此，数学素养的研究会在我国越来越受到重视。从目前来看，今后的数学素养的发展具有如下三个趋势。

1. 定义、内涵的深化

虽然素养是个内涵宽泛的词语，但是随着研究的深入，也为了避免数学素养的滥用和胡乱贴标签，给数学素养一个明确的定义，确认其具体的内涵，是十分必要的。要做好这一点需要做好必要的文献梳理、规范的实证检验、专家论证等工作。鉴于数学素养定义的复杂性，也许从广义和狭义上分别给出定义，更为可行。

2. 重视教育和测评

随着教育的普及，考试成绩在社会中的地位也会降低，个体的实际能力会越来越得到重视，因此重视培养学生的数学素养，也必将会在数学教育中越来越重要。今后，数学素养的理念必将进入各级的数学教育改革、课程标准的修订、教材的编制以及教学方式中，而这其中的每一项工作都还需要研究者做大量的工作。要在具体的教学中提高数学素养，则必须做好个体数学素养的测评工作，这样才能更好地来检验教学效果，从而进一步指导教学。

目前我国的数学素养测评主要参考PISA的研究，如卢光辉(2007)借鉴PISA2003的数学素养测试题目，经过编译后对兰州某中学的八年级学生进行数学素养测量；黄华(2010，2015)介绍了PISA2009和PISA2012中数学素养的测试题目，并分析其对我国数学素养测评的启示；肖云霞(2014)借鉴PISA2003、PISA2006和PISA2012中的数学素养概念、分析框架和测试题目，对江苏省某中学高二学生的数学素养进行测评；张美丽(2014)以PISA的数学素养测试题目，对河南五所中学部分初三学生的数学素养进行测量。此外，一些学者，如梅松竹(2014)、周慧和綦春霞(2015)，也撰文分析了PISA2012测试中的数学素养试题、分析框架和难度水平等。

除此以外，一些学者也结合我国的实际情况，探讨构建我国学生的数学素养评价。这方面以北京师范大学辛涛教授的工作，最为突出。他结合国际形势，通过分析国家宏观教育目标，指出我国义务教育阶段学生核心素养的遴选应注重一贯性、发展性与时代性，其建立过程需要广泛征集教育利益相关者意见，要处理好核心素养与教育改革和发展的关系，让其更好地服务教学实践，要完善核心素养测量与评价体系，推进其服务教育评价领域(辛涛等，2013)。此后，根据国际数学课程改革趋势，他们又认为要构建基于核心素养的课程体系应至少包含具体化的教学目标、内容标准、教学建议和质量标准四部分；其中，具体化的教学目标和质量标准要体现学生核心素养；内容标准和教学建议要促进学生形成核心素养(辛涛等，2014)。近期，他们又分别从社会主义核心价值观(辛涛和姜宇，2015b)和全球视野(辛涛和姜宇，2015a)为出发点，提出了构建我国学生核心素养体系。此外，还有一些学者对我国学生数学素养的某一个方面进行测评研究，例如，苏洪雨(2009)构建了评价模型，对七年级和八年级学生的几何素养进行了测量；桂德怀(2011)则构建了代数素养结构模型和评价指标体系，对八年级和九年级学生的代数素养进行了测评。这些工作的开展十分有必要，对我国的基础教育发展有着较强的指导价值。

今后的数学素养测评将具有两个发展趋势：一是对传统的数学考试进行改革，例如，减少计算量较大的考题，增加和社会生活相关的考题，从近几年的高考题型来看，已经有这方面的趋势了；二是编制测试题，对不同年龄的学生进行数学素养的专门测试。这两个方面的研究，对推动我国数学教育的发展将具有重要的意义。

3. 核心成分的梳理

无论是定义上、教学上还是测评上，都需要厘清数学素养的核心成分，尤其是在测评的部分，必须在核心成分的指导下才能编制具体的题目，包括数学素养内涵的核心成分和数学素养表现的核心能力。因此，今后如何拟定一个数学素养的核心成分也是研究者努力的方向。就目前发展来看，在 PISA 核心成分的基础上进行符合自己特色的修改是一种发展趋势。可喜的是，我国已有不少学者在这方面进行了探索，例如，北京师范大学和华东师范大学都有学者对数学核心素养(能力)进行研究，随着研究的深入，学者将会梳理出合理的、能为大多数人所接受的数学素养核心成分。

2.6 本章小结

本章对我国的数学素养研究过程、研究内容的演变、具体的实施情况，师生数学素养的发展，以及台湾数学素养的测评与发展研究进行了简单的描述，并简要分析了数学素养研究的趋势。综上所述，可看出我国的数学素养从在研究内容、研究群体以及实际效果方面都有较大的变化，特别是 2000 年开始的数学新课程改革，将数学素养提高到了一个新的高度，并以此指导具体的数学课程改革，使得我国的数学教育有着较大的改变。由此可看出，我国的数学素养研究已从探讨数学素养的必要性阶段进入了分析数学素养内涵的阶段。目前我国学者不再撰文“呼吁”数学素养的重要性，对其重要性已持普遍认同，而更多的是分析数学素养的内涵和构成，以期能进入发展个体数学素养的阶段。虽然我国也出现了不少探索数学素养发展的研究，但是从总体上说这些研究处于理念上的分析和宏观上的指引，缺乏以具体的实证研究结果作为依据。而在实证研究方面，台湾学者有着较多的研究，无论是测评还是发展，甚至是理论性的探讨也都十分注重研究的科学性，这就使得研究结果具有较强的参考价值。

当然，我们也应该看到，我国地缘辽阔，各地发展存在较大差异，要在全国范围内推行数学素养教育还需要很长的路要走。不过，数学素养在数学教育中所扮演的角色越来越重要已是不争的事实，这需要教师和学者共同努力，在借鉴国外研究结果的同时，能结合我国的教育实际，厘清数学素养内涵，整理出合理的数学素养成分，构建数学素养评价体系，从而指引我国的数学教育，更好地提升全民数学素养。中国台湾和中国大陆有着类似的教育文化特征，中国台湾受到日美教育的影响相对较大，中国台湾在教育改革中的一些做法可以为中国大陆所借鉴。这些都是本书的目的所在，期望能借鉴国内外的现有研究，进一步分析适合我国学生数学素养的内涵和测评的分析，深化数学素养的研究，从而在数学教学中更好地发展学生的数学素养。

第3章　国外的数学素养研究

教育是一种有意识、有目的、有计划地培养人的社会实践活动，教育的主要目的在于促进人的全面发展，而这在数学教育中的体现就是要促进个体数学素养的发展。很早以前，西方学者就注意到数学对人们在社会活动中的影响，重视在数学学习中培养与数学有关的各种品质，包括利用数学知识和数学思维来解决实际问题。欧美学生在国际数学测评开放式题目中的表现往往优于亚洲学生，说明了欧美的数学教育十分注重学生问题解决能力的培养，这是数学素养的重要体现。本章从文献入手，对国外的数学素养研究做简单论述。

3.1　数学素养术语的发展

数学对个体发展的影响，在很早以前就受到西方学者的关注，但是数学素养正式被提出，并引起人们重视的导火索是1957年11月苏联人造卫星的升空。此举在西方发达国家中引起了震动，他们开始反思教育体制，决定大力发展科学技术教育，而认为数学在其中将扮演重要角色。

3.1.1　《克劳瑟报告》和《考克罗夫特报告》中的数学素养

1959年，英国发表了题为“15—18岁青少年的教育”的《克劳瑟报告》(*Crowther Report*)，在该报告中，提出了Numeracy一词，意为Numerate(识数的)和Literacy(能读写)的综合，表示数学素养。克劳瑟(Crowther)认为Numeracy是素养的镜像(Mirror Image of Literacy)，表示数学的读写能力，与Literacy(能读写，有文化)一样重要(刘喆和高凌飙，2011)。因此，Numeracy和Literacy都应被视为个人的基本品性，这种品性是支撑一个有教养的人一生渴望以及在所谓的两种文化之间进行交流的能力。除此之外，在报告中还赋予Numeracy两层的含义，一是能理解观察(Observation)、假设(Hypothesis)、实验(Experiment)、验证(Verification)等科学化的研究方法；二是现代社会定量思考的需要，决定了能在多大程度上透过量化思维去了解所面临问题的困难度及问题的形态。结合时代背景，可认为该报告中所提的数学素养(Numeracy)是以培养精英为着眼点，趋向于科学力量的愿景与知识的需求(Romberg，2001；陆昱任，2004)。这份报告对英国的中小学数学教育改革产生重要影响。

20 世纪 70 年代中期爆发的经济危机，使得英国朝野对当时教育不能适应社会经济发展和学生就业需要的数学素养的不满。为此，1978 年成立了一个以考克罗夫特(Cockcroft)博士为首的“学校数学教学调查委员会(The Committee of Inquiry into the Teaching of Mathematics in Schools)”。该委员会在三年多的时间里，广泛调查了当时英国的数学教育，并于 1981 年年底向英国政府提交了一份报告。1982 年，英国政府发布了该报告，这就是著名的《考克罗夫特报告》(报告原名为 *Mathematical Counts*，但后来都简称 *Cockcroft Report*)。该报告是对《克劳瑟报告》以后二十多年来，英国中小学数学教育的经验教训进行全面总结。在报告的前言中，就说明了数学学科对学校教育的重要性，同时指出了近年来数学教育受到了较多的批评和指责，应该做些改变，本报告的目的就是为数学教育的变革提供参考。报告分为四个部分，第一部分主要阐述数学的价值，第二部分论述学校的数学教育和数学学习，第三部分探讨了数学的教学资源，第四部分则是附录，主要是一些调查数据和分析。

值得一提的是，该报告的第一部分，首先论述了学习数学的重要性，认为数学和英语是每个英国人都应该掌握的基本知识，然后分别从成人生活(Adult Life)、就业(Employment)和进一步学习(Further and Higher Education)三个方面分析了数学对人发展的价值，并提出数学教育应该满足学生在未来的生活、就业和学习中对数学的需求。在这一部分中，报告对数学素养进行了重点的阐述，不但二十多次提到了 Numeracy，还提到了 Innumeracy 和 Numerate 这两个词。 报告指出，Numeracy 一词来自《克劳瑟报告》，此后虽然被使用，但是没有文献给出明确的定义。在比较了 Numerate 在《牛津英语词典》(*Oxford English Dictionary*)和《柯林斯简明词典》(*Collins Concise Dictionary*)中的两种不同词义后，认为后者的词义更能为他们所接受。但若要体现数学素养，Numerate 所表达的词义过于严格，只体现了运算能力，而不能体现每天生活中要用到的数学。而数学素养的内涵应该包括两个方面：一是运用数字和数学技能处理家庭和日常生活中实际问题的能力；二是懂得和理解诸如图表、曲线、百分比等数学语言所含信息的能力(刘喆和高凌飙，2011)。因此，用 Numeracy 来表示数学素养是恰当的，教师在数学教育中应该培养学生的 Numeracy 而不仅是 Numerate(Cockcroft, 1982)。这一论述表明了，具备数学素养的个体应是能了解使用数学作为沟通的方式，并且着眼于个体日常生活所需的技能。由于《考克罗夫特报告》对英国的数学基础教育改革有着重要的影响，因此该报告中所阐述的数学素养有着广泛的影响，也被认为是良好的数学教学应达到的教育目标，对此后的数学素养研究起着重要的推动作用。

由于《考克罗夫特报告》的影响，在英国及其殖民地(如澳大利亚和新西兰)多用 Numeracy 来表示数学素养。此外，由 Numeracy 直接翻译而成的丹麦语 Numeralitet

被丹麦教育部采用，表示在特定社会和特定时期的每一个人都应该拥有的数学知识、技能和理解，强调具备数学素养的个体能在日常生活中运用数学的能力和在不断变化的社会与技术背景下功能性数学能力(Lindenskov and Wedege, 2001)。受英国文化影响的爱尔兰，也多用 Numeracy 表示数学素养。不过无论在英国、澳大利亚还是爱尔兰的政府当中也常出现 Literacy and Numeracy 这组词，如英国就业与教育部(Department for Education and Employment，DfEE)的《提高识字和算术：一个新的开始》(*Improving Literacy and Numeracy*: a *Fresh Start*) (DfEE，1999)；英国国家审计局(National Audit Office， NAO)的《生活技能：提高成人识字和算术》(*Skills for Life: Progress in Improving Adult Literacy and Numeracy*) (NAO，2008)；澳大利亚政府生产力委员会(The Productivity Commission)的《识字和算术技能与劳动力市场的联系》(*Links Between Literacy and Numeracy Skills and Labour Market Outcomes*)(Shomos, 2010)，爱尔兰教育与技能部(Department of Education and Skills)的《学习和生活中的识字和算术》(*Literacy and Numeracy for learning and life*)(Department of Education and Skills，2011)。从内容上分析，可认为 Literacy and Numeracy 这组词表示个体在语言、识字、书写、计算等生活方面应该具备的基本能力，相当于一般国家的国文素养和数学素养。另外，由加拿大统计局(Statistics Canada)和美国国家教育统计中心(The United States' National Center for Education Statistics, NCES)主办，并与国际经济合作和发展组织(The Organization for Economic Cooperation and Development，OECD)和联合国教科文组织(United Nations Educational, Scientific, and Cultural Organization，UNESCO)合作的成人素养和生活技能调查(The Adult Literacy and Life skills Survey，ALL)，也使用 Numeracy 表示数学素养(Gal et al., 2003; Statistics Canada & OECD，2005)。

3.1.2　欧美其他文献中的数学素养

继《克劳瑟报告》提出 Numeracy 之后，数学素养成了研究的热点之一。人们逐渐认识到，应从人在社会发展中所需要的数学来衡量数学教育的效果，而不是具体的计算能力。而在当时情况下，在学校教育中所培养学生的数学素养与社会各领域对人才在数学方面的需求还很不相称。于是，不少国家积极寻求改革数学教育的对策，在数学改革的过程中，数学素养成了西方各国数学课程改革所关注的焦点之一，数学素养也逐渐成了教育研究的热点，各种表示数学素养的词语相继出现。1974 年，美国马萨诸塞州技术学院的扎卡赖亚斯(Zacharias, 1974)使用 Quantitative Literacy 表示数学素养，并将其定义为公民必须拥有的，可以用来处理影响自身、国家和所在世界的事情，并具有论证的能力。美国国家教育和学科委员会(The National Council on Education and The Disciplines，NCED)曾出版专门探讨 Quantitative Literacy 内涵的文献集。但是从词汇中也可看出，Quantitative Literacy 所表现的数学素养偏重个体对数量关系的处理。

1986 年，鉴于美国中小学生在一些国际数学评价项目中排名落后的情况，美国数学教师协会(NCTM)拟定了学校数学课程改革任务，也提出数学教育要以培养学生的数学素养为主要目的，并用 Mathematical Literacy 一词表示数学素养，认为具有数学素养的学生将会“懂得数学的价值、对自己的数学能力有信心、有解决数学课题的能力、学会数学交流、学会数学的思想方法”(陆昱任，2004)。由于美国数学教师协会(NCTM)在美国有着巨大的影响力，此后数学素养逐渐成了美国课程与教学的中心议题之一，在数学课堂教学中也扮演了突出的角色。相应地，Mathematical Literacy 一词也在各文献中相继出现。

20 世纪早期，世界各国的课程以读(Reading)、写(Writing)、算(Arithmetic) (简称 3Rs)为基础，但随着社会的发展，仅仅具备 3Rs 的个体已经无法完全适应社会的需要。因此，巴西学者德安布罗西奥(Ubiratàn D’Ambrosio)于 1999 年提出用读写素养(Literacy)、数学素养(Matheracy)以及技术素养(Technoracy)来取代 3Rs，并将 Matheracy 解释为 Mathematics 与 Literacy 的综合，认为数学素养(Matheracy)应该包括利用数学知识和数学思维进行推断、提出假设和下结论等能力(D’ Ambrosio, 1999)。

2001 年，为了调和困扰美国某些地区“数学战争”的争议，隶属于美国国家研究委员会(NRC)的数学学习研究委员会(MLSC)发布了《加入进来：帮助儿童学习数学》(*Adding it up：helping children learn mathematics*)(Kilpatrick et al., 2001)的报告。在报告中指出，数学是人类的伟大成就，不仅促进了人类科技、技术、工程、商业和政治的发展，也是人类智慧和推理等智力的完美体现……数学盲(Innumeracy)在现代社会中不仅没有机会，而且连日常的生活能力都不具备……现在学生所学的数学和他们的父辈所学的数学已经完全不同，现在社会需要具备数学素养(Mathematical Proficiency)的人才。在这里，虽然出了 Innumeracy 一词，但用它表示数学盲(或无算术能力)，而用 Mathematical Proficiency 表示数学素养。在报告的后面部分，详细介绍了 Mathematical Proficiency 的内涵，认为数学素养是一个与成功的数学学习相对应的用词，只有它才能更好地表征数学在个体身上所体现的经验(Expertise)、能力(Competence)、知识(Knowledge)和工具(Facility)，这是所有学生需达到的学习目标。它把个体所应具备的数学素养分为了五个部分，包括概念性的理解、过程的流畅性、策略性的能力、合适的推理、积极的倾向。由于美国国家研究委员会(NRC)和基尔帕特里克(Kilpatrick)在美国数学教育的影响力，用 Mathematical Proficiency 表示数学素养的文献也较多。

由此可看出，目前国际上表示数学素养的主要有 Numeracy、Quantitative

Literacy、Mathematical Proficiency、Mathematical Literacy 和 Matheracy 这五个词，具体使用频率在不同的国家有不同的偏好，而且几组词之间也可交换使用。美国国家教育和学科委员会(NCED)所出版的两本书《数学与民主：以数学素养为例》(*Mathematics and Democracy：The Case for Quantitative Literacy*)(Steen, 2001)和《数学素养：为什么学校和大学数学素养有问题》(*Quantitative Literacy：Why Numeracy Matters for Schools and Colleges*)(Madison and Steen, 2003)中分别收集了 15 篇和 35 篇有关数学素养与数学教育、社会发展方面的重要论文，这其中也包括对 Quantitative Literacy、Numeracy、Mathematical Literacy 和 Matheracy 这几组词内涵的阐述。

值得一提的是，国际学生评价项目数学素养测量负责人德兰格(Jan de Lange，2006)对这几组词的内涵进行了分析，他认为从数学过程来看 Numeracy、Quantitative Literacy 侧重于数与量的运算等基本技能，而 Mathematical Literacy 则涉及了逻辑思维和演绎推理等高水平的数学能力；从运用背景来说，日常生活中的简单数学问题(如消费、利率问题等)仅需 Numeracy 和 Quantitative Literacy 就足够了，而带有丰富数学元素的实际问题(如商业类、建筑类问题等) 则需要 Mathematical Literacy。从教育目的来看，Mathematical Literacy 是高水平的数学教育所希望达成的目标，而 Numeracy 和 Quantitative Literacy 是对普通公民的基本生活所需提出的要求。因此，用 Mathematical Literacy 表示数学素养最为恰当，PISA 中也是采用 Mathematical Literacy 来表示数学素养。随着近年来 PISA 影响的不断扩大，目前国际上有较多学者都采用 Mathematical Literacy 一词来表示数学素养。

3.2　不同术语数学素养的各自内涵

从数学素养术语的发展过程中可以看出，在国外的经济、科技与社会的发展过程中数学素养已受到广泛的重视。但是在不同的年代，欧美学者对数学素养的认识也是不一样的，即使在同一时代，由于文化背景和研究视角的差异，学者对数学素养内涵的阐述也会有所不同。下面按数学素养在英文中的不同术语，分别对数学素养的内涵进行阐述。

3.2.1　Numeracy 的内涵

如前所述，在 1959 年的《克劳瑟报告》中，从培养社会精英所需要的科学知识出发，对数学学科提出了数学素养的要求，并用 Numeracy 一词来表示(意为 Numerate 和 Literacy 的综合)。该报告认为 Numeracy 是素养的镜像(Mirror Image of Literacy)，虽然未在报告中阐明数学素养的具体含义，但从文中可以分析出，当时的数学素养体现的是一种超越算术与计算的数学能力，具备数学素养的人能用量化的方式思考问题，能用科学化的途径处理问题。这在当时是一种很大的进步，说明学者们看到了社会的发展对数学提出了新的要求，学校的数学教育仅让学生掌握计算能力是不够的，但是不足之处在于其所指的数学素养内涵具有特定性，更多是社会精英、从事科技的人员所应该具备的。到了 1982 年的《考克罗夫特报告》，对 Numeracy 的内涵进行了拓展，更多地从一般的人在社会生活中所需要的数学来阐述数学素养。认为具备数学素养的个体应是能了解使用数学作为沟通的方式，并且着眼于个体日常生活所需的技能。这种论述，比较接近普通大众而不是精英所需要的数学，明确了数学素养是个体在社会生活中所需要的数学，但是对社会生活中需要怎样的数学并未做过多阐述。

基于对数学素养的重视，澳大利亚的职业、教育、培训与青年事务部(Department of Employment, Education, Training and Youth Affairs)、澳大利亚数学教师协会(The Australian Association of Mathematics Teachers，AAMT)和西澳大利亚教育部(Education Department of Western Australia)于 1997 年在佩斯(Perth)举办了数学素养教育策略发展研讨会(Numeracy Education Strategy Development Conference)，会议的目的之一就在于澄清 Numeracy 的内涵，以及如何在教育中推行数学素养的培养。会后发布《数学素养=每个人的事情》(*Numeracy = everyone's business*)(AAMT, 1997)的报告，94 页的报告共分为序言、介绍和背景，以及附录三个部分。在第二部分“介绍和背景”中，报告首先对数学素养的四种误解进行了澄清，这些误解包括与识字(Literacy)相对应的数学、比数感(Number Sense)高一点的数学、学校的数学(School Mathematics)、跨学科(Across-curricular)的数学等；然后对 1990 年以来澳大利亚官方文献中，四种 Numeracy 内涵的阐述，进行了比较，包括：

数学素养是一种在生活的各个方面，个体都能全面、关键和有效地解释(Interpreting)、应用(Applying)和交流(Communicating)数学信息的能力。

——昆士兰(Queensland)教育部(1994)：国文和数学素养战略(1994—1998)

数学素养不仅是掌握算术，而是指个体在每天的生活中，能合理地使用数学知识(Knowledge)、理解(Understanding)、技能(Skills)、直觉(Intuition)和经验(Experience)，它主要来自国家提供的五种数学课程，分别是空间、算术、测量、机会和数据，以及(模式)代数。

——塔斯马尼亚(Tasmania)教育部(1995)：学生的数学，成人的数学

(我们认为)数学素养是指个体具备能在“真实(Real)”问题中选择和使用数学的能力。

——南澳大利亚小学数学协会(1997)：数学素养

> 数学素养是指个体在家庭生活、有偿工作、在社区和公民生活中，能有效使用数学解决一般的问题；为此，国家素养基准(Benchmarks)要求在学校数学教育和其他途径中发展学生的各项理解和能力，包括算术和数量(如测量)、形状和位置、处理和解释量化的数据。
>
> ——国家基准特别工作组(1997)

随后，从应用、目的和背景等关键词入手，对数学素养进行分析，并认为个体数学素养水平的高低和掌握多少数学知识并没有必然联系，掌握复杂的数学知识并不意味着数学素养水平就很高，数学素养的水平与个体能否在特定背景下，高效地运用数学处理来处理问题有关。进而在报告中对数学素养的内涵进行了阐述，认为：

> 数学素养(Numeracy)是指个体在面对家庭、工作，以及参与小区和公民日常生活的时候，能有效地使用数学；在学校教育中，数学素养主要体现为学生对各课程进行学习、体现、讨论和批判的一项基本能力；而这些都涉及在情境中使用数学的意向，具体包括：
>
> 学科的基本数学概念和技能(含数、空间、几何、统计与代数)；
>
> 数学思维和策略；
>
> 一般思维技能；
>
> 根据情境来判断。

除此之外，该报告还重点论述了如何在学校教育中发展学生的数学素养、不同年级学生数学素养的表现、数学素养的国家战略规划等。

由此可看出，在澳大利亚数学教师协会的《数学素养=每个人的事情》报告中，数学素养的内涵可分为直接的数学内容部分和间接的数学内容部分，在直接的数学内容部分除了数字及其计算以外，还包括了数据感(Data Sense)、空间感(Spatial Sense)和公式感(Formula Sense)；在间接的数学内容部分不仅包括了一般的思维技能，也包括领略和学习其他学科所需要的理解基础。

在该报告的影响下，澳大利亚的很多学者开始以此为基础，研究 Numeracy 所指数学素养的更具体内涵，以及如何在教学中培养学生的数学素养，如何对数学素养进行测评等。例如，澳大利亚的教育、培训和青年事务部门(Department of Education, Training and Youth Affairs，2000)在《优先发展的数学素养：澳大利亚学校的一个挑战》(*Numeracy, a Priority for All: Challenges for Australian Schools*)的报告中指出，目前澳大利亚对中小学的数学素养(Numeracy)教育包括了数学知识、数学技能与了解数学，并着力于提升学生的能力，以及有效使用所学能力的意愿，重视并支持学生有效处理生活问题的一般需求。澳大利亚迪肯大学(Deakin University)的苏西·格罗夫斯(Susie，2001)对澳大利亚各文献中的数学素养内涵进行了归纳，并认同《数学素养=每个人的事情》中所阐述的数学素养内涵，随后就如何在中学数学教学中发展学生的数学素养进行了探讨。

值得一提的是，澳大利亚莫娜斯大学(Monash University)的学者毕晓普(Alan J. Bishop)不仅对 Numeracy 的内涵进行了分析，还将其与 Mathematical Literacy 和 Matheracy 的内涵进行了比较。她认为 Numeracy 不仅是数字(Numbers)，而且还包括计算(Counting)、定位(Locating)、测量(Measuring)、设计(Designing)、演奏(Playing)和解释(Explaining)等方面文化活动的整体反映(Reflect)。因此毕晓普认为 Numeracy 和 Mathematical Literacy，以及德安布罗西奥所喜欢称为的 Matheracy，这三个词的意思是一样的，均表示数学素养(Bishop，2000)。

美国学者斯蒂恩(L. A. Steen，1990)也用 Numeracy 表示数学素养(当然，Steen 也曾用 Mathematical Literacy 与 Quantitative Literacy 等词在文献中论述数学素养)，认为根据取向的不同，可以将 Numeracy 的数学素养分为实用数学素养(Practical Numeracy，主要指个体日常生活需要的数学素养)、公民数学素养(Civic Numeracy，主要指作为公民的个体参与社会活动以及获取公共信息所需要的数学素养)、专业数学素养(Professional Numeracy，指个体在工作领域所需要的数学素养)、休闲数学素养(Numeracy for Leisure，指个体在娱乐休闲活动中所需要的数学素养)以及文化数学素养(Cultural Numeracy，指个体感受到数学在哲学、艺术、人生观等文化层面所带来的力与美)五个方面。这五个方面在层次上虽然不是线性的等级关系，但还是存在一定的差异。其中实用数学素养是最基本的，具有功能性特征，是每个人都需要达到的，而休闲数学素养主要体现在精神层面的影响，是最高层次的，不需要人人都达到。

受英国文化影响的爱尔兰也多用 Numeracy 表示数学素养，认为 Numeracy 是不再局限于应用数字进行加减乘除运算，而是包含运用数学思维和数学技能来解决问题，以及满足在复杂的社会环境中日常生活需求的能力。要具备这些能力，需要个体具备思考和沟通数量的能力、对数据敏感的能力、对认识空间的能力、了解模式和序列的能力，以及能分辨在什么情况下能进行数学推理来解决问题的能力(Department of Education and Skills，2011)。

由此可看出，Numeracy 所指的数学素养其内涵虽然依然强调数量关系以及数的运算，但是已经发展为个体在社会生活和进一步学习所需要的数学，并强调能力的培养和个体使用能力的意愿，有较强的能力取向。

3.2.2 Quantitative Literacy 的内涵

1974 年，美国马萨诸塞州技术学院的扎卡赖亚斯(Zacharias，1974)使用 Quantitative Literacy 表示数学素养，但并未对内涵进行详细的探讨，只是认为 Quantitative Literacy 是用来影响自身、国家和所在世界的事物和论证的能力。随着社会的推进，尤其是随着计算机的广泛使用，人们每天都要面对大量的信息，处理大量的数据，因此很多学者，包括美国国家教育和学科委员会(The National Council on Education and the Disciplines, NCED)都认为Numeracy并不足以体现数学素养的内涵，而用Quantitative Literacy则更为恰当，在20世纪末很多美国学者开始以Quantitative Literacy表示数学素养进行研究。但是在当时，分析Quantitative Literacy的定义和内涵的文献还不多，比较有代表性的阐述有美国国家教育统计中心(National Center for Education Statistics，NCES)所组织的美国成人素养调查(the National Adult Literacy Survey，NALS)中对数学素养的阐述(NCES, 1993)：

数学素养要求个体具备一定的数学知识和数学技能，能处理算术运算，能单独或按照顺序处理材料中的数字(例如，平衡收支、完成订单表格)。

1995年，国际经济合作和发展组织(OECD，1995)的国际成人素养调查(International Adult Literacy Survey, IALS)中，将素养分为了文学素养(Prose Literacy)、文件素养(Document Literacy)和数学素养(Quantitative Literacy)三种，但是对Quantitative Literacy的具体内涵也没有深入的探讨，只是认为数学素养是具有单一或连续运算的能力，且能从资讯中解读数字。这个定义比较简单，为了便于测量国际成人素养调查将Quantitative Literacy分为了五个层次，分别为：

层次一：个体能计算单一且简单的运算(通常是加法)，要计算的数值要么是直接提供，要么已在文档中明确给出，个体不需要经过太复杂的算术求出。

层次二：个体能在图表或者文档中找到需要的数据，再做单一的数学运算(通常是加法和减法)，并回答问题。

层次三：个体能找出隐藏在比较复杂文档中的数值，通常是两个或者两个以上的数值，再通过单一但具有一定变化性的运算方式(乘法或除法)，求出结果。

层次四：个体能从没有明确告知计算方式的问题(例如，共有多少，还差多少等问题)中寻求数据，并正确计算结果。

层次五：个体能从文档中重组和所求问题有关的讯息，或根据背景知识来决定，所需要的数值和运算方式，再透过连续的数学运算，回答问题。

由此可看出，国际成人素养调查的数学素养更多是强调计算能力，对数学的价值体现得比较单一。此外，国际生活技能调查(The International Life Skills Survey, ILSS)也曾对Quantitative Literacy的内涵进行了阐述(ILSS，2000)：

数学素养是技能、知识、信念、性格、思维习惯、沟通能力和问题解决能力的综合，具备数学素养的人能有效地处理生活和工作中所面对的数量问题。

由此可看出，这些阐述都过于简单，深度不够，而且有着较大的区别，要么是过于强调运算，要么重视数量对思维的影响，它们的产生也缺乏必要的论证，因此并未得到大多数学者的认可。于是在20世纪末期，美国国家教育和学科委员会(NCED)委托斯蒂恩教授负责组织一个研究小组，对Quantitative Literacy进行分析。斯蒂恩教授将诸位学者对数学素养的论述进行收集，在2001年推出了《数学与民主：以数学素养为例》；在2003年NCED又推出了《数学素养：为什么学校和大学数学素养有问题》。这两部文献对各词汇表示的数学素养内涵，尤其是Quantitative Literacy的内涵进行了探讨。

斯蒂恩教授所领导的研究小组(The Design Team，2001)在研究报告的第一部分，就对数学素养(Quantitatively literate)进行了一个概括，认为：

具备数学素养的个体不仅需要知道数学公式和方程，还能用数学的眼光看世界，对于常见问题能定量地思考它的有利(或有风险)面，处理复杂问题时候能充满信心，并仔细推理；具备数学素养的人还能很好地使用工具为自己服务，更自信、专业地处理问题。这些技能都是社会发展中对个人的要求。

而数学素养可以分出以下几个成分：

数学的自信心(Confidence with Mathematics)：自信可以避免“数学焦虑”，个体只有自信才能轻松地使用量化思想，应用量化方法来解释、检查和估计其他信息；数学的自信心可以让算术像普通语言一样自然。

数学的文化欣赏(Cultural Appreciation)：个体如果了解了数学的历史和本质，以及它在科学和技术进程中的重要作用，会对理解公共领域的问题具有重要的作用。

解释数据(Interpreting Data)：个体能应用数据推理，读懂图形，根据数据推理，以及能认识到错误的原因，这种以数据为中心的视角同以公式和关系为中心的传统数学是不同的。

逻辑思维(Logical Thinking)：个体能分析证据、仔细推理、理解争论、质疑假设、检验错误和风险评估；有调查的习惯，能透过现象看本质，能透过合适的信息把握问题的本质。

决策(Making Decisions)：个体在日常生活中能利用数学做决策并解决问题，要养成在数学课堂以外应用数学的习惯，数学也是生活中的有用工具，它的作用如同阅读和说话一样根深蒂固。

情境中的数学(Mathematics in Context)：个体能在特定的环境中使用数学工具、符号、解决问题的策略，以及所表现出来的标准都和特点的情境有关。

数感(Number Sense)：个体对数字的意义、估计的自信有准确的直觉，具备用数字衡量事物的常识。

实用技能(Practical Skills)：个体了解怎么解决在生活和工作中碰到的数量化问题，善于应用初等数学知识解决各种常见的问题。

预备知识(Prerequisite Knowledge)：个体能为后期的进一步学习打好知识基础，包括代数、几何和统计工具等方面广泛知识。

符号感(Symbol Sense)：个体能自如地利用代数符号轻松的阅读和解释，对数学符号的句法和语法表现出良好的感觉。

在报告中，研究小组还认为，具有良好数学素养的人，应该在以下几个方面表现出良好的技能，包括：

算术(Arithmetic)：具备简单的心算能力，能估算，能根据比例推理，间接的计算(组合数学)；

数据处理(Data)：能将图形、表格等信息转化成数据，能根据数据推理、解释数据；

电脑(Computers)：能应用电子表格记录数据、计算、根据数据制作可显示的图表、拟合出函数图像；

模式化(Modeling)：根据问题构建模型，寻求解决模式，并能得出结论；能辨别复杂系统中各因素的相互联系，能理解线性、指数和多变量的模型，理解不同增长率的影响；

统计(Statistics)：理解变化率的重要性，能识别相关性和因果关系之间的差异、随机试验和观察研究之间的区别、发现无差异和无显著差异的区别(尤其是小样本)，以及统计意义和实践意义的区别(尤其是大样本)；

变化(Chance)：能意识到不可能的巧合，从现有的证据中意识到危机，理解随机样本的价值；

推理(Reasoning)：能运用逻辑思维，认识到推理方法的严密性，能检验假设，能谨慎对待概括。

报告还对 Quantitatively Literate 和 Mathematical Literacy 的区别进行了探讨，认为后者更重视传统数学工具的应用，是一个缺乏时代感的词汇，在现代社会，数量充斥着各个角落，用 Quantitatively Literate 表示数学素养更能体现个体对数量的处理，对现代化工具的使用。在报告中，学者尤西斯金(Usiskin，2001)也撰文对如何在小学教育中培养学生的数学素养提出了五点建议，分别是：少花时间在教小的整数上；了解运算符号在其他数系的意义比在整数重要；在课程中允许使用电脑或计算器；将测量、概率、统计和算术整合在一起；不要在题目中使用不适当的情境。

由马蒂森(Bernard L. Madison)和斯蒂恩(Lynn Arthur Steen)共同主编，于 2003 年推出的《数学素养：为什么学校和大学数学素养有问题》共有 248 页，由 35 篇论文构成。共分为两个部分，第一个部分是背景，分为前言、工作和学习的需要、课程问题和政策挑战四个方面；第二个部分是论坛的文献(NCED 举办了一个数学素养论坛)，分为工作和学习的需要、政策视角、国际视角，以及观察与反思四个方面。在该著作的第一篇论文中，马蒂森给出了一个数学素养(Quantitatively Literate)的定义，认为：

数学素养是一种能力，它能帮助个体理解和运用生活中所碰到的数字和数据，是每一个人都应该具备的(Madison，2003)。

当然，这 35 篇文献中也有用其他词汇表示数学素养的，例如，文献中就有法国学者米歇尔 · 梅尔(Michel Merle，2003)用 Mathematical Literacy 一词，从几何、计算、统计和信息技术四个方面探讨了法国的数学素养定义。

虽然在文献中，也有很多学者指出要定义数学素养是十分困难的，但是从以上分析中可以看出，Quantitatively Literate 所表示的数学素养，更多的是强调个体能运用数学知识和数学技能，能借用现代化的工具来理解数量、处理数量。

3.2.3　Mathematical Literacy 的内涵

1986 年，美国数学教师协会(NCTM)在拟定学校数学课程改革任务时候提出了数学素养，并用 Mathematical Literacy 一词表示，但是在当时 Mathematical Literacy 更多的是强调数学的价值(Power)，认为具备数学素养的个体懂得数学的价值，具备数学能力，能有效地使用数学方法去解决问题(NCTM，1989)。由于 NCTM《学校数学课程和评价标准》(*Curriculum and evaluation standards for school mathematics*)的影响力，以及社会对数学素养的认同感，很多学者开始研究并发展 Mathematical Literacy 的内涵。例如，美国学者普格力(Pugelee，1999)认为 NCTM 中的 Mathematical Literacy 等价于英国人的 Numeracy，都表示数学素养，它是个人应该具备的一项基本素养；但是 NCTM 的《学校数学课程和评价标准》中只强调了数学素养的重要性，并未深入探讨数学素养的内涵，这不利于学校数学教育中对学生数学素养的培养，有必要构建一个模型来描述个人在“做数学(Do Mathematics)”过程中，如何利用现代社会的工具来处理问题。这个模型也能刻画个体所拥有的，能适应未来科技和数学的发展的基础。但从本质上说，我们需要的是一个动态的，能刻画素养本质的模型。

普格力认为一个基本的数学素养模型，必须满足三个标准。

首先，该模型应该体现学生获得和应用数学知识的五种过程(Processes)，具体包括：能正确地评估数学，在做数学的能力上更有自信，成为问题的解决者，能利用数学进行交流，以及具备数学推理的能力(NCTM，1989)；

其次，该模型要能体现数学素养发展过程中各种基本过程之间错综复杂的联系(Intricate Interrelationships)；

最后，该模型要成为特定“推动者(Enablers)”，便于推动这五个过程的发展。

为此，他提出了一个由内外圆所构成的数学素养模型(Model of Mathematical Literacy)，具体如图 3-1 所示。

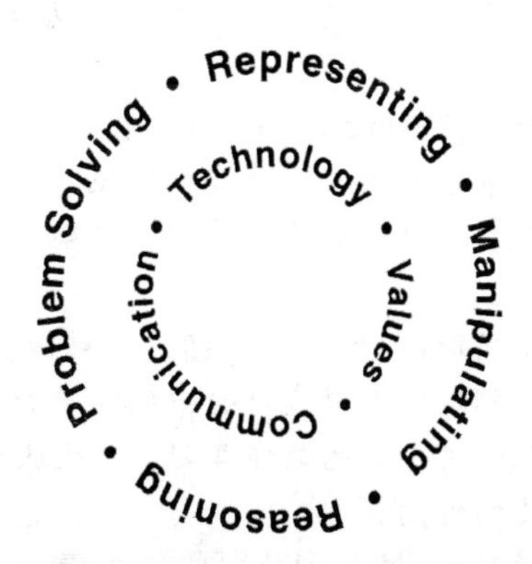

图 3-1　普格力(Pugalee，1999)的数学素养模型

外圆由做数学所需要的四种基本

过程组成，这四种过程是把 NCTM 的五种过程合并归纳而成，分别是表现(Representing)、操作(Manipulating)、推理(Reasoning)和问题解决(Problem Solving)，也称为数学素养的过程(Processes of Mathematical Literacy)；内圆描述了做数学所需要的三种推动者，分别是交流(Communication)、技术(Technology)和价值观(Values)，也称为数学素养的推动者(Enablers for Mathematical Literacy)。这两个同心圆也体现了数学素养的过程和推动者之间的相互联系。

接下来，普格力对模型中这几个要素进行了专门的分析：

表现(Representing)，指个体要具备构建和转换各种数学模式的能力，包括方程、矩阵、图表，以及其他符号或者图形的形式；这种能力是个体解决问题的关键因素，也是发展数学素养的基础。

操作(Manipulating)，指个体能熟练使用运算法则和程序，完成计算的能力；这种能力是“做数学”的基础，个体要具备简单的问题用手工计算，而复杂的问题要能用机器来运算，这种应用科技的能力也是十分重要的。

数学推理(Reasoning mathematically)，是指个体具有推测(Making Conjectures)，并能通过收集资料、论证来支持推测结果的能力。在不同的年龄，这种能力有不同的体现，也有不同的培养方式，但是数学推理和数学概念化(Conceptualizing)是个体发展数学素养的关键。

问题解决(Problem Solving)，是体现数学素养的一个重要方面，也是培养的一个基本目标，它要求个体具备提出问题、理解问题、制订计划、执行计划，以及能评估结果和过程是否正确和具有逻辑性的能力。

数学素养这四种过程都十分重要，它们之间也相互影响，除此之外，与它们相互影响的是推动数学素养发展的三个因素。

交流(Communication)，包括口头谈论和书面表达，是帮助个体发展数学理解的工具。讨论和交流数学，可以帮助学生理解概念，是建构个体数学知识的重要途径；而书面表达也可以发展元认知思维(Metacognitive Thinking)，进而发展数学推理。

技术(Technology)，技术在社会和数学问题解决中扮演了越来越重要的角色，具备数学素养的人应该能利用技术来检验数学想法，并为数学问题寻找解决途径；技术能力将继续成为发展数学理解和数学知识的一个重要因素，进而实现数学素养的培养。

价值观(Values)，是指个体对做数学和数学本质的情感、信念和态度等；个体要意识到数学在现代社会中的重要性，及其对历史、社会文化和科学发展的影响，这种认识对个体的数学学习，以及认识自己在学习数学和做数学中所扮演的角色具有重要的作用。

该模型虽然从发展数学素养的角度出发，但是从分析中可以看出将 Mathematical Literacy 所表示的数学素养，看成是个体适应未来科技与社会生活的基础条件。

国际数学与科学教育成就趋势调查(Trends for International Mathematics and Science Study，TIMSS)是由国际教育学习成就调查委员会(International Association for the Evaluation of Educational Achievement，IEA)主办的国际测验。IEA自1995年开始执行TIMSS计划，该计划每隔4年针对参加国家或地区抽样四年级与八年级学生，进行数学与科学的学习成就(Achievement)调查。虽然TIMSS主要调查数学课程(Curriculum)，包括预设课程(The Intended Curriculum)、实施课程(the Implemented Curriculum)和获得课程(The Achieved Curriculum)，没有直接调查数学素养，但是其判断的依据主要是学生的学业成就。因此，一些TIMSS的研究文献中也用Mathematical Literacy来表示其中的数学素养，在网络上用TIMSS和Mathematical Literacy同时作为关键词也可以查到一些研究文献。例如，哈姆斯(Harms, 2003)在对美国明尼苏达(Minnesota)学生在国际数学与科学教育成就趋势调查(TIMSS)和国家教育进展评估(The National Assessment of Educational Progress, NAEP)中数学素养的表现时候，使用了Mathematical Literacy一词。豪伊和休斯(Howie et al., 1998)也在分析南非学生在TIMSS中的表现，从TIMSS测试得分低、中、高三个层次中共抽出10个国家，从数学成就的角度比较十二年级学生的数学素养(Mathematical Literacy)。虽然在文献中并未阐明数学素养的内涵，但是认为数学素养的得分主要来源于TIMSS测试中的数感(包括分数、百分数和比例)、代数感、测量和估计、数据表征和分析等几个方面的数据。

施雷伯和钱伯斯(Schreiber, James B. & Chambers Elisha A.，2003)以TIMSS的数据为例，研究数学成就和数学素养(Mathematical Literacy)之间的联系，虽然没有给出数学素养的内涵，但是给出了一个数学素养的公式，认为：

Mathematical Literacy(Y_{ij})=$B_{0j}+ B_{1j} + B_{2j}+ B_{3j}+ r_{ij}$

其中B_{0j}表示学校J的平均数学素养；

B_{1j}表示学校J男女学数学成就平均值的差异；

B_{2j}表示学校J学生数学素养和家长教育程度的联系；

B_{3j}表示学校J学生数学素养和学生态度之间的联系；

r_{ij}表示误差或者水平1的随机影响。

由此可看出，作者更多的是以数学素养为工具，研究性别、态度和家庭教育背景对学生数学学习的影响。

但是，对Mathematical Literacy所表示的数学素养内涵探讨最为深入的还是PISA。由国际经济合作与发展组织(OECD)开发的国际学生评价项目(PISA)中，数学素养是评估的三个主要内容之一，从2000年开始(测试工作从1999年开始)，每三年对参与国学生进行一次数学素养的测评。而在测试之前，需要对数学素养的内涵、构成、水平进行一个明确的划分。为此，PISA 的相关研究人员对数学素养进行较为深入的分析。

例如，在 1999 年的数学素养测试中，PISA 将其内涵表述为：

数学素养(Mathematical Literacy)是指个体能认识并理解数学在社会所起的作用，面对问题能做出有根据的数学判断，能够有效地运用数学，以及作为一个有创新精神、关心他人和有思维能力的公民，能应用数学来满足当前及未来生活中的能力(OECD，1999)。

而在此后的 2003 年、2006 年和 2009 年的 PISA 测评中，数学素养的定义几乎没有差别，只有在 2012 年的 PISA 测试中，对数学素养的定义有了一些修改，认为：

数学素养(Mathematical Literacy)是指个体能在各种情况下(In a Variety of Contexts)形成(Formulate)、使用(Employ)和解释(Interpret)数学的能力，包括数学推理、使用数学的概念、过程、事实和工具，来描述、解释以及预测现象；它能帮助作为一个创新、积极和善于反思的公民认识数学在世界中所扮演的角色，并能做出良好的判断和决定(OECD，2013)。

和之前 PISA 中的数学素养定义相比，这次的数学素养定义没有了“问题”的字眼，增加了“在各种情况下”，并将以往定义中的“有效使用数学”具体化。

由于 PISA 测试的需要，在对 Mathematical Literacy 所指数学素养内涵的探讨过程中，很多学者对此进行了深入的研究，其中最值得一提的是曾任 PISA 数学素养负责人德兰格的工作。德兰格(de Lange，2003)首先探讨了数学对现代社会的重要性，进而探讨了个体在现代社会应该具备怎样的数学？学校教育的数学和现实社会所需要的数学存在怎样的联系？这两个问题。他认为，在真实世界中各种现象背后的数学问题和学校里处理的数学问题有很大的不同，它往往不是有一个单纯的数学知识就可以解决的。如果我们把数学看成是一门科学，帮助我们解决实际问题，用现象学的方法(Phenomenological Approach)来描述数学概念、结构和思想是有意义的。根据斯蒂恩(Steen，1990)的研究，个体应该重点发展维度、数量、不确定性、图形和变换等五种数学思想。而 PISA 的数学专家认为从现象学的角度分类，可以将数学分为数量、空间和图形、变化和关系、不确定性这四个部分。

数量(Quantity)：真实世界中充满了数量，个体需要能理解相对的大小、数值模式，能利用数字来表征真实世界中对象的数量属性；处理数量的一个重要方面是定量推理，这是发展数感、不同方式的数量表征、了解运算意义、数字大小感、书写和理解优雅的数学计算，以及心算和估计等能力的重要组成部分。

空间和图形(Space and Shape)：模式无处不在，如语言、音乐、视频、交通、建筑和艺术等，图形也是一种模式，如建筑、雪花、阴影等。个体需要具备捕捉图形的能力，理解对象的属性及其位置关系，图形和图像之间的联系，包括二维坐标如何表示三维物体，阴影是如何形成的等。

变化和关系(Change and Relationships)：自然现象和社会现象中都存在着很多的变化，这其中很多变化都可以用数学的函数来建模；不同类别对象之间也存在很多的联系，关系可以采取多种不同的表示形式，包括符号、代数、图形、表格和几何。变换和关系是处理数学问题的关键点，个体需要掌握这种能力，而函数思想是处理变换和关系的基本原则。

不确定性(Uncertainty)：现代社会充满了很多不确定的现象，但是这些现象可以归为两类：数据和机会，它们分别是统计和概率中的两种现象。个体应该具备搜集数据、分析数据的能力，并能以此作为有效判断和推理的依据。

然后，德兰格以此四种类别的数学知识为基础，对 Spatial Literacy、Numeracy、Quantitative Literacy 三者所对应的数学素养分别进行了分析，认为：

空间素养(Spatial Literacy，SL)：SL 可以帮助我们理解我们所生活的(三维)世界，为了处理我们身边的事物，我们需要了解它的属性，相对的位置，对我们视觉的影响，包括我们所创造的各种二维和三维的路径、航海路线、阴影——甚至是埃舍尔(Escher)的艺术作品。

数学素养(Numeracy，N)：N 和数量直接相关，指个体能处理真实世界中有关报表和问题中的有关数字和数据的能力，并能做出判断和估计。

数学素养(Quantitative Literacy，QL)：QL 可以帮助我们处理数量、变化和关系，以及不确定性的问题，它侧重于帮助理解确定性(数量)、非确定性(非确定性的数量)和关系(诸如识别、变化，以及这些变化的原因)，或者培养这些数学能力。

数学素养(Mathematical Literacy，ML)：ML 所指的数学素养，包括了上面的全部，它指个体要具备处理数量、空间和图形、变化和关系、不确定性等各类型问题的能力；根据个体年龄和经历的不同，可以将其分为基本数学素养(Basic Mathematical Literacy)和高等数学素养(Advanced Mathematical Literacy)两个阶段。

为此，德兰格提出了一个各种数学素养关系的树状图，具体如图 3-2 所示，并指出 Mathematical Literacy 所指的数学素养，它重点关注推理、思维和解释等其他非常的数学能力，它的内涵将少一些形式化多一些直觉，少一些抽象多一些背景，少一些符号多一些具体。由此我们也不能理解，PISA 中数学素养内涵的产生背景。此后，德兰格就如何在教育中发展学生的数学素养提出了几点建议，分别是：可以在某种设定下，让学生通过解决问题学习数学概念；数学教学中不但要注意数学知识之间的相互联系，也要注意数学与真实世界的联系；教育的目标不应局限在学科专业知识领域，也应包括能力；数学素养具有地域文化特征，不同文化背景下应开设不同的课程；数学课程内容至少在 5—10 年内应该调整一次。另外他也指出，在基本数学素养层面，我们至少已达成了某种程度的共识，但是这不意味着可以为数学素养设置专门的课程，或者能明确相关的数学学习内容。

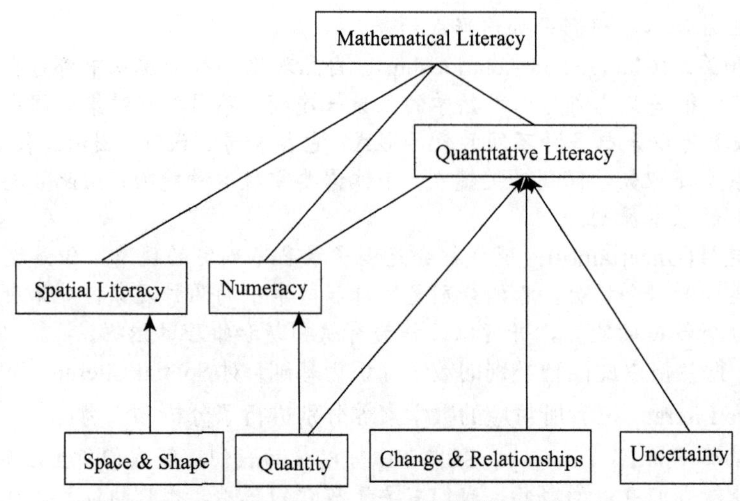

图 3-2　德兰格(de Lange，2006)的数学素养关系树形图

由此可知，Mathematical Literacy 所指的数学素养是基于个体终身学习的视角，是从人的发展，人在社会中的生活和进一步学习所需要的数学为出发点，重视个体在社会生活中所需要的数学思维、基本沟通和演算技能。由于 PISA 的影响面较广，而且 Mathematical Literacy 所指数学素养的内涵、测评和教学等方面的研究也较为完善，因此目前用 Mathematical Literacy 一词来表示数学素养的文献较多，PISA 中 Mathematical Literacy 的定义和内涵也影响了各国学者对数学素养的研究。例如，有学者(Wedege，2010)利用 PISA 中 Mathematical Literacy 的内涵，就数学素养和民族数学(Ethnomathematics and Mathematical Literacy)之间的联系进行了研究。也有非洲学者(Shava，2005)以 PISA 的 Mathematical Literacy 为基础，从教学视角研究学生数学素养的培养。

3.2.4　Mathematical Proficiency 的内涵

对 Mathematical Proficiency 所指数学素养内涵的阐述比较有代表性的当属美国国家研究委员会(NRC)下属的数学学习研究委员会(MLSC)，在 2001 年所发布的《加入进来：帮助儿童学习数学》报告中，认为具备 Mathematical Proficiency 是成功学习数学的标志，并对此内涵进行了深入的阐述。

由基尔帕特里克(Kilpatrick)领导的，由 16 位不同背景人组成的数学学习研究委员会，希望通过对幼儿园前到八年级学生数学学习的研究，为教育工作者、学者、出版社、政策制定者和家长的数学教学、数学教育和数学课程改革提供建议。全书共 462 页，由一个执行摘要(Executive Summary)和 11 章节的内容组成。在执行摘要部分，简单介绍了委员会的工作后，指出了学习数学的重要性，但是目前学校的数学教育还不能满足社会对数学人才的需求，数学课程的设置、教师的教学方式和教学内容都是基于经验，而不是基于研究的结果。本报告将在研究的基础上，对数学的教与学提出可供参考的建议。

随后，报告提出了数学素养(Mathematical Proficiency)的概念，认为从认知心理学和数学教育的角度分析，综合我们过去的数学学习和教学的经验、对数学知识的判断、对数学的理解，以及当今社会对数学技能的要求，单纯的知识或者能力等词语已经不足以体现成功数学学习的要求，只有数学素养来表征是恰当的。并从学校数学教学的角度，将 Mathematical Proficiency 所指的数学素养的具体内涵分为以下五个方面的能力(Kilpatrick et al., 2001)。

(1) 概念性的理解(Conceptual Understanding)

指对有关数学概念的整合，了解概念的关联性，理解和领会数学概念、运算及关系。当学生产生概念理解可获致以下好处：概念学习比个别的因素和方法懂得更多；概念学习比较容易知道哪些内容是有用的；概念学习使他们的组织知识成为一体，这一整体使他们能借着联结现在及过去的知识去学习新概念；概念学习也提供记忆，因为联结知识的学习因素和方法，比较容易记忆和运用，并且当忘记时可以重建。概念性的理解的一个重要指标就是个体能用不同的方式表征数学情境，知道在不同的目的下如何不同地表征，并能透过了解所习得的知识提供产生新的知识，为能解决非例行性问题打下基础。以死记的方式所学得的记忆技巧，虽然可以用在较容易执行的数学功能概念，但无法深入理解，这些无法成为成功的数学学习。而基于理解的学习方法能提供形成新知识及解决新问题和不熟悉问题的理论基础。当学生在数学某领域获得概念理解，他们会看到这些领域的概念和过程，而能解释彼此的因果关系。除此之外，概念理解可以帮助学生在解决问题时，避免重大错误，亦即减少计算错误。概念性理解也可以帮助学生以较少练习达到同样成效，理由是他们能在浅薄、没关系的情况看到较深的相似点。

(2) 过程的流畅性(Procedural Fluency)

指在进行数学程序时候，能具备弹性(Flexibly)、精确性(Accurately)、有效性(Efficiently)以及适应性(Appropriately)的能力。若没有过程的流畅性，个体对于深化数学概念和解题就会有困难。程序流畅性和概念的理解性是紧密结合在一起的，只有在有较好理解的情况下，才能让程序更为流程。例如，学生若在加法上有理解上的限制，通常会用笔和纸来做 598＋647，但是学生若有更多的理解，将会认清到 598 只是比 600 少 2，因此他们可先作 600＋647 接着才从总和中减 2。而充分的练习可帮助学生维持流畅性(熟能生巧)。

(3) 策略性的能力(Strategic Competence)

指有关形成(Formulate)数学问题、表征(Represent)及解决(Solve)数学问题的能力。策略性能力也包括知道不同的解题策略及这些策略如何有效地解决特定问题的心智模型，还有能从问题中获取核心的数学要素并忽略与解题无关部分的数学化表征形成过程。另外在整个过程中需要一种基本的特性就是灵活性，因为透过知识的扩张灵活性以用来解决非制式的问题，而不只是制式的问题也属于解题能力的一种，更重要的是，策略性能力与概念理解和程序流畅之间存在着相互支持的关系，通常孩子在学习早期学过代数对解题能力有正面的影响。

(4) 合适的推理(Adaptive Reasoning)

指能对不同概念和情境之间的关系进行逻辑思考，包括逻辑思维、反思、解释以及证明的能力。要进行合适的推理必须满足三个条件，首先是要有充足的知识作为基础；其次是要能激发个体的动机；最后是要问题的情境是个体所熟悉的。适合的推论能力能够结合每件事物，是引导学习的明灯，我们可以运用它在很多的事实、程序、观念与解决方案方法中，而演绎式推理的方法常被用来解决反驳和争论。推论能力的概念是非常广泛的，包括非正式的解释、辩证，也包含以规律、模拟和隐喻为基础的直观或归纳式推理。而辩证和证明是一种正式的数学特征方法，特别是在解决问题上时常被视为较高年级学生的使用范围，学习者可充分地运用适合的推论能力和其他四种能力的互动。例如，学习者借助他们的解题能力，来公式化和表征问题，采用可能会提供解决策略的启发式方法，但当他们决定了某种策略时，就必须运用适合的推论能力。又如：概念理解提供了隐喻和表征，可以作为推论能力的一个来源，而往往一个解答策略需要流畅的程序，但应该使用适合的推论能力来判断这个程序是否恰当。

(5) 积极的倾向(Productive Disposition)

指将数学视为有意义的倾向，知道数学是有用的，相信在数学学习上稳定的努力与付出是能获得成功的。具备积极的倾向的个体对于自身的数学知识有信心，相信数学能帮助自己获得成功，即对待数学的态度和信念是积极的、正面的。具体包括：当学生要发展概念理解、程序的流畅、解题能力、适合推论能力时，他们必须相信数学可理解，而非任性多变的；相信借助勤奋努力，可以学习和使用，使他们有能力计算出来；而在发展建设性意向时需要频繁的机会理解数学、确认毅力的好处及经验数学合理化的报酬；同时当其他能力发展并帮助它们各自的发展时，建设性意向就会逐渐产生。举例来说，当学生建立解题能力在解决特殊问题时，他们对于自己作为数学学习者的态度和信念变得更加积极；当他们对于数学概念了解得越多，数学将变得越有感觉；相反地，不常给予学生具有挑战性的数学问题的解决机会，他们会变得认为记忆比理解能使学习数学较容易，而且他们会对自己作为学习者开始失去信心。换句话说，当学生看到自己有能力学习数学和用它来解决问题时，他们变得能够更进一步发展其程序流畅性或其解题能力。总结来说，学生对数学的倾向程度，可以判断他们能否在数学学习上成功。

这五种能力包括了知识、技能、能力和信念，它们紧密相连，如绳索般交织(Intertwined Strands)在一起，如图 3-3 所示。

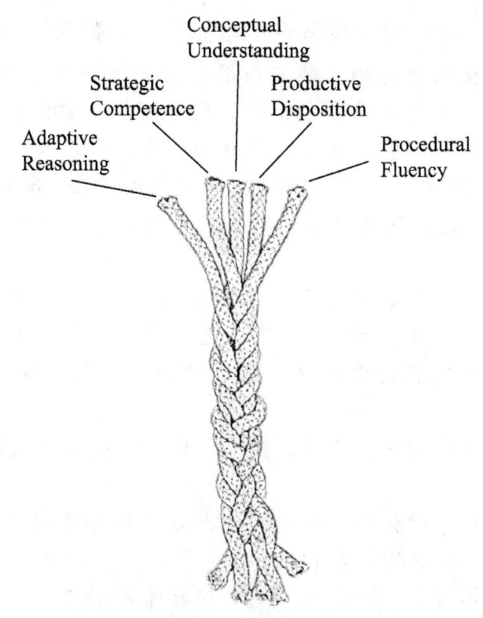

图 3-3　NRC 的数学素养交织能力图

报告指出，学校的数学教学是否有效，关键在于能在多大程度上提升学生的数学素养，有效数学教学可以看成是一个函数，其中的变量包括教师的知识和对数学内容的使用，教师对学生的认知和互动，以及学生参与运用数学解决的任务。因此，基于数学素养发展的数学教学主要受到三个因素的影响，分别是数学内容、教师和学生，它们之间的联系如图 3-4 所示。

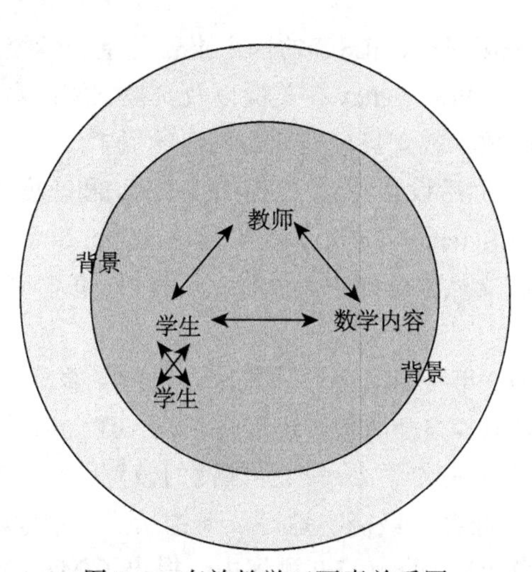

图 3-4　有效教学三要素关系图

在执行摘要最后，报告对学校教育中培养学生的数学素养提出了五点建议：

(1)数学素养五种交叉能力的平衡发展应该引导学校数学的教与学；教学不能是极端的只有学生学，单独的教师照着书教，或者教师单独讲授自己所发明的数学。基于发展数学素养的数学教学应该处理好教师、学生和数学这三者之间的关系。因此，大部分的教学时间应该致力于发展学生的概念和方法，精心的实践指导和反馈，通过问题解决方案的讨论，明确数学的本质，并构建学生的思维，让各种素养能力得以发展。

(2)学校教学是学生提升数学素养的主要途径，而教师是这个环节的核心，因此学校要系统地设计和部署，让教师能高质量地、持续地专业发展；学校要在时间和资源上，为教师的专业发展提供支持，让教师通过持续的努力，提高自己的数学教学。

(3)学校的课程、教学材料、评估、教学、专业发展和学校组织应该围绕着数学素养进行协调。

(4)学校应该基于科学的证据、有效的评价方式来努力提高学生的有效学习，这种努力应该是协调的、连续的、累积的。

(5)应该对数学素养进行进一步的研究，包括素养的本质、素养的发展和素养的评价。

在报告此后的 11 章中，分别对执行摘要进行展开论述，主要内容包括数学的重要性、数学教育的现状、数学素养的价值、数学素养五种能力的内涵，以及如何在学校教育中发展学生的数学素养。值得一提的是，在第 4 章中，不但详细论述了数学素养的五种能力的产生过程与内涵，还指出数学素养不能简单地说有还是没有，它应该分不同的层次；数学素养的培养应该是全方位的，包括校内外，从年轻到变老都要一直学习。

由于数学学习研究委员会(MLSC)的这个报告是基于学校数学教育所提出的，其所提出的 Mathematical Proficiency 在美国以及其他国家的数学教育领域有广泛的应用。例如，新加坡的数学教育目标框架所提出的概念(Concepts)、技能(Skill)、元认知(Metacognition，或称后设认知)、过程(Processes)和态度(Attitudes)五个组成部分和 Mathematical Proficiency 的五点结构类似(Kaye Stacey，2002)。熊菲尔德(Schoenfeld，2007)也撰文从数学知识、策略、元认知、信念和倾向等四个方面对数学素养进行了诠释。

值得一提的是，1969 年美国国会要求国家评价指导委员会(National Assessment Governing Board, NAGB)实施全国教育进展评估(NAEP)。如今，NAEP 已成了目前大规模的教育评价，它每三年举办一次全国性的教育评价，对四年级、八年级和十二年级学生的艺术、社会、经济、地理、美国历史、数学、阅读、科学和写作进行测评。在 1996—2003 年的 NAEP 测评中，提出了 Mathematical Proficiency 一词，用数学素养来衡量学生数学学习的有效性。NAEP 认为数学素养主要分为数学能力(Abilities)、数学威力(Power)和数学内容(Content)三个方面，其中数学能力包括概念性理解、程序性流畅和解题能力；数学威力包括推理、联结和沟通；数学内容包括数的性质和运算、几何(含测量)、概率与统计分析(含资料解读)、代数(含函数)。NAEP 认为的数学素养是指个体通过掌握数的性质及运算、几何、概率与统计、代数等知识，提升数学的概念性理解、程序性流畅以及解题能力，以增进数学威力，并能以数学方法解决每天发生的各种问题，同时也能运用数学的语言与他人沟通，使数学成为现今复杂社会中个体生存，以及增益生活的有效工具。同时，NAEP 通过研究也发现，数学能力提升的同时，数学威力也会增强(黄雅云，2011)。由于 NAEP 的测评已逐渐成熟，它也成了很多国家数学学习测量的重要参考。

由此可看出，Mathematical Proficiency 所指的数学素养强调知识、技能与信念，和数学教学联系较为紧密，可认为是个体的社会生活与学校的数学教育的一个结合体，对如何在数学教学中培养学生的数学素养具有重要的指导性价值。

3.2.5　Matheracy 的内涵

巴西学者德安布罗西奥(D'Ambrosio，1999)认为，我们不可能在实践职业中不反映对世界和未来的看法，这对帮助学生获得他们在未来世界中位置的意识是十分有必要的。作为数学教育者，应该确信数学可以帮助学生实现他们的愿望，可以促进人类社会的民主和平等、尊严和和平。因此，数学应被放置到一个更广阔的领域——民俗数学(Ethnomathematics)来讨论。此后，他从概念化的课程、作为人类活动的数学，以及从过去的学习中构建未来三个部分进行论述。在作为人类活动的数学中，德安布罗西奥指出，在古罗马时代，合格公民的三要素(Trivium)是：语法、修辞和辩论；到了中世纪，虽然高等教育受到修道院的限制，但是在古希腊文化的影响下，人才标准变成了四学科(Quadrivium)，分别是算术、音乐、几何和天文学；进入现代社会后，合格公民的三要素是读(Reading)、写(Writing)、算(Arithmetic)简称 3Rs；而如今，随着信息时代的来临， 3Rs 已经不再很好地满足社会生活对个体的需求，合格公民的三要素应该变成文学素养、数学素养和科技素养。

这其中，最值得一提的是提出了用 Matheracy 一词来表示数学素养，该词可看成是 Mathematics 和 Literacy 这两个部分的综合体，体现了作为素养的数学的含义。德安布罗西奥认为，如同在古希腊中数学不仅表示计数和测量，现代社会应该讲数学上升到社会文化的角度来审视，应该是能利用数学解决现实社会中的问题，因此用数学素养来体现学习数学的结果是合适的。而且 Matheracy 是一种对于人类与社会的深度反思的结果，不应被限制在教育体制下的精英才能具有，也不应局限于数字的操作与运算。

从文献中可以看出，德安布罗西奥认为 Matheracy 所指的数学素养应该是一种能力，它包括从数据的分析中得出结论的能力、推论能力、假设能力，以及从计算结果中得出结论的能力。他还指出，这些都是个体应该具备的基本能力，但现在的学校教育往往忽略了。因此，我们的教育应该务实化，应该重视社会文化经验，强化学生概念的、创造性的以及批判性的与非例行性的表现，在数学课程中体现对学生数学素养的培养。也许现在学校里所学到的数学和工作中所需要的数学存在较大的不同，但是捕捉信息的能力、分析能力、推理能力、逻辑思考，以及好奇心、求知欲这些都不是传统数学课程所能提供的，因此课程改革应该聚焦于数学素养。

学者斯科夫斯莫斯(Skovsmose)也用 Matheracy 一词来表示数学素养。他认为，反思(Reflection)是培养个体 Matheracy 的重要途径，讨论 Matheracy 时应该将重点置于数学反思中；并将数学反思分为四种类型：其一是以数学为目的的反思(Mathematics Oriented Reflection)，该类型以数学概念以及计算方法为相关领域进行反思问题的计算过程与结果是否正确；其二是以模型为目的的反思(Model Oriented Reflection)，该类型以数学与非数学的事实(Reality)之间的关系为对象，引导该类反思的问题通常称为建模过程的输出(Output)是否可信有效；其三是以情境为目的的反思(Context Oriented Reflection)，此类型所谓的情境可以理解为政治的、社会的或者文化的情境，主要在于反映建立模型的真正目的以及应用数学到某些情境的政治与社会功能上，并且用来设法说明数学与权力(Power)的议题；其四是以生活世界为目的的反思(Life World Oriented Reflection)，此类反思主要在于描述个体因为生活的需要而对数学学习所展现出的责任感，并因生活之所需而对数学学习有正面的态度(陆昱任，2004)。

由此可看出，和前面几个术语所指的数学素养相比，Matheracy 所代表的数学素养也是指某种数学能力，对包含这些数学能力的数学素养的培养要置身于社会文化，从将来在社会生活中对数学的要求来设置数学课程、改变教学方式，从而更好地在学校教育中培养学生的数学素养。

3.2.6　数学素养内涵的归类

虽然，国外的数学素养用词和含义不尽相同，但是从大方向来说应该有不少相似之处，可以从内容和功能两个角度对这些内涵进行归类。

1. 从数学素养表述内容的角度

有学者 (刘喆和高凌飙，2011) 研究认为，根据研究者不同的研究视角和观念，欧美学者的数学素养定义与内涵可以归纳为以下四种类型。

1)“特定区域和背景”说

该观点认为区域和背景对数学素养的体现十分重要，数学素养是指个体在特定区域(包括家庭、工作)所体现出来的某种数学能力，或者数学思维，如果没有真实区域或者背景，数学素养就无法彰显。例如，澳大利亚数学教师协会指出，数学素养就是能有效地应用数学来满足家庭生活、工作的需要，满足参与小区和公民生活的需要；新西兰教育研究委员会也认为，一个人在现实生活中能拥有运用数学的自信和技能，就称为有数学素养(Numerate)。而背景则涉及了人们应用数学素养的具体问题、情境或任务。例如，加尔(I. Gal) 指出：“数学素养是技能、知识、信念、态度、思维习惯以及一般交流、问题解决能力的集合体，这是人们有效应对真实世界情境或含有数学、可计量元素的任务所必需的。”

2)“数学内容”说

持此观点的研究者认为数学知识对于数学素养十分重要，没有一定的数学知识作为基础，发展数学素养就无从谈起，因此可认为数学素养某种意义上就是数学知识的综合，这类定义中涉及的数学内容包括数、测量、代数、几何以及统计等，具备数学素养的个体能灵活运用这些数学知识来解决问题。

3)“数学过程”说

该观点则关注个体对数学的运用过程，将能力和态度视为数学素养的核心，聚焦于利用数学能力和态度来问题解决、逻辑推理、数学交流、数学表达、数学运用、数学观念、数学欣赏等。当然，不同数学素养内涵的关注点略有不同，有的关注数学方法的理解和欣赏，重视数学态度和价值观；有的强调基本技能(如算术运算)，强调高水平思维能力和使用数量工具的能力。

4)“综合性”诠释

该观点将数学素养的背景、过程和内容综合起来，阐述数学素养的内涵，这种论述目前已被很多学者所广泛采用。例如，PISA 中的数学素养内涵就是一个综合的诠释。这种选择和数学素养的复杂性是密不可分的，只有从内部和外部，静态和动态相结合，多角度诠释才能更加合理地、恰当地体现数学素养的本质特征。

2. 从数学素养功能的角度

贾巴兰卡(Jablonka, 2003；陆昱任, 2004)从数学、文化和课程之间的联系出发，根据数学素养的功能，将其分为以下五种类型。

1) 人力资本(Human Capital)的数学素养

这类数学素养聚焦于赋予个人解释，以及组织日常生活的数学工具，这种概念认为所有的问题可以用数学建立模型，并且可以用数学工具来解决问题。这类取向的数学素养是放之四海而皆准的、适合各种文化，倾向数学力量的乐观性解释，并相信数学理论将会改变意识形态，甚至是政治形态与经济形态。此外，这类数学素养关注的是如何与思维有关，而不是思维什么问题，以数学的符号系统作为手段，透过高度去情绪化解决问题。PISA 的数学素养诠释所采取的立场就属于这一取向。

2) 文化特征(Cultural Identity)的数学素养

这类数学素养解释在发展中国家比较普遍，例如，南美洲和非洲，有时候与民族数学相联系，强调市场或工作场合所使用的非形式化的数学，因此这类数学素养与认为各地数学素养的内容都是一样的观点不一致，认为不同文化背景下的数学素养是不同的。这种数学素养认为个体将更能认识该社会文化下的数学历史与成就，但也可能造成社会的不平等，也有可能限制其选择更多工作的机会。德安布罗西奥(D'Ambrosio，1999)所讨论的数学素养(Matheracy)就属于这类。

3) 社会变迁(Social Change)的数学素养

这类数学素养认为数学素养是能用不同的方式看待现实，并能改变它，这种取向下的数学主要聚焦在对社会以及具有政治意义的议题进行批判性的思考，例如，男女的收入不等、失业率以及能源价格等，认为公众社会领域的数字往往会掩盖其本质。这种数学素养认为学校数学将会排除边缘的族群，而不恰当的数学课程改革会改变传统数学方法建立起来的社会关系。澳大利亚数学教师协会(AAMT)的《数学素养=每个人的事情》(*Numeracy=everyone's business*)中的数学素养就属于此类。

4) 环境意识(Environmental Awareness)的环境

这类数学素养认为数学素养的概念并不仅止于关于个体解决个人以及地方性的问题，而是与全球性的环境问题有关。例如，食物、水资源、人口增长、能源短缺以及环境污染等问题。这类取向认为数学在环境问题中扮演双重的角色，一方面是作为阐述重要生物与物理概念的语言；另一方面是作为建立环境问题模型的工具，并认为数学将促进军事工业的发展，以及污染工业的发展，因此数学应该对于全球性的环境问题有所贡献。

5) 评价(Evaluate)数学的数学素养

这类数学素养认为数学本身是根植于个体日常生活中的一项技能，但是很多书籍或媒介将数学置于不可思议的魔力中，却没有包含有关其社会适应性、公正性的资料，也缺乏应用时的状况与结果的讨论。因此，这种取向的数学素养希望数学能让个体更好地解释以科学方式呈现出来的信息，对影响社会的数学应用有所认识，能察觉数学模型可信度的限制。斯科夫斯莫斯(Skovsmose)所诠释的 Matheracy 就属于此类。这种分类，仅就数学素养的价值或者作用进行了区分，并未涉及数学素养的内涵与本质，因此并不具有太大的意义。

除此以外，凯瑟尔和魏尔兰德(Kaiser and Willander，2005)也对个体的数学素养进行了分类，认为根据不同的工作、学习和生活，不同群体对数学有着不同的需求，因此会具有不同层次的数学素养。以学生为例，可将数学素养从低到高划分为五个不同水平：

(1) 无素养(Illiteracy)，即不知道基本的数学概念和方法，没有能力获得相关信息；

(2) 名词性素养(Nominal Literacy)，指仅仅知道一些数学有关的名词，即在个体年龄、学习水平可接受的范围内，最低限度地理解数学术语、问题等；

(3) 功能性素养(Functional Literacy)，即能运用程序解决具有特定背景，但不需作深入思考的问题；

(4) 概念和程序性素养(Conceptual and Procedural Literacy)，即对主要的数学概念的结构和功能有一定的理解；

(5) 多维素养(Multidimensional Literacy)，即能在哲学、历史、社会的维度上理解和欣赏数学。

凯瑟尔和魏尔兰德也指出，区分这五种水平中的每一种水平是很困难的，多维素养水平是能与其他知识相联系且对数学有更广泛、更多样化的最高理解水平，极少有学生能够达到这种水平。

3. 从智力因素和非智力因素的角度

一般说来，对复杂的事物，要研究其内部性质，往往从研究其外部特征入手。数学素养并不等同于数学知识、也不等价于计算、推理等数学技能，而是一个包含知识、能力、语言、行为、信念、精神等方面的综合体，如此复杂的概念要深入研究必须从其所具有的外部特征入手，因为具备数学素养的个体会在某些方面体现出不同的特质。欧美学者对数学素养的外在表现、组成部分也有了较多的研究。

萨瓦(Shava，2005)在其博士论文中，把一个人的数学素养分成四个主要维度：

(1) 对数学知识和技能的有效理解和应用，以及对数学美和数学语言的赏析；

(2) 在数学中具有创造性、逻辑性和批判性思维；

(3) 在数学中有一定的问题解决能力；

(4) 在适当的真实情境中或其他社会环境中，有能力体会和运用数学。

肯普和霍根(Kemp and Hogan，2000)认为数学素养应该从数学知识、情境知识和策略知识三个方面进行考虑。但斯托斯格(Stoessiger，2002)、凯瑟尔和魏尔兰德(Kaiser and Willander，2005)，以及德兰格(de Lange，2006)等都认为个体的数学意向、数学信心等情感向度对数学素养也是十分重要的。因此，一般来讲，可以将数学素养的组成分为智力和非智力两个部分。

陆昱任(2004)对欧美有关数学素养的近30篇文献进行整理，认为这些文献所指数学素养的智力部分包括了沟通交流、数学推理、问题解决、符号与表征、元(后设)认知、做决定、数学思维、数学知识、数学技能等几个方面。大家比较一致的能力主要有沟通交流、数学推理、问题解决这三个部分的能力。综合各文献内容，可将数学素养的核心分为沟通交流、数学推理、问题解决和数学情感这四个部分。

沟通交流：沟通是一种分享观念、澄清了解的一种方式，不仅有说和听的成分，还包括读和写(NCTM，2000；Pugalee, 2001)。各国课程的数学课程标准都将沟通交流能力看成一个重要的培养目标，希望通过数学教学能让学生了解数学语言，能正确地使用数学语言来表达想法，能选择、恰当地使用数学术语、数学符号和数学图表等工具来表征；也能认识以及转化多样化的信息成数学的形式，理解他人或者媒介中所使用的数学语言。

数学推理：斯蒂恩(Steen, 1999)认为，推理是数学的基础，数学是以逻辑而发展来的。在美国数学教师协会(NCTM，2000)发行的数学课程标准中，将数学推理分为代数推理、几何推理、比例推理、概率推理以及统计推理等几个部分。现实生活中很多思考都需要进行数字化或非数字化的演算、归纳和演绎等过程，因此数学推理是数学素养的重要表现。

问题解决：匈牙利裔美国数学家和数学教育家乔治·波利亚(George Polya)将问题解决分为了解问题、找出已知与未知的关系、实施计划、检验解答四个步骤。现实生活中，我们也常常需要处理各种情境中所发生的问题，因此具备数学素养的个体应该具备了解问题、找出变量、建立模型、解决问题这几个步骤。并将所解答的数学结果回馈到现实情境中，从而帮助个体做出合理的判断与决策。

数学情感：指个体能正确地看待数学，了解数学对个人和社会发展的价值(包括外在的价值和内隐的价值)，在现实生活中有使用数学的意愿，并具有能用数学来帮助解决问题的信心。

这四个成分和 PISA 把数学素养分为八种能力有相似之处，沟通交流与 PISA 中的数学交流、数学表述、符号的使用这三种能力相对应；数学推理与 PISA 中的数学思维和推理、数学论证这两种能力相对应；问题解决与 PISA 中的建立模型、提出和解决问题、使用辅助工具和技术这三种能力相对应。而数学情感部分，PISA 虽然未做测量，但是认为数学态度与数学素养之间存在很大的联系(de Lange, 2006；王广辉，2012)，因此可以将这四种看成是数学素养的基本成分。

而在非智力部分，多数欧美文献都认为具备数学素养的个体必须要有良好的数学情感，对数学有积极的倾向，包括认为数学是有意义的、有用的值得付出的，有一种自然喜好的倾向，并且相信在数学学习上只要持续努力就能有回报，也认为自己是有效的数学学习者和实践者(Kilpatrick et al., 2001)。当个体对数学拥有积极倾向，在面对数学问题的挑战时，他的态度是积极的，愿意进一步探索尝试各种不同的策略，进行适当的分析推理，发展出流畅的解决程序，成为成功的问题解决者；相反地，如果个体缺乏积极倾向，遇到非例行性的数学问题，很容易就失去信心导致失败。有学者(游昭芳，2012)研究表明数学教师的信念才是扮演着培养学生积极数学倾向的关键角色，例如，教师若存在着“学习数学是要靠天分的”的想法，就会不断传输给学生“你不是学数学的料”这类的观念。因此，数学教师要不断鼓励学生错误是学习的垫脚石，让学生在安全且充满自信的环境学习数学才是建立积极倾向的根本之道。

3.3　数学素养的测评与发展研究

个体具备怎样的数学素养一直是政府部门和教育研究者关注的问题，因此对个体的数学素养进行测评就成了一个重要的研究议题。从国外的相关研究文献来看，有关数学素养的测评方面可以分为两种，一种是测量数学素养和个人发展之间的联系，多为问卷调查类，比如，了解个体的数学素养和职业、收入、学历等因素的关联度，多发生在成人群体；另一种是单纯的测量个体的数学素养水平，多为试题测验类的，比如，通过测试题目测量个体的数学素养等级，多发生在学校教育期间。一般说来，前者是政府部门所关注的，而后者是教育部门及其教育研究者所需要了解的。因为培养个体素养的重要场所就是在学校教育期间，在进行学科教育过程中发展学生的素养，例如，穆杰(Moje，2008)指出，在中学教育中培养学生的素养，离不开学科，学科是培养学生素养的重要载体。目前，欧美大多数国家已经将培养学生的数学素养当成数学教育的主要目标，很多学者都认为数学素养已在数学教育的课程讨论中处于显著地位(Tamsin Meaney，2007)。欧美近年来的数学课程改革也体现了这点变化，为此探讨如何测评和发展数学素养成了欧美数学素养研究的焦点。

3.3.1　数学素养与个人发展研究

在欧美，有很多研究者发现个体的数学素养(数学能力)与收入有重要的相关性(Christopher Dougherty，2003)。例如，1999 年由克劳斯莫瑟爵士(Sir Claus Moser)主持的，英国政府对英国成人的基本素养和数学技能的正式调查(A formal investigation of the basic literacy and numeracy skills of English adults)中显示，有大约20%的英国成人(大约七百万)有比较严重的素养缺陷，这其中有 40%是缺乏数学素养；如果英国政府不重视这个问题，将会给英国的社会发展带来很严重的后果(DfEE，1999)。这份报告也促使了英国工党政府(The Labour Government)推行了国家数学与素养战略(National Strategies for Numeracy and Literacy)，要求各学校要在教育中重视对学生基本素养的培养，这其中就包括了数学素养。

帕森斯和拜纳(Parsons & Bynner , 1998)的调查表明，缺乏数学素养的成人更容易失业，他们不太可能接受在职培训，不太可能拥有自己的家，更可能待的地方是在监狱里。格林等(Green et al., 1998)的调查表明，具备基本数学素养的人，所获得的收入比没有数学素养的人要高。

如何通过调查来了解个体的数学素养是比较困难的，英国主要通过“标准评估任务”(Standard Assessment Tasks，SATs)，来测试个体是数学素养，此外普通中学教育证书(General Certificates of Secondary Education，GCSEs)测试也会对学生的数学素养进行测试(Robinson，1997；Carey et al., 1997)。此外，国际成人素养调查(IALS)，也从 1995 年开始对英国的成人素养进行调查(还包括了德国、美国、荷兰、瑞典、瑞士等其他 11 个国家)，该调查也包括对数学素养进行测试，数学素养部分由 33 个问题组成，主要测试教科书中要求的数学知识和数学技能的应用情况(Goldstein，2000)。

麦金托什和维尼奥尔斯(Steven Mclntosh & Anna Vignoles，2000)研究发现，如果按照英国技能部门的标准(British Skills Agency Standard)，只有 60% 英国成人的数学素养是达到水平 1 的，而且个体的数学素养高低和他们的就业率、收入是成正比的。

澳大利亚也很重视劳工发展和数学素养之间的联系，在 2010 年澳大利亚政府的生产力委员会(Productivity Commission)发布了《素养和数学技能与劳工市场成果的关系》(*Links Between Literacy and Numeracy Skills and Labour Market Outcomes*)(Shomos，2010)，包括对澳大利亚的成人素养进行了调查，发现有一半人的素养和数学技能在水平 1 和水平 2，低于现代经济对素养的需求水平(水平 3)。该报告指出，提升劳工的素养和数学技能对促进劳工市场的发展有正面的、显著性的改变；而素养和数学技能可以通过学校教育获得，也可以通过其他渠道获得。

3.3.2　个体数学素养测评研究

目前对学生的数学素养测评中，PISA 的影响最大，我们将其放在第 4 章单独进行论述，本节就其主要的数学素养测试做简单介绍。

鉴于数学素养的重要性，很多地方的研究者开发题目对学生的数学素养进行测试。这类测试的题型主要分为两类，一类是根据自己的理解编制测试题，包括单纯计算类型的题目，也有带情境的题目；另一类是借鉴 PISA 的数学素养测试，开发适合本地区学生的测试题目。从本质上很说，第一类主要测试数学知识和计算(或者证明)技能；而第二类的发展是十分有意义的尝试，当然这需要各个环节都要比较合理，例如，内容的选择、题目的设置、测试的形式，以及结果的处理等。哈米顿和巴特顿(Hamilton and Barton，2000) 认为数学素养测试需要结合个体的文化背景，脱离文化的素养测量不能反映个体真实的水平，而用同一种测试题目对不同文化背景的人进行数学素养测试，是不能得到满意的比较结果的。这也说明了，尽管 PISA 的测评具有权威性，但是并不适合照搬照抄，而是需要进行本土化的改造。

除 PISA 以外，国际上有影响的跨国数学测量还有国际数学与科学教育成就趋势调查(TIMSS)。该调查是由国际教育学习成就调查委员会(IEA)主办的，从 1995 年开始，每隔四年对成员国的四年级学生和八年级学生的数学和科学这两个学科的学习成就进行调查。但是 TIMSS 调查的主要目的是比较各国的课程与学生学习成就之间的联系，并为各国的数学课程与教学改革提供资讯。TIMSS 主要从数学内容、数学认知来测量学生的数学成就，并以此判断数学教学目标与学生数学成就的差异。数学教学目标主要包括数学的预设课程(The Intended Curriculum)、实施课程(The Implemented Curriculum)和成就课程(The Achieved Curriculum)这三个部分。因此 TIMSS 的学生数学成就调查和数学素养没有直接的联系，但是由于学生的数学成就离不开学生的数学素养，因此也可以从数学素养的视角分析 TIMSS 中学生的数学成就，例如，罗伯特认为 TIMSS 研究中的“教所有人数学”就是所有人都需要数学素养(苏洪雨，2009)。所以近年来有关 TIMSS 与数学素养之间联系的研究文献也较多，在 Google Scholar 上以 TIMSS 和 Mathematical Literacy 作为关键词，能检索到不少信息。

除教育工作者以外，政府也十分关心本国公民的素养，因此，目前国际上也有一些针对成年人素养的调查，比较有影响的有成人素养和生存技能调查(The Adult Literacy and Life skills Survey，ALLS)和国际成人素养调查(The International Adult Literacy Survey，IALS)这两类。国际成人素养调查(IALS)是最早的成人素养跨国比较调查，由国际经济合作与发展组织(OECD)、加拿大统计局(Statistics Canada)、美国国家教育统计中心(National Center for Education Statistics，NCES)和美国教育考试服务中心(Educational Testing Service，ETS)合作进行，主要对文学素养、文档素养和数学素养进行调查。IALS 在 1995 年对参与的 12 国的 16—64 岁成人进行调查中，数学素养部分由 33 个问题组成，试题类型是对嵌在(Embedded)文字材料(Printed Materials)中的数字进行算术运算(Arithmetic Operations)，主要测量个体的数学概念、运算程序、操作数和问题解读，具体包括(Steven and Anna，2000；Gal et al., 2003)：

数学概念(The mathematical Concepts)：包括数系和数感、空间和几何、函数和代数、机会和统计等概念；

运算程序(The complexity of Operations)：包括对整数、小数和百分数的加减乘数运算；

操作数(The number of Operations)：能了解到，在一般情况下，一个步骤的问题要比多个步骤才能解决的问题要简单；

问题解读(Problem Transparency)：能清楚问题中哪些信息是清楚的，哪些是可以求出来的，该采用什么程序等。

这33道题的难度分别在225至409之间(最难分值为500)，最简单题目是：若将2美元加到50美元中，就是门票的价格，问门票价格是多少？难度系数是225；题目“100美元以年利率为6%连续投资10年会有多少收益”的难度系数为348；还有一些题目是在图形和报纸中找出数据并进行运算和分析的(Irwin，2001)。

成人素养和生存技能调查(ALLS)的前身是国际生活技能调查(the International Life Skills Survey，ILSS)，是国际成人素养调查(IALS)的后续(Follow-up)，也是由加拿大统计局和美国国家教育统计中心(NCES)合作研究的，后来国际经济合作与发展组织(OECD)和联合国教科文组织(The United Nations Educational, Scientific, and Cultural Organization，UNESCO)也加入。该调查采用家庭调查的方式(Household Survey Methods)对16—65岁的成人的文学素养、文献素养、数学素养和问题解决素养进行调查。其中将数学素养定义为：个体能根据不同环境对数学的需求，对数学知识和数学技能进行有效的管理(Manage)。和国际成人素养调查(IALS)一样，成人素养和生存技能调查(ALLS)也是在现实背景的题目中嵌入数学内容，但是和国际成人素养调查(IALS)不同，成人素养和生存技能调查(ALLS)所要求的数学知识和数学技能更加广泛，不仅包括算术，还包括计算、估算、理解图形、长度、体积、测量、单位转换、统计、能解释简单的公式等，被测者也可以使用计算工具(Statistics Canada and OECD，2005)。

在2003年的成人素养和生存技能调查(ALLS)中将数学素养定义为：个体在各个环节下能有效处理各种问题所需要的数学知识和数学技能；并认为这个定义比国际成人素养调查(IALS)中对数学素养的定义要来得宽泛，涵盖生活中所需要的数学知识和技能。在此框架下，他们还给数学素养行为下了一个定义，认为数学素养的行为是指人们在真实背景下，处理问题所能观察到的行为，包括面对信息所体现的数学思想方面的反应，体现在可以用各种不同方式进行表征；这需要激活一系列的知识、因素和过程。并认为数学素养行为有五个关键面，分别为背景、反应、数学化的信息、数学信息的表征、其他的有利因素和过程，并对这五个关键面进行了较为详细的阐述，其中，

背景(Contexts) 包括日常生活、工作环境、社会团体和未来学习四个方面:

反应(Responses) 包括识别和定位、采取行动、解释和交流四个方面;

数学化的信息(Mathematical information) 包括量化和数字、维度和形状、数据和机会、变化，以及模式、函数和关系五个方面;

数学信息的表征(Representations of mathematical information) 包括具体对象、图片、数字、符号、公式、图形、表格、文字等;

其他的有利因素和过程 (Other enabling factors and processes)包括数学知识和理解、数学问题解决技能、素养技能、信念和态度等。

在对问题的难度也分成五个等级后，着手编制问卷，通过三个阶段的准备后，形成正式问卷，问卷的题目总体分布如表3-1所示。

表3-1　试题内容和类型分布表

题目内容	比例/%	题目类型	比例/%
数量	30	解释	35
维度	30	计算	30
关系	10	估计	10
数据	20	次序	10
变化	10	测量/计数	10
		建模	5

在题目难度方面，42个题目中难度水平1(最容易)的题目有6个，难度水平2的题目有10个，难度水平3的有17个，难度水平4的有6个，难度水平5(最难)的有3个(Gal et al., 2003)。由此可看出，成人素养和生存技能调查(ALLS)对数学素养中数学能力与水平等级的划分，以及对测试题目产生的过程和PISA对数学素养的测试有类似之处。当然，由于测试对象的不同，其测试内容也有较大的区别。

除此之外，美国国家教育统计中心(NCES)组织，已经在美国实施多年的国家成人素养评量(National Assessment of Adult Literacy，NAAL，1985年称为年轻人素养测量(Young Adult Literacy Assessment，YALA)，1992年称为国家成人素养调查(National Adult Literacy Survey，NALS)，2003年改为现在名称)和国际经济合作与发展组织(OECD)，正在进行研究中的国际成人能力测量项目(Programme for the International Assessment of Adult Competencies，PIAAC)，这两个测试也涉及成人的数学素养。前者对国际成人素养调查(IALS)与成人素养和生存技能调查(ALL)的发展有重要的影响，后者是国际经济合作与发展组织(OECD)新开发的研究项目，整合国际成人素养调查(IALS)与成人素养和生存技能调查(ALL)两个大型国际成人素养调查的结果，主要是测量成人的能力，而且可以采用网络测量。

3.3.3 数学素养的发展研究

如何在学校教育中培养学生的数学素养，也是很多国家十分关注的问题，除教育主管部门出台相关的课程标准和教学建议以外，一些国外学者也就教学实践中培养学生数学素养进行了实证层面的研究。例如，非洲学者萨瓦(Shava，2005)从教学视角对非洲莱索托(Lesotho)国家马塞卢(Maseru)地区的中学生的数学素养培养进行了研究，他通过文献梳理，将数学素养(mathematical literacy)定义为

个人对数学有信心，能全面掌握(基于有意义的理解)并有效地运用数学知识(包括数学结构、技能、概念、原则和程序)；具备数学推理和解决问题的能力，在处理现实世界的数量情况和其他各种数学和技术为导向的背景下，能给予准确的识别、预测和解释；具备探索能力和推理，能解决常规和非常规的问题，能通过数学进行有效交流，能有效联结内部和外部的数学思想。

在该定义的基础上，他构建了数学素养能力指标，具体如表 3-2 所示。

表 3-2 萨瓦(Shava，2005)的数学素养能力指标

维度	具体表现
1.对数学知识和技能的有效理解和应用，以及对数学美和数学语言的赏析	掌握知识和技能，理解并欣赏数学结构、概念、程序和原则； 能享受和参与数学的追求(Pursuits)； 能欣赏数学的美、力量和作用； 理解数学的概念，能用数学表征，能在讨论、读写中使用数学，能听得懂交流中的数学； 通过对历史的回顾和概念的映射(Mapping)，更好地理解数学； 能通过代数和归纳欣赏数学抽象的力量； 具有组织数学的能力，能运用数学发展策略来解决各种各样的问题； 能描述、分析、拓展并创造各种各样的数学模式和关系； 能用不同的方式定义、表达和表征数学概念
2.在数学中具有创造性、逻辑性和批判性思维	设计数学的思维模式，并能使想法更有意义、更具体； 能利用数学进行概括、猜想和判断； 具有数学洞察力，能在某种条件下或在数学问题中，有意义地参与分析和鉴别其中的数学元素； 能用归纳和演绎推理来验证论点和结论； 能判断参数的合法性并建构具有逻辑性的论证； 能分析情形，确定共同的性质和结构； 能开发合理的数学陈述； 能欣赏数学的公理化特性
3. 在数学中有一定的解决问题能力	理解并能将数学问题公式化； 能应用多种方法解决问题

续表

维度	具体表现
3. 在数学中有一定的问题解决能力	能验证、解释和概括结论； 能通过耐心和持续的尝试，为问题找到解决方案； 能够运用数字和语言解决问题，并能理解合理的答案； 具备解决问题的足够数学结构，也具备探索他们所不知道知识的能力； 在讨论和解决问题的过程中能清晰流利的交流； 能在数学问题之外，将解决问题的技能融入到问题解决中
4. 在适当的真实情境中或其他社会环境中，有能力体会和运用数学	能运用数学语言，使复杂的情况变得更容易理解； 能在现实生活中准确地使用各种数学表达式，例如，表格、方程式、图表、图形； 能从物理问题或者日常生活中理出数学问题； 能运用数学建模的方法处理现实世界的问题； 能将数学与其他课程相结合； 能像日常语言一样使用数学语言和符号； 能通过数学更好地了解物理世界； 能利用数学文献和(或)实验资源处理和研究数学化的问题； 能应付日常生活的数学需求，知道在哪种情况下选择何种方式最有效

在该能力指标下，萨瓦通过量化和质性两种方式分别对学生、教师和管理者的数学素养进行了研究。研究表明数学教学实践的评价机制还需要提高，或重新构建；数学课程和教学与社会对数学素养的要求还存在差异。为此，教师在教学中应该增加开放式问题和现代化技术的使用、增加现实生活中的问题，也可以要求学生尝试运用数学知识处理现实问题；另外课程和教材中应该多一些和生活紧密的内容，包括数据的处理和概率统计的内容。

德国学者凯瑟尔和魏尔兰德(Kaiser and Willander，2005)在一个提高数学教学的研究项目中，对如何在数学教学中发展学生的数学素养进行了一个实证研究。在研究中，她们将学生的数学素养分为了无素养、名词性素养、功能性素养、概念和程序性素养，以及多维素养五个水平。观察的学生对象是德国汉堡的 31 位中学生(12 位女生，19 位男生；13 位七年级，18 位八年级)，观察时间为一年，研究方法包括量化的测试和质性的访谈。研究主要聚焦在学生是否能够利用数学解决问题、能否进行数学推理，以及能否灵活、有效地运用数学概念和数学方法这三个方面。由于在培养数学素养过程中，数学教师起着重要的作用。因此，该研究首先从参加培训的在职教师入手，观察他们指导的学生在数学素养方面的变化情况。在项目的研究过程中，要求教师持续参与一个教研活动，在活动中既有外部人员对其进行培训，也有教师内部之间的交流。此外，参与教师还被要求以团队合作的形式，利用现有的材料，开发新的学习材料，以及对教材进行讨论。

研究发现达到无素养和多维素养这两个层次的学生都没有出现，而具有功能性素养层次的学生在研究中进步最大，这和参与教师多采用现实生活问题，从而拓展学生的数学理解和应用有关。从开放式问题的调查中可发现，学生的数学信念在上升，处理问题的能力在提高。研究同时也发现，学校数学和真实情景中的数学对学生来说还是有着较大的不同，这需要在以后的教育中慢慢得以改变。为此，教师在教学中应更多地采用具有真实情境的开放性问题，充分考虑学生的元认知能力；在小学阶段就可以让学生处理一些简单的应用题，以及体验数学建模的过程。

从该研究可以发现，在学校教育中提高学生数学素养的关键是教师，教师首先要对数学素养的内涵、特征、表现有较为深刻的理解，然后能很好地处理教材，以及将现实问题融入教学中，通过开放式的问题、集体讨论促进学生的概念理解，研究培养学生的思维能力、解决问题能力。

有不少学者也持同样的观点，例如，美国学者鲍勃·奥乔斯(Bobby Ojose，2011)，在分析了数学素养的定义、本质、组成，数学的本质，以及数学素养所体现的能力特征后指出，培养学生的数学素养是学校数学教育的主要目标，但是目前的学校教育还不能很好地完成这个目标，这需要家庭、学校和教师共同努力，而其中教师是最关键的因素，教学的内容要和社会相对应，所学的内容要在今后的社会生活中发挥作用；同时教师应该在教学中注重发展学生的能力，利用数学知识解决现实问题的能力。

这些都说明了，要提升学生的数学素养，应该注重教师教育，首先要让教师了解数学素养的重要性，以及数学素养的内涵；然后通过教师教育改变教师的知识观、教学观，以及数学教育的评价观。当然，数学教育评价观的改变需要一定的制度支持，而教师的知识观和教学观则可以通过教师教育、教师之间讨论、学者和教师之间的交流，或者通过共同参与研究项目的形式逐步改变。只有教师质量得到了提升，才能更好地在学校的数学教育中培养学生的数学素养。

3.4 本章小结

综上所述，我们可知国外对数学素养的研究时间较长，尽管各国家所使用的数学素养术语不同，但是对数学素养的诠释在逐步解决，对数学素养的研究也越来越成熟，包括在数学素养的内涵、测量、教师培训、学校课程、课堂教学等都有了较为深入的理论探索和实践操作。特别是在实践方面，不但有国际性和国内本土的数学素养测量，更是在学校课程、教科书的开发、教师培训、教学方式以及学生学业评价方面都有了具体的实施。而且，西方学者的研究方法都有较强的科学性，这也使得研究结果具有较强的说服力。但是，由于东西方文化背景存在较大的差异，西方的数学素养测评、课程与教学改革不一定适合东方的数学教育，不宜照搬，但是了解西方的数学素养研究，从中吸收有益成分是十分有必要的，特别是西方学者对数学素养研究的方法值得借鉴(黄友初，2014)。

无论是东方还是西方文化，从目前数学素养的发展趋势来看，数学素养的本质内涵、外在的表现、如何培养以及如何评价这四个方面是今后数学素养研究的重点。这四个方面也是紧密相关的，内涵和表现是基础，只有较为深刻地了解了数学素养的内涵及其外在表现，才能做好数学素养的培养与测评。

第 4 章　PISA 的数学素养

国际学生评价项目(Program for International Student Assessment，PISA)，是国际经济合作和发展组织(The Organization for Economic Cooperation and Development，OECD)所发起的国际比较研究，每隔三年对参与国家和地区八年级学生(即将义务教育结束时)的阅读素养、科学素养和数学素养进行测评，是目前全球最具影响力的测评项目之一。PISA 的数学素养内涵、测评已成了国际上数学素养研究的重要借鉴来源，其数学素养的测评结果对各地的研究和政策制定也有着重要的参考价值。本章将依据 OECD 的 PISA 官方网站和台湾 PISA 研究中心的官方网站的有关信息，对 PISA、PISA 的数学素养，以及我国学生在 PISA 数学素养中的表现进行简单介绍。

4.1　PISA 简介

PISA 源自 OECD 在 1988 年至 1996 年间开展的教育指标系统(Indicators of Education Systems，INES)研究，该研究旨在运用一组结构化、标准化的指标开展对教育系统特点的国际比较。基于 INES 研究的成果，1992 年 OECD 首次出版了《教育概览：OECD 指标》。此后每年出版一次，为成员国提供教育系统的质量监测和反馈。由于 OECD 所开发的教育指标系统把关注的重点从教育资源的投入和教育内容转向了教育结果，对各成员国学生的测试成绩进行比较(陆璟，2013)。因此，在 1997 年，为了满足各国学生学业成就国际比较的需要，OECD 启动了 PISA 项目。PISA 在 2000 年进行第一次测试，当时只有 32 个国家和地区参加，其中非 OECD 的国家有巴西、立陶宛、俄罗斯与列支敦士登；2003 年测试有 41 个国家和地区参加，2006 年测试有 58 个国家和地区参加，而到了 2009 年测试时则增加到了 65 个国家和地区，参与 PISA 的国家和地区的 GDP 总和超过了全球的 90%，全球共有 47 万名学生参加了测试；到了 2012 年测试时，虽然参与的国家和地区数量还是 65 个，但学生数达到了 51 万名(OECD，2014)。中国台湾从 PISA2006 的测试开始加入，上海则是从 PISA2009 的测试开始参与。

4.1.1　PISA 的测评对象和方式

PISA 的设计初衷有三个：一是为学生的学习提供导向性建议；二是改进与提

升学校的课程教学质量；三是从国际视野为各国的教育政策制定提供一个可资相互比较、参考的基本框架。在把各成员国学生的学业测评结果放在国际大背景下比较，让各国更好地了解本国的优势和不足，促进教育改革。其中，学生的学习是最为基本，也是最为活跃的元素，课程依旧是学校开展各种学习活动的主要载体与形式，合理而公平的教育政策制定将有利于学习者开展符合其个性特征的学习和在学校有效地实施课程教学(齐宇歆，2013)。

PISA 之所以选择 15 岁学生作为评价对象，是这个阶段的学生即将完成义务教育，有一小部分人将因毕业而最先离开学校，独立地走上社会去工作。这些未来的社会公民的基础文化素养与科学素养如何，不仅影响他们此后一生的工作能力与生活品位，同样也会间接地影响所在国家或地区的几十年后的竞争实力与文化发展。而教育质量也涉及了教育政策公平方面的问题，它是一项基本的人权，是各个国家或地区的所有公民都有权力同等地享受政府惠予每一个社会成员接受优质义务教育的机会。

PISA 的数学素养测试采用试题本的形式，每本(Booklet)试题由 4 个试题组(Cluster)构成，每个试题组中包含了若干试题单元(Unit)而每个试题单元包含了若干个题目。每个试题组大约需要半个小时完成，因此一套试题本需要两个小时才能完成。例如，PISA2003 中，是以数学为主体，数学成就测试题目最多，有 85 道题，问题解决 19 道题，阅读 28 道，科学 35 道题，一共 167 道题，测试时间为 210 分钟。这 167 道题是从一个大题库中选取出来的，而题库中的题目在一年前已经在各国的测试中心测试过了(苏洪雨，2008)。PISA 2003 的测试形式是笔试，题目类型包括多项选择题、简答题和拓展题。简答题分为封闭题和开放题，开放题要求更多的书写、演示计算过程，能做出判断并能做出说明。PISA 联盟建议，在一些常使用计算器的国家可以在测试中使用计算器。国家测试将中心根据各自国家的实际标准，决定是否提供计算器。这 167 道题目可分为 13 个试题组(其中数学题组 7 个，阅读、科学和问题解决领域各 2 个题组，分别用 M1 到 M7 表示数学组，R1 到 R2 表示阅读组，S1 到 S2 表示科学组，PS1 到 PS2 表示问题解决组)，要求学生在 30 分钟内完成每个试题组的答题。13 个试题组分别进入 13 个试题本，每个试题本中都包含 4 个试题组，具体的题目分布如表 4-1 所示。这样循环设计的好处是可以应用标准测试技术处理学生回答的数据，从而更好地估计题目难度和学生能力。此外，学生还要做一份 20—30 分钟的问卷，回答与学习态度和家庭背景有关的问题，学校领导则要做一份约 30 分钟的问卷，回答与学校有关的情况。以此来了解学生的学习背景，方便与学生的学业表现进行比较，分析影响数学素养的因素(OECD，2005)。

表 4-1　PISA2003 试题本的构成

小册子(Booklet)	第一组(Cluster 1)	第二组(Cluster 2)	第三组(Cluster 3)	第四组(Cluster 4)
1	M1	M2	M4	R1
2	M2	M3	M5	R2
3	M3	M4	M6	PS1
4	M4	M5	M7	PS2
5	M5	M6	S1	M1
6	M6	M7	S2	M2
7	M7	S1	R1	M3
8	S1	S2	R2	M4
9	S2	R1	PS1	M5
10	R1	R2	PS2	M6
11	R2	PS1	M1	M7
12	PS1	PS2	M2	S1
13	PS2	M1	M3	S2

而在 PISA2009 测试中，由于 PISA2009 主要测量阅读素养，因此一共开发了 10 个阅读的试题组，其中一套用于特殊教育测试组；数学和科学的试题组均为 4 个，各有一套用于特殊教育测试组。然后，在这 15(=9+3+3)个试题组中随机选取 4 个，构成一套试题本，一共组成了 21 套试题本。之所以采用每个学生只测 4 个试题组，主要是以下五个方面的考虑因素。

时间因素：倘若答题时间过长会影响学校的正常教学秩序，而且也容易让学生产生疲倦和焦虑，从而降低测量的真实性；

抄袭因素：由于每个学生所测试的题目相同的概率较低(以上海的 13 套样本为例，若 14 名学生参与测试，只有两人的试题是相同的)，避免了相互抄袭；

学校的攀比和应试教育：由于不同群体考生的试题不完全一样，而且试题总的覆盖面比较宽，避免了学校之间的攀比和为了提高成绩进行针对性的教学；

避免位置效应：根据统计规律，出现在试题本前半部分试题的成绩要高于后半部分，而采用目前形式，由于每个试题在试题组中出现的位置不同，避免了这种位置效应；

统计因素：这种形式的试题分布，可以提高测试内容的覆盖面，对群体水平的估计来说，测量标准误差更小。

在 PISA2009 上海的测试中，共有 13 种不同的试题本组合(试题由 7 套标准组试题本和 6 套标准组和简单组共用试题本组成，上海参加的是标准组测试)，每个学生随机分配到其中的一种。所有的试题本合起来，总的测试时间为 390 分钟，其中用于阅读测评的时间是 210 分钟(占总时间的 54%，因为 PISA2009 主要测评阅读素养)、数学和科学都为 90 分钟(各占总时间的 23%)。有 20 个国家的学生还额外回答了计算器呈现的问题，以此来评价他们阅读数字文本的能力。同时，PISA 也指出，无纸化测试形势会是未来发展的趋势。测试题目通常以单元形式出现，每个单元包含一段文字或图表，都是生活中可能遇到的类型，然后根据这些内容，学生回答若干问题(一般是 3—5 个题目)，题目类型大多为单项选择题，也有一些需要简单问答的题目。例如，试题本一为标准试题本，包含的四个试题组分别为 M1，R1，R3A 和 M3，其中 M1 和 M3 为数学素养内容，各自试题组中都包含了 8 个试题单元；R1 和 R3A 为阅读素养内容，各自试题组中都包含了 4 个试题单元。试题本 8 为标准组和简单组共用试题本，包含的四个试题组分别为 R2，M1，S1 和 R6，其中 S1 为科学素养，包含了 6 个试题单元，R2 和 R6 为阅读素养内容，各自试题组中都包含了 4 个试题单元。具体数学素养题目类型，将在下一节详细论述。

除此之外，PISA 还通过问卷调查收集学术个人、家庭和学校背景信息，分析影响教育质量的因素，为学校教育系统的改进提供政策建议。学生问卷需要 30—35 分钟，内容涉及他们的家庭社会经济背景、对学校的态度、学习兴趣以及学习测量。校长问卷大约需要 30 分钟，主要是关于学校资源状况、学校课程和教师、教学质量和学校管理。例如，PISA2012 的学生问卷 A 中包含了 10 个部分，分别为你(10 个题目)、你的家庭和家庭成员(17 个题目)、你的数学学习一(8 个题目)、你的解题经验(5 个题目)、你的数学学习二(13 个题目)、ICT 的使用性(2 个题目)、你的一般计算机使用情形(5 个题目)、你在校外 ICT 的使用情形(2 个题目)、你在学校 ICT 的使用情形(2 个题目)、你对计算机的态度(1 个题目)。PISA2012 的学校问卷中包含了 6 个方面，分别为学校结构与组织(6 个题目)、全体师生(4 个题目)、学校资源(5 个题目)、学校教学、课程及评量(6 个题目)、学校风气(8 个题目)、学校政策与做法(7 个题目)，还有一个补充回答的题目，如果有意见可在上面填写。在 PISA2012 中还有一个对家庭成员进行调查的问卷，包括父母背景(9 个题目)、教育成本(1 个题目)、对子女学校的态度(1 个题目)、家校联系情况(1 个题目)、学校的选择(2 个题目)、对小孩在家里学习的支持(1 个题目)、数学对小孩将来的作用(1 个题目)、对小孩数学的期望(1 个题目)、小孩以往在学习上的表现(1 个题目)、小孩的职业兴趣(2 个题目)、父母的移居背景(5 个题目)11 个方面。

这些题目一般均为选择题，极少数题目需要填写一些数字或额外的意见。例如，在 PISA2012 学生问卷 A 的数学学习两部分的第一个题目为：

Q41: 在每一组的三个选项中，请选择一个最能描述你学习数学的方法的选项。

a)请只勾选一个答案

(1)当我在准备数学考试时，会试着了解哪些是最重要应该读的部分。

(2)当我在准备数学考试时，会试着将新概念与我已经知道的事物相联结以理解它们。

(3)当我在准备数学考试时，会尽可能熟读到能够背下来。

b)请只勾选一个答案

(1)当我在研读数学时，会试着了解那些我仍未完全理解的概念。

(2)当我在研读数学时，会思考新方法来解题。

(3)当我在研读数学时，会自我检查来确认我是否还记得已做过的练习。

c) 请只勾选一个答案

(1)当我在研读数学时，会试着将它与我在其他科目学过的东西相联结。

(2)当我在研读数学时，一开始就会先厘清什么是我需要学习的。

(3)当我在研读数学时，经常反复温习一些数学问题到了好像能在睡梦中解答它们的地步。

d) 请只勾选一个答案

(1)为了记住解答数学问题的方法，会反复练习例题。

(2)我会思考我曾学过的数学，能如何应用在日常生活上。

(3)当我在数学上有所不理解时，总是会去寻找更多的信息来澄清问题。

需要填写的题目如PISA2012学校问卷的全体师生部分的第三个题目：

Q10: 贵校在下列各项的数学学科教师人数为何?

包含全职教师与兼职教师。全职教师是指全学年至少有90%的时间受雇于贵校从事教学的人员，不符合上述条件的其他教学人员皆为兼职教师。

请只计算在本学年已讲授或将要讲授数学的教师。

(请在填答处填写数字，如果没有，请填[0])

	全职	兼职
a)数学教师总数	___	___
b)具有学士学位的数学教师	___	___
c)具有学士学位且主修数学的数学教师	___	___
d)具有教育学士学位的数学教师	___	___
e)具有专科毕业学历但没有学士学位的数学教师	___	___

从这些题目类型可以看出，如果信息技术比较发达，电脑比较普及，将来这些题目采用网络测试是完全有可能的，这也是PISA将来发展的一个趋势。因为网络测试在节能、审阅、传递方面具有很多优势。当然，由于各参与国家和地区的科技普及度不同，很难做到完全统一，也许网络测试和笔试两种并存是最有可能出现的结果。

4.1.2 PISA的测评科目和目标

PISA认为，一个国家或地区能否在未来的全球化社会中具有出色的竞争力，可以通过了解和测量该国家或地区未来社会公民在阅读、数学、科学这三个基本领域的素养，来评判他们在全球化不断深入的大趋势下能为本国(或本地区)经济活动的持续发展奉献多大的“智性动力”——创新能力。而且，由于阅读、数学与科学三个科目不仅囊括未来成人社会生活所必需的重要知识与技能，而且也覆盖初中学习的主要课程。因此，对于这三个领域的素养检测是必不可少的(齐宇歆，2013)。当然，问题解决能力的培养是跨学科性的，在PISA 2003中作为特殊检测项目而增设。而随着金融问题和人们的生活日益相关，在PISA 2012的测评中增加了对学生金融素养(Financial Literacy)的测量。

但是，在PISA的测试中，阅读素养、数学素养和科学素养还是测评的主要科目，每次测评会从阅读、数学或科学三个领域中选取一个领域作为主要领域而将另外的两个领域作为次要领域，依次循环进行。例如，2000年的主要评估是阅读素养，2003年主要评估数学素养，2006年主要评估科学素养，2009年开始又回到主评阅读素养，以此类推可知2012年主要评估数学素养，2015年主要评估科学素养。这种定期的测评可以使得参与国家和地区能够较好地监测它们在关键学习目标上的表现。

在评价理念上，PISA突出体现了生活和终身学习这两大特点，具体表现在重视个体所具有的素养，以及重视知识与技能在社会中的应用。这种理念不再囿于学校课程上的书本知识，将其延伸到了与学生生活环境密不可分的各种情境，注意培养将书本知识转变为在各种情境下加以灵活运用的问题解决能力，即创新能力培养。而重视知识在现实生活中的运用，也迎合了自然人文主义价值的理性回归趋势，更加关注了个体的学习策略、学习动机、学习态度的调控与运用，体现终生自我学习的功能性定位。

在测评目标上，由于PISA测试主要目的在于参与国和地区能在比较中相互学习，不断发展，因此测评结果将要体现竞争力导向、终身学习导向、教育公平导向和效益导向4个方面(陆璟，2013)，具体表现如下。

1)竞争力导向

PISA的测评结果中，对各个国家(地区)在阅读、数学、科学等领域的成绩进行了排名，并对达到各个能力水平(Proficiency Level)的学生比例也进行了公布，这可以使各国(地区)可以从别国(地区)的成绩中反思自己的教育，从而寻找有针对性的、更为有效的教育政策。PISA还关注不同能力水平学生的分布，特别是能力分布在顶端和底端的学生比例。OECD把各国(地区)在能力水平中达到顶端(达到水平5和水平6)学生的比例，看成国家(地区)未来竞争力的基础。反过来说，如果几乎没有学生处于顶端水平的国家(地区)，则表示它们的未来发展将会面临较大的挑战。

2)终身学习导向

终身学习的关键是要学会学习，而学会学习的关键在于具备一定的知识和技能，在此基础上提升学习的内在动力(有兴趣)，以及自主学习的能力(掌握学习方法和学习策略)。PISA 所测评的素养重在评价应用知识和技能的能力，此外 PISA 还研究学生的学习策略，跨学科的问题解决能力以及学生对不同议题的兴趣。例如，在 PISA2000 的测评中调查了学生的学习动机和学习态度方面的问题，以及管理和监控自己学习的策略；在 PISA2003 中增加了跨学科问题解决知识和技能的测评，进一步发展和完善了这些要素；在 PISA2006 中继续开展了学生学习动机和学习态度的评价，尤其是学生对科学的态度和兴趣；在 PISA2009 中拓展了阅读态度、参与度和阅读策略的研究；在 PISA2012 中增加了金融素养的测评，体现了知识和技能的运用。

3)教育公平导向

OECD 特别重视研究不同社会经济背景的学生能否获得同样的学习机会，达到同样的能力水平。因此，PISA 主要从三个方面来评价教育公平。

一是学习结果的平等化(Equality in Learning Outcomes)分析。从相对指标上看，可分析学生是否可以获得同样的学习结果，用学生之间的成绩差距来测量，以及从处于成绩分布顶端的学生和底端的学生的差异来判断学习的平等性。从绝对指标上看，学生如果都达到某个基准水平，就可以用达到基准水平的学生比例来测量。

二是教育资源分配的公平性(Equity in the Distribution of Educational Resources)分析。PISA 采用学校教育资源指标与学生经济社会文化状况(Economic, Social and Cultural Status, ESCS)的相关性来衡量教育资源的公平性。如果所有学校都能享受到基本相同的教育资源，那么学校的教育资源与学校全体学生平均的经济社会文化状况(ESCS)指数是不相关的，也就是说所有学校都不一样才是公平的。

三是克服学生背景的学习公平性(Equity in Learning Regardless of Student Background)分析，指学生成绩受背景因素影响的程度分析。如果不同背景的学生受教育的机会是平等的，那么学生的成绩应该不受这些背景条件的影响，包括社会经济文化状况、家庭结构、移民背景、家庭所用语言、学校所处的地理位置等。因此，分析这些背景因素对学生成绩的影响，以及如何通过克服背景因素的影响，并以此来评价学生的学习结果，将会让绝对数量的比较更加公平。

4)效益导向

PISA 将分析各参与国家和地区在教育方面的投入和产出的有效性，包括教育经费的分配和使用效益，校内外投入学习的时间和学生的表现之间的联系等。这种效益导向，可以为各地的教育决策者提供有益的参考。

PISA 的测评聚焦于年轻人运用知识和技能迎接现实生活挑战的能力，这一取向对各国的教育发展具有很强的指导意义。它反映学校教育目标和课程目标本身应该为学生将来的发展提供良好的基础，要越来越多地关注学生能运用他们在学校所学到的知识做什么，而不单单看他们掌握多少的课程内容。PISA 试图通过对 15 岁儿童关键能力的测评，来了解学生们是否准备好迎接未来的挑战了；他们能否有效地分析、推理，并交流自己的想法；作为对经济和社会有价值的成员，他们是否找到了能够终生追求的兴趣等问题。

由此可看出，PISA 的测评具有以下四个特点。

(1)PISA 的着眼点是“未来社会与生活中的挑战”。挑战，即困难、疑惑，因而它也是解决基于某一实际情境问题的能力，不只是过去的学习结果，也不是单纯性的现在学习过程与状态，更是解决问题的基本素养。这种带有前瞻意识和人本理念、以学习者个体的发展为第一要务的功能性素养观是 PISA 评价魅力独具的地方。

(2)PISA 提出的是“分析”“推理”和“交流”等成分构成了情境问题解决能力的跨学科综合素养，简单地说，它包括了阅读、数学和科学三个基本部分，而不是前述的单纯性的陈述性知识。当然，“分析”需要阅读素养中诸如命题、网络命题等陈述性知识作为基础，这是一种建立在深度理解之上的理解与透彻解析；“推理”是一种动态心理行为，具有程序性知识的基本特征，它也需要数理、逻辑知识等数学素养作为基础；团队个体中的“交流”则需要开放意识和团队意识，既带有某种社会文化特征，也反映出某种系统发展观。

(3)“终身可持续性的学习潜力”则不仅关系到“知识和技能”的可迁移性与强烈的学习功能的个体服务性，更牵涉到学习者的学习动机、学习兴趣、学习态度等终其一生的动力资源的支撑与挖掘。

(4)PISA 的核心理念是“素养”，它是一个综合的、动态的概念，不再是我们在传统评价中所提出的“知识”和“技能”，它是一个开放性的、能形成闭环正反馈的、可以自我调节、自行演进与优化的自组织系统(Self-organizing System)(齐宇歆，2013)。

4.1.3　PISA 的学生抽样和问卷设计

1. PISA 的学校和学生抽样

为了确保 PISA 的测试结果能反映出参与国家和地区 15 岁儿童的真实水平，各参与单位的样本选择要接受国际监督，而且样本的规模和参与率都有严格的标准。PISA 的抽样方式，主要采用的是以学校规模大小比率的概率(Probabilities Proportional to their Size，PPS)加权方式进行抽样。例如，PISA2009 的技术标准中对参加 PISA 测试的样本规定如下。

标准 1.1　PISA 期望目标人群(指符合 PISA 测试年龄要求的学生)必须由各国

项目负责人和专业协作组织共同商定取得一致意见，必须符合 PISA 对目标人群的界定；

标准 1.2 只有符合 PISA 年龄(参与测试的学生年龄规定为：在测试时间开始时必须在 15 岁 3 个月到 16 岁 2 个月之间)要求的学生才能参加测试，否则需要另外协商一致；

标准 1.3 测试时间一般不超过连续的 6 周，除非另外协商一致；要避开学年最初的 6 周；与上一轮 PISA 的测试时间间隔要正好三年；

标准 1.4 学校必须采用协商一致的、确定的、得到专业认可的科学抽样原则来抽取；

标准 1.5 学生必须是抽样的，必须采用协商一致的、确定的、得到专业认可的科学抽样原则来抽取，并且能够代表 15 岁学生总体人群；

标准 1.6 PISA 确定目标人群(指学校抽样框架能够包括七年级以上的 15 岁在校学生)必须覆盖 95%及以上的 PISA 期望目标人群数，也就是说，学校层面的剔除率(在学校抽样时剔除的)和学校内部的剔除率(在学生抽样时剔除的)合计不超过 5%；

标准 1.7 PISA 的学生样本不得少于 4500 名被试学生，参与国家或地区内部单列的地区样本不得少于 1500 名被试学生，如果全部 PISA 确定目标人群分别不到 4500 名或 1500 名，则全部抽取；

标准 1.8 学校样本不得少于 150 所，参与国家或地区内部单列的地区样本不得少于 50 所学校，如果包括全部 PISA 确定目标人群所在的所有学校分别不足 150 所或 50 所，则全部抽取；

标准 1.9 学校答复率必须占抽样学校的 85%以上，如果低于 85%，将通过协商一致运用替代学校来达到可接受的答复率；

标准 1.10 各所学校的学生答复率必须占抽样学生的 80%以上。

PISA 国际专业组织通过下列程序来保证各参与国家(或地区)在抽样方面达到 PISA 的技术标准，包括：

第一，抽样的步骤在 PISA 抽样手册和 PISA 数据管理手册中有详细的说明；

第二，由 PSIA 国际专业协作组织负责抽取学校样本，如果国家 PISA 中心希望自己作学校抽样，那么过程和结果都要经过 PISA 国际专业写作组织的校验；

第三，通过 KeyQuest 软件来抽取学生样本；

第四，抽样表格必须提交给 PISA 国际专业协作组织；

第五，试测和正式测试之后各国项目负责人都要填写包含质量保证问卷在内的测试总结报告。

按照以上原则，PISA2009 测试中，上海的学校和学生抽样中学校剔除率为 1.27%(包括特殊教育学校和国际学校)，学生层面的剔除率为 0.13%，总的剔除率为 1.41%，因此样本的总覆盖率为 98.6%。具体参与率和覆盖率如表 4-2 所示 (陆璟，2013)。

表 4-2　PISA2009 测试上海的学校参与率和学生覆盖率

指标 1	指标 2	数量
学校参与率	抽样学校数/所	152
	参加测试学校数/所	151+1(替补)
	学校首次回应率/ %	99.3
学生参与率	抽样学生数/人	5226
	符合资格标准的人数/人	5175
	参加测试学生数/人	5115
	学生参与率/ %	98.8
15 岁在校生覆盖率	a. 七年级以上 15 岁在校生总数/人	100592
	b. 学校层面剔除后的目标总体/人	99305
	c. 加权后参加测试的学生总数/人	97405
	d. 加权后校内剔除的学生数/人	130
	15 岁在校生覆盖率/ % = $c/(c+d) \times (b/a) \times 100$	98.6

2. 问卷的设计

PISA 的决策机构是 PISA 理事会，是由各参与国家或地区的政府代表构成的。理事会每年召开两次会议，讨论并确定政策研究的优先领域和 PISA 的发展方向。而每一轮 PISA 的问卷研究框架也都是围绕着理事会提出的优先政策来设计的。

问卷设计的主要步骤包括：

建立问卷研究框架；

确定研究主题和概念结构；

撰写各个主题的文献回顾和背景问卷操作提纲；

问卷题目设计；

广泛征求意见；

试测；

题目特性分析与问卷结构效度和信度分析等；

选定正式测量的问卷题目。

PISA 的问卷研究框架是在先前的研究基础、PISA 理事会确定的政策研究有限领域，以及 OECD 的教育指标系统框架的基础上来设计的。在这些基础上，PISA 国际专业协作组织根据 OECD 的若干指导原则，来确定具体的研究主题。然后，由 PISA 的专家组和专业协作组织的成员负责开发问卷题目，由于 PISA 的测试是为了改进教育而不是筛选学生，因此问卷的开发要遵循若干原则，包括问题在多大程度上能够测量想要的测量内容、概念的广度和覆盖面、文字的表达要容易翻译、回答者容易理解、文化上要有适切性，以及要具有表面效度等。PISA 问卷一般要求学生对一系列具体事实或行为做出描述或评价，而不是笼统地提问。测试结果的分析会采用项目反应理论(Item Response Theory，IRT)，把与同一个因素相关的各个问题的回答综合起来合成一个指数，来评价学生在该方面的总体表现。

认知测试是 PISA 的重要组成部分，主要由 PISA 专业协作组织下设的 5 个国际命题中心负责。新试题中一部分由参与国家或地区提交并由国际命题中心负责审核修改，另一部分由某个国际命题中心设计并由其他至少一个国际命题中心进行审核修改。最后，所有修改完善后的试题都要交给各国的项目负责人和阅读专家组审核。从命题开始到正式测试，一般要历时 3 年，表 4-3 展示了 PISA2009 测试命题时间表。

表 4-3　PISA2009 测试命题时间表

序号	活动	时间
1	在总结 PISA2000 年阅读测评框架的基础上开发 PISA2009 阅读测评框架	2006.10—2009.2
2	英语和法语版试题第一阶段命题	2006.6—2007.10
3	组织各参与国家或地区参加命题工作坊	2007.3
4	各个国家或地区提交试题	2007.2—2007.6
5	发布试测材料	2007.11—2007.12
6	翻译成各国语言	2007.11—2008.4
7	试测评卷员培训	2008.2
8	各参与国家或地区试测	2008.3—2008.9
9	选出正式测试试题	2008.8—2008.10
10	准备用于正式测试的英语和法语测试材料	2008.10—2008.12
11	发布正式测试材料	2008.11—2008.12
12	正式测试评卷员培训	2009.2
13	各个国家或地区正式测试	2009.3—2009.9

需要指出的是，PISA 试题的命题过程，也是评分指南逐步完善的过程。在题目的最初设计中，要求设计者将每道题的评分指南草稿列入其中，随后在命题的第一阶段和第二阶段，对试题的认知研究活动中，通过与学生的访谈、座谈以及在试题中体现的学生回答，收集并整理世界各国的学生对试题的回答。最后，与测评框架相结合，确定试题的评分要点描述和相应的学生回答案例。PISA 的测评框架也会根据试测的情况进行调整，在试测后会公开一些样题，用来具体说明框架的内容(陆璟，2013)。

3. 测量的实施

PISA 对测量的实施有着严格的规定，考务管理要严格按照国际组织提供的测试主任手册和学校主考手册来实施。测试主任必须接受 PISA 组织的培训，而且这个人选不能是来自某所他所要主持测试学校的语文、数学和科学的任课教师，最好不是来自该所测试的学校。参加 PISA 测试的每一所学校都还要确定一名主考官，负责本校的考务工作。和测试主任一样，主考官也是需要培训的。他的具体工作还包括上报全体符合测试学生的名单，待 PISA 中心随机抽取其中的 35 名学生后，主考官要负责联系学生家长，征得他们同意后再上报测试主任，以及负责本校测试学生资料的校对、考场安排、试题的发放、资料的回收、密封和运送等，而且测试的全程都要在场。表 4-4 展示了台湾在 PISA2012 测试中对参加测试学校检测表，该表格还需要督学、校长、协调主任签字，由教育部门直接发函。

表 4-4　PISA2012 测试中受测学校检测表(台湾)

时间	项次	事　项	执行与否(请勾填)
施测前准备事项	1	通知学生(学生追踪表)	□
	2	协助学生请假事宜	□
	3	请学生携带笔、尺、计算器(或由学校统一准备)	□
	4	更新学生追踪表(学生生日、姓名、转学、休学情况)	□
	5	分发折页册给学生并简介 PISA	□
	6	提供样本试题给学生练习及利用应试指南指导学生作答	□
	7	进入 PISA 中心网站样本试题，作计算机化评量练习	□
	8	确定施测日期	□
	9	确认建教学生*是否能够参加	□
	10	确认场地(纸笔测验教室、计算机教室)在施测时是否能够使用	□
施测前一周	11	施测人员会与协调主任电话联系，确认测验日期、时间、地点及可能的学生出席情况	□
施测当天	12	请协调主任或校长在评量前 5 分钟到场鼓舞学生、提醒学生用心做答	□
	13	评量时尽量在场	□
	14	将更新后的学生追踪表交给施测人员	□
	15	评量前(上网)完成学校问卷或将纸本填完在施测当天交给施测人员	□
	16	请信息老师协助布置计算机化评量场地(需管理者权限的账密)	□
	17	中断网络联机功能	□

注：建教学生*指以半工半读的方式，在兼顾课业与技能的情形下完成学业的学生

测试结束之后，进入评卷和编码阶段。选择题的答案直接输入到电脑软件中，大多数的简答题和开放题都需要专家评分，需要人工评卷的题目约占 45%。严格说来，阅卷的过程是对学生的试题本进行编码而不是评分，因为阅卷者给出的不是实际的分数，而是代码，实际的分数要等数据库提交后再统一核算。阅卷者都要进行

培训，而且每道题都需要多个人进行评阅。在不影响答案意思理解的情况下，一般可以忽略学生的语法错误或者错别字。阅卷者最后给出的代码相当于给出一个等级，例如，代表零分、满分，或者部分分数等。为了保证各参与国家或地区评分的可靠性和一致性，PISA 国际专业协作组织还采用多次评分和国际评分检查来校验各国(地区)的评分结果。

PISA 的保密工作十分严格，每一个参与国家或地区，相关的每个人都要签订保密协议。试题的印刷和运送过程严格保密，阅卷过程中评分专家都不允许把任何材料带出场外。PISA 的数据和内部材料只有少部分，签订了保密协议的人才能看到，而一旦有人泄露将承担责任，并受到处罚。

由此可看出，PISA 的试题不但具有很强的科学性，而且测评过程相当严谨，管理十分精细，组织规范。试题由预测量，而不是几个专家关起门来得出的；各项工作都有手册可依；评分过程尽量减少人为因素的影响，努力做到公平、公正。试题的分类既减轻学生的负担，又能保证测量内容的广泛性；学生和学校抽样的方式也大大减轻学校的负担，使得只要很小的样本就能较好地反映总体的情况。

4.2　PISA 的数学素养内涵

PISA 的数学素养研究对各地的数学素养探索有着很大的影响，无论是定义、内涵的阐述，还是测评，PISA 的数学素养研究都具有较强的科学性，具有较高的参考价值。下面将从 OECD 的核心关键能力研究、数学素养的定义，以及内容构成等几个方面，对 PISA 的数学素养内涵进行分析。

4.2.1　DeSeCo 的核心能力研究

PISA 之所以从阅读、数学和科学三个方面对学生的素养进行测量，这和 OECD 对个体核心能力(Key Competencies)的研究是分不开的。OECD 于 1997 年启动的“能力的界定和遴选：理论和概念基础”项目(The Definition and Selection of Competencies: Theoretical and Conceptual Foundations, DeSeCo)，系统性地完成了学生核心素养体系构建，并对当前各国的核心素养体系具有深远影响的核心素养项目(辛涛等，2014)。

随着国际交流的增多，各国需要相互学习对方的优势。为了满足 OECD 各成员国对各国教育质量信息的需求，OECD 于 1987 年启动了“国家教育系统发展指标”项目(Indicators of National Education Systems，INES)。该项目由 OECD 教育研究与创新中心承担，组织了五个国际工作小组，每个研究小组聚焦一个特定的领域，提供一个交流观点和达成共识的平台，要求各小组对各国的教育信息进行收集，并提供改进教育的报告。其中有一个研究小组负责学生成就(Student Outcome)领域的研究，从而开启了 OECD 教育结果指标的研究。1991 年，这些研究小组进行了重组，成立了“学生成就结果研究组”(Student Achievement Outcomes Network)。1992 年，在 OECD 的《教育一览 1992》(*Education at a Glance in 1992*)中首次发布了 13 岁学生数学成绩的结果。不过，由于这种做法具有实验的性质，所发布的结果也是临时的。当时，相关指标的数据提供方主要是美国的国际教育进展评价项目(The International Assessment of Educational Progress，IAEP)和国际教育学习成就调查委员会(IEA)的第二次国际数学研究项目(The Second International Math Study，SIMS)。IEA 的 SIMS、阅读素养研究(The Reading Literacy Study)和第三次国际数学与科学教育成就研究(TIMSS)也先后为 1992—1997 年的《教育一览》的编辑准备提供素材。

但是，这些项目存在着以下不足：首先，这些项目的监测时间间隔不固定；其次，这些项目只是基于学校的课程选择了几门学科监测，并没有涉及可以广泛运用于多个学科的基本素养或学校以外的生活中所需要的素养；最后，也没有直接对成人的知识和技能的测量。与此同时，随着教育质量观的变化，教育政策的制定者从关注学校的入学率转为关注学校的输出结果，国家的权威部门对关于学校的输出方面的信息需求不断增长。

为了满足各成员国的需求和弥补先前的不足，除了 INES 项目，OECD 又先后启动了一些不同的项目，对学龄儿童和成人的学习结果或素养进行概念界定，并研制相关的测量工具。这些项目包括：20 世纪 90 年代初启动的跨学科素养项目(The Cross-Curricular Competencies Project，CCC)，国际成人素养调查项目(IALS)、1996 年启动的人力资本指标项目(The Human Capital Indicators Project，HCI)、国际生活技能调查项目(ILSS)，以及 1997 年启动的国际学生评价项目(PISA)。尽管许多专家参加了其中的几个项目，而且某些特定的素养的概念被多个项目涉及，但是这些项目在核心概念界定和操作上并没有实现统一。基于对核心能力以及个体素养的理论和概念基础的需求以及已有项目的不足，1997 年年底 DeSeCo 项目应运而生。该项目的目的在于：能在国际的和跨学科的背景下，通过与科学界的密切合作，共同开展核心能力的界定、概念化和测量研究，在争议问题上达成共识，为现有的和未来的素养相关研究项目提供基本的理论和概念参照框架(张娜，2013)。

DeSeCo 的研究，从在复杂的环境中，个体应该具备哪些关键能力出发，认为这种核心能力不仅是知识和技能，而且应该是它们的结合，高于它们的一种能力(Ability)，教育所培养的个体应该有能力处理今后学习、生活和工作中所遇到的各种问题。经过专家和学者的讨论，DeSeCo 项目认为核心能力应该覆盖多个生活领域，能帮助个体促进成功的生活和健全的社会，它应该包括三个方面的内涵：

首先，核心能力是对每个人都具有重要意义的素养，并且这些素养是能够发展与维持的；

其次，核心能力是帮助个人满足各个生活领域(包括家庭生活、工作、政治领域、卫生领域等)的重要需求并带来益处的素养；

最后，核心能力是有益于实现预期结果的素养。核心能力必须有价值且可产生经济效益与社会效益，即实现个人的成功和社会的良好运行。

为此，DeSeCo 项目团队认为以下三种能力对个体的未来发展十分重要，是个体发展所需要的核心能力，分别如下所述。

使用工具进行交流的能力(Using Tools Interactively)：个体应该能广泛使用各种工具进行有效交流，包括物理的工具(如信息技术)和社会文化的工具(如语言)。他们要了解这些工具能帮助我们更充分地表达自己的意图；

团队合作能力(Interact in Heterogeneous Groups)：在相互合作的社会里，个体应该需要具备能胜任和各种不同背景人合作的能力；

自主行动能力(Acting Autonomously)：个体需要具备处理好自己生活的能力，能让自己在各种环境下都能自如生活。

以上三种能力之间相互交织，彼此关联，在不同的情境下，三者发挥不同的作用，具体联系如图 4-1 所示。

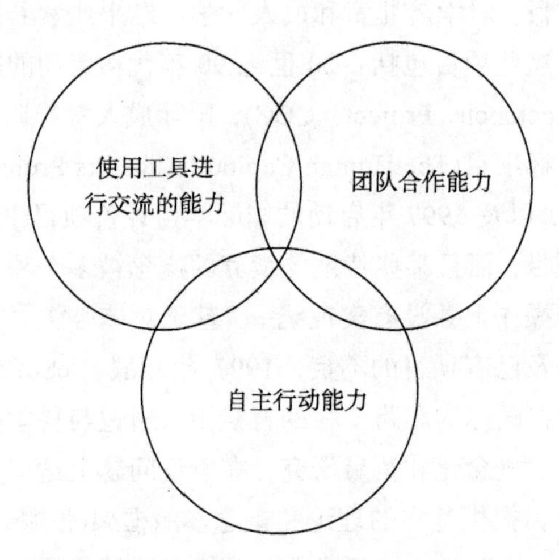

图 4-1　DeSeCo 的个体核心能力结构图

在此内涵基础上，DeSeCo 项目团队为核心能力开发了包括二级指标的体系，具体内容如表 4-5 所示。

表 4-5　DeSeCo 的核心能力指标体系

一级指标	二级指标	描述
使用工具进行交流	使用语言、符号和文本进行交流	能有效运用口头和书面语言、运算和其他数学语言进行交流的能力
	使用知识和信息进行交流	能识别和确定自身未知的知识领域，识别、定位信息来源，评价信息和来源的质量、适切性和价值，组织知识和信息
	使用(新) 技术进行交流	具有在日常生活和学习中应用技术的意识，能运用信息和通信技术获取信息
团队合作	与他人建立良好的关系	能同理心，善于从他人的角度思考问题，有效地管理情绪
	善于团队协作	能表达自己的观点、倾听他人的观点，理解辩论的动态变化和接下来的议程，具有建立战略的或可持续发展的联盟的能力、协商的能力，以及能综合各方观点做出决策
	管理与解决冲突	能在危机中分析问题和利益，识别共识和分歧，重新界定问题，对需求和目标进行优先排序
自主行动	在复杂的大环境中行动	能了解形势，了解所处的系统，明确自身行为的直接和间接后果，通过思考与自身和集体的规则和目标相关的潜在的结果对自身行动做出选择
	形成并执行个人计划或生活规划	能更加实际情况制订计划，设立目标，识别和评价已有资源和所需资源，平衡资源以满足不同的目标，从过去的行为中学习，预见未来的结果，监控过程，在计划执行中进行必要的调整
	保护及维护权利、利益、限制与需求	了解自身的权益，了解成文的规则和原则，进行基本情况分析，为了认定的需求和权利建立个人的论点，提出建议或可替代的方案

辛涛等(2014)认为，DeSeCo 项目颇具理论和政策导向性，它从一个广泛的跨学科的视角来探讨核心素养，旨在确定一组核心能力，这些能力是在现代民主的社会中，儿童和成人过上有责任感和成功的生活所需要的，同时也是社会应对当前和未来的技术变革和全球化的挑战所需要的。该项目致力于构建一个核心能力的总体概念参照框架，为指标的研制和实证结果的解释提供参考，鼓励理论和实践的相互促进，为政策决策者提供参考信息。

4.2.2　PISA 的数学素养定义

PISA 用素养来衡量人的综合能力，从词的含义上来说，素养是一个比能力(Competencies)更为广泛的概念，但能力比起素养更为具体，更易监测。在 DeSeCo 核心能力研究的基础上，PISA 团队认为对 15 岁的儿童来说，最为关键的素养应该阅读、数学和科学这三种，并可以从社会生活和终身学习的视角给素养下定义。

在数学素养方面，PISA 认为数学素养对学生的未来发展有着重要的影响，培养学生的数学素养是教育改革和发展的趋势，但目前的数学教学和现实世界存在较大的脱节，学生所学的数学过于抽象和符号化，很难体会到数学的价值。在数学素养方面，应重点关注在真实世界中，学生如何能利用数学知识进行有效的分析、推理和交流想法，以此来处理各种情形问题(OECD，2005)。PISA 数学素养测试负责人德兰格(de Lange，2003)认为，除数学知识和数学技能以外，学生的数学的情感态度，以及使用数学的自信心也十分重要，并指出要从历史、哲学和社会的观点来看待数学。

基于这些基础，PISA 2000 到 PISA2009，都将数学素养方面定义如下：

数学素养(Mathematical Literacy)是指个体能识别并理解数学在社会所起的作用，面对问题能做出有根据的数学判断，能够有效地运用数学，以及作为一个有创新精神、关心他人和有思维能力的公民，能应用数学来满足当前及未来生活中的能力(OECD，1999，2004，2007，2010)。

而在 PISA2012 中，数学素养的内涵略有变化，将其定义为

数学素养是指个体能在各种情况下(In a Variety of Contexts)形成(Formulate)数学、使用数学和解释(Interpret)数学的能力，包括数学推理、使用数学的概念、过程、事实和工具，来描述、解释以及预测现象；它能帮助作为一个创新、积极和善于反思的公民认识到数学在世界中所扮演的角色，并能做出良好的判断和决定(OECD，2013)。

由此可看出，PISA 的数学素养定义是一个基于外部联结的个体内部反应的概念，聚焦于真实世界中，体现了个体利用数学知识和技能合理地处理问题的能力。比较这两个定义，发现在一些词语的表达发生了变化，例如，原先定义中的“识别并理解(Identify and Understand)”数学的角色变成了“认识到(Recognise)”数学的角色；从“关心(Concerned)他人”变成了“积极参与(Engaged)的公民”。此外，还对原来定义中“能力(Capacity)”的内容进行了具体化，认为其应该包括数学推理、使用数学的概念、过程、事实和工具，能描述、解释以及预测现象。这说明了 PISA 的数学素养定义变得更加具体，描述更为贴近个体的现实生活。

在 PISA 2012 中，还从过程(Processes)、内容(Content)和情境(Contexts)三个方面对数学素养的定义进行了阐述。

1. 数学过程

在数学素养的定义中提到了形成数学、使用数学和解释数学这三种能力，这实际上也是解决问题中进行数学活动的三个过程。完整的表述应该为“形成数学情境”“应用数学概念、事实、程序以及推理”以及“诠释、应用以及评鉴数学结果”。在 PISA 2012 中，也是根据这些数学过程来构建测评体系，并报告测评结果的。

(Ⅰ)**形成数学**，指的是个体能认识和明确使用数学的时机，能为某种情境下的

问题提供合理的数学结构(Mathematical Structure)包括:

明确处于真实情境中问题的数学面貌(Aspects)及其重要变量(Significant Variables);

识别问题或情形(Situation or Problem)的数学结构(包括规律、关系和模式);

简化问题或情形,以便于进行数学上的分析;

从情境中明确数学模型背后的约束条件和假设;

采用合适的变量、符号、图标和标准化模型来表征数学;

用不同的方式来表征问题,包括根据数学概念来组织,并做出合理的假设;

能理解和解释特定背景下问题的语言表征和一般的数学语言表征之间的关系;

将问题转化成数学语言或者数学表征;

将问题和一直问题或者数学概念、事实以及程序相对应;

使用技术(如电子表格或者图形计算器的设备)来描述隐藏在真实情境问题内的数学关系。

(Ⅱ)**使用数学**,指个体能运用数学概念、事实、程序和思维来解决公式化的数学问题,获得数学结论。包括:

制定和实施发现数学解决方法的战略;

使用数学工具,包括技术,帮助找到精确的或近似的解决方案;

运用数学事实、规则、算法和结构来寻找解决方法;

处理数字、图形、统计数据和信息、代数表达式和方程,以及几何表示;

在寻找解决方法的过程中,能使用和转换不同的表征;

在应用数学程序来寻找解决方法的基础上进行归纳;

在数学论证中进行回馈,并检验数学结果。

(Ⅲ)**解释数学**,指的是个体将数学解答(Solutions)、结果(Results)或者结论(Conclusions)回馈到现实情境中,并能在情境中合理的说明。包括:

将数学结果回馈到真实情境中;

评估数学解答在真实情境中的合理性;

理解现实世界怎么影响结果,并能通过计算数学程序或数学模型来对真实情境中的判断做出调整或应用;

能解释为什么数学结果或结论可以或者不可以,能在真实情境中有意义;

理解数学概念和数学解答的外延和限制条件;

能批判或者明确解决问题的模型的限制条件。

2. 数学内容

数学知识是个体的数学素养基本前提,在PISA2012之前的测试中,PISA团队将数学内容分为是采用变化和关系(Change and Relationships)、空间和形状(Space and Shape)、数量(Quantity)以及不确定性(Uncertainty)这四个部分(OECD,2010)。而在PISA2012的研究中,前三类数学内容名称未变,将第四类数学内容变为不确定性和数据(Uncertainty and Data)。PISA2012 指出，这种变化是为了让这个类别的表述更为准确，与之前相比并无实质性的变化(OECD，2013)。PISA2012 中，将这四类数学内容的具体内涵阐述如下。

变化和关系：无论在自然世界还是在人文世界中，都存在着无数的变化和关系，包括系统内部和系统之间的变化和关系；这些情况有的是离散变化，有的则是连续变化的；一些关系是永久性的，而有些变化是相对的。个体需要对变化和关系有更多的了解，包括了解变化的基本类型，以及当它们出现时候，能用合适的数学模型来描述和预测变化。从数学上说，变化和关系意味着用适当的函数和方程对其进行建模，包括创建、解释，以及在图表和符号之间的转化，也能够用几何、数据和统计学知识来表征和描述变化与关系。总之，个体能以容易理解的形式来重现变化，了解变换的基础形态，能区分与辨别特殊形态，能将这些方法应用到生活环境，能将变换的整体控制在优化的状态。

空间和形状：在生活中随处可见，包括模式、物体的外形、位置和方向，以及对可视信息的表征、解码和编码；几何是空间和形状的重要基础，但在内容、意义和方法上，可将传统几何拓展到空间可视化、度量和代数等其他数学领域上。例如，形状可以改变，而点的轨迹，则需要函数的概念。动态几何软件，如全球定位系统(Global Positioning System，GPS)也属于这一知识的范畴。PISA 要求具备数学素养的学生应该掌握空间和性质的基本概念，包括能理解透视画、看懂地图、能转化形状，能解读三维视图的信息。倘若有条件计算机测试，则会加入动态几何软件和三维图像的信息。总之，个体要能辨识形体与形体模块，描述、编译与解释所观察到的讯息，了解不同维度形体的变化，确认相似和不同的地方，确认相关位置，能解释二维平面与三维空间所呈现的方式及其之间的联系，具有空间观。

数量：数量是最普遍的、最基本的数学现象，也是学生最有必要掌握的数学素养。学生要能解读对象的量化属性，能判断物体之间的数量关系，掌握量化的各种表征，能基于数量的基础上做出解释和判断；能参与到量化活动中，包括理解测量、计数、幅度、单位、指标、相对大小，以及数值趋势和模式等。在定量推理的方面，要能具备数感、估计、心算等，并依此为基础作出合理推断。这也是数学素养的核心内容和其他几个方面的数学内容都有很大联系。学生需要了解大小关系，能辨识数的形式，能将数与量运用到生活中，会数量推理，具备数感和量感，能估计生活中的数与量。

不确定性和数据：不确定现象在很多问题中普遍存在，甚至是现象所对应的数学核心都是不确定的，而数据是概率论和统计学的基础；不确定性和数据的内容也包括了在变化过程中对位置的识别，对测量中变化、不确定性和错误的感知，对机会的理解，也包括在不确定的情况下，能表达、解释和评估结论。而数据的表征和解释是这一类别的关键概念。个体要懂得不确定性存在于日常生活中，熟悉概率的含义，能根据生活中的咨询做出初步的不确定性判断，并能更具数据作出正确的分析和判断。

在PISA 2012的理论框架中，还列出了具体的数学内容，包括函数(Functions)、代数(Algebraic)、方程和不等式(Equations and Inequalities)、坐标系(Coordinate Systems)、二维和三维几何对象之间的联系(Relati-onships Within and Among Geometrical Objects in two and Three Dimensions)、测量(Measurement)、数字和单位(Numbers and units)、算术运算(Arithmetic Operations)、百分比与比率和比例(Percents, Ratios and Proportions)、计数原理(Counting Principles)、估算(Estimation)、数据收集(Data Collection)、数据变化与描述(Data Variability and its Description)、样本及抽样(Samples and Sampling)、机会和概率(Chance and Probability)(OECD，2013)。各内容范围和要求分别如下。

函数　强调但不限于线性的函数，包括它们函数的性质、各种描述和表征，经常出现的形式是文字、符号、表格和图形。

代数表达式：主要是对代数表达式的文字解释和操作，包括数字、符号、算数运算、幂和简单的根式。

方程和不等式　包括线性方程组和不等式组、简单二次方程，以及解析的解和非解析的解。

坐标系　能表征和描述数据、位置和关系。

二维和三维几何对象之间的联系　主要分为静态关系，包括图形要素之间的代数连接(例如毕达哥拉斯定理定义中三角形三个边长之间的关系)、相对位置、图形的相似和全等；以及动态关系，包括对象的变化和运动，以及二维和三维物体之间的对应关系。

测量　图形和对象的数量特征，例如，角度测量、距离、长度、边界、圆周、面积和体积。

数字和单位　数字和数系的概念和表征，包括整数和有理数的性质、无理数的有关性质，以及一些现象的数量和单位，例如，时间、金钱、重量、温度、距离、面积和体积的所对应的数量和数字描述。

算数运算　主要指这些操作和相关符号约定的特性和本质。

百分比、比率和比例　主要指相对大小的数值表述、比例的应用，以及用比例化推理解决问题；

计数原理　主要指简单的排列组合内容。

估算　目的驱动的数量近似表达，包括大的数字和四舍五入。

数据收集、表征和解释　各种不同类型数据的本质、来源和收集，以及能用不同的方式来表征和解释它们。

数据变化和描述　主要包括数据变异、分布和集中趋势的概念，以及能用定量的方法来描述和解释数据。

样本及抽样　主要是样本和抽样的概念，以及基于样本性质的简单推论。

机会和概率　随机事件的概念、随机变异及其表现、事件的机会和频率、概率的概念和基本性质。

3. 数学情境

PISA 的数学素养概念是基于现实生活，因此无论是数学素养内涵的阐述还是测量，都有必要将内容设定在某个背景中，为此在 PISA2012 之前的研究中，将 PISA 研究的数学情境分为个人情境(Personal Situations)、学校或职业情境(Educational or Occupational situations)、公众情境(Public Situations)、科学化情境(Scientific Situations)四个部分(OECD，2005)。而在 PISA2012 中，对此进行了略微的修改，数学情境变为包括个人的(Personal)情境、职业的(Occupational)情境、社会的(Societal)情境和科学的(Scientific)情境四个部分。与之前的 PISA 研究相比，这种背景设置并无太大区别，只是在表述方面做了略微的修改。例如，将学校或职业情境(Educational or Occupational Situations)改为职业情境(Occupational Situations)，公众情境(Public Situations)改为了社会情境(Societal Situations)。修改后的表述更加简洁，又不失其原本的内涵(OECD，2013)。PISA2012 数学情境的具体内涵表述如下。

个人的情境　主要聚焦于个人在生活中可能面临的情境，包括学生本人、同龄人以及家庭成员。具体场景包括(但不限于)食品准备、购物、游戏、个人健康、个人交通、运动、旅游、个人时间表和个人理财等。

职业的情境　主要聚焦于个人工作的环境，具体包括(但不限于)测量、建筑材料采购和成本、工资/记账、质量控制、调度和库存、设计/建筑，以及和工作有关的决策。对 15 岁学生来说，职业情境需要分类，按照他们可能接触的场景分等级。

社会的情境　主要聚焦于个人的社区(包括本地、国家或全球)生活，主要包括(但不限于)投票制度、公共交通、政府、公共政策、人口统计、广告、国家统计和经济学等。虽然都是以个人的方式参与，在社会的背景下，问题的焦点是社会的角度来看。

科学的情境　主要聚焦于数学与自然世界的应用，以及与科学技术相关的问题和主题。主要包括(但不限于)天气或气候、生态、医学、空间科学、遗传学、测量和数学本身。

此外，PISA2012 还尤其强调了利用数学知识解决问题的能力，从学生是问题解决者的视角(A View of Students as Active Problem Solvers)，建立了一个具备数学素养的学生在面对情境问题中，是如何利用数学来解决问题的结构模型，该模型也涉及数学素养定义中的内容、情境、能力和过程，具体如图 4-2 所示。

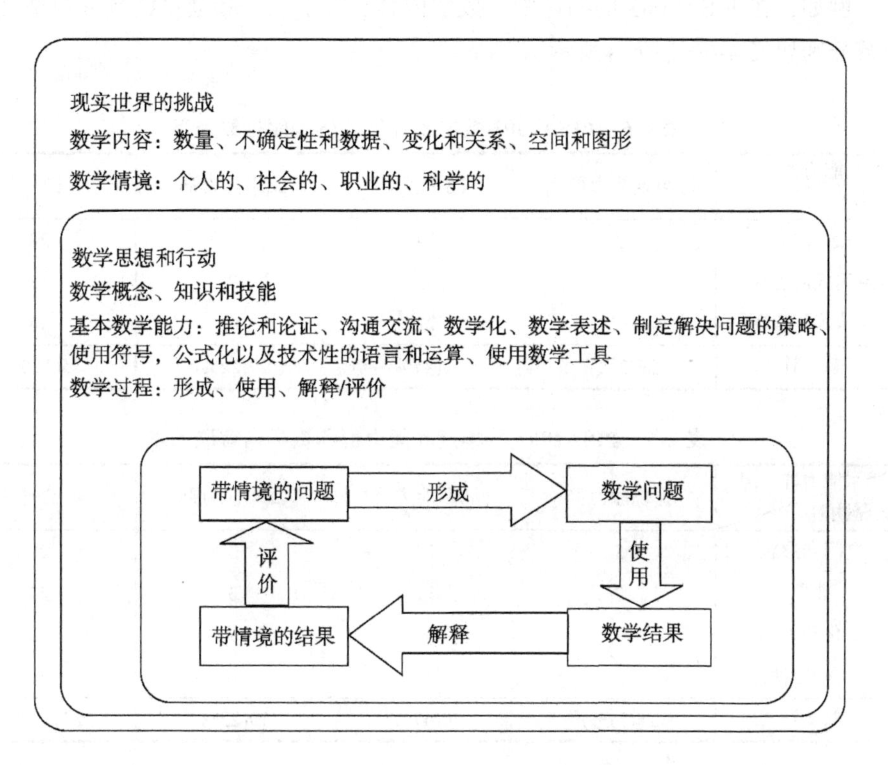

图4-2　实践中的数学素养模型

4.2.3　PISA数学素养的能力表现

根据丹麦学者尼斯(Niss)及其同事的工作，PISA认为个体的数学素养应该具体表现在数学思维和推理(Mathematical Thinking and Reasoning)、数学论证(Mathematical Argumentation)、数学交流(Mathematical Communication)、建立模型(Modelling)、提出和解决问题(Problem Posing and Solving)、数学表述(Representation)、符号的使用(Symbols)、使用辅助工具和技术(Tools and technology)这八个能力。根据能力的特征，将这八项能力又分别整理成再现能力群(The Reproduction Cluster)、联系能力群(The Connections Cluster)、反思能力群(The Reflection Cluster)这三个能力群。其中再现能力群是指在相对熟悉的题目中起作用，主要是学生能再现训练过的知识进行直接计算；联系能力群是基于再现能力群，解决的不再是简单的问题，通常会涉及一些熟悉的背景或对背景的扩展和超越；而反思能力群则是建立在联系能力群基础之上，要求学生在运用相关数学概念或联系相关知识以获得答案时有创造性的表现(de Lange，2006)。

例如，在 PISA2003 的测评中，数学内容、数学能力和题目数量、题型之间的联系分别如表 4-6—表 4-8 所示。

表 4-6　PISA2003 数学素养能力群和题型联系表

能力群 题型	再现能力群	联系能力群	反思能力群	总计
选择题	7	14	7	28
封闭式问答题	7	4	2	13
开放式问答题	12	22	10	44
总　计	26(31%)	40(47%)	19(22%)	85(100%)

表 4-7　PISA2003 数学素养能力群和数学内容联系表

能力群 数学内容	再现能力群	联系能力群	反思能力群	总计
空间和形状	5	12	3	20
数量	9	11	3	23
变化和关系	7	8	7	22
不确定性	5	9	6	20
总　计	26(31%)	40(47%)	19(22%)	85(100%)

表 4-8　PISA2003 数学素养题型和数学内容联系表

题型 数学内容	选择题	封闭式问答题	开放式问答题	总计
空间和形状	8	6	6	20
数量	6	2	15	23
变化和关系	3	4	15	22
不确定性	11	1	8	20
总　计	28(33%)	13(15%)	44(52%)	85(100%)

以上的能力结构模式从 PISA2003 到 PISA2009 一直沿用，但是在 PISA2012 中，数学素养的能力表现有了略微不同的阐述，认为个体的数学素养应该具体体现为沟通交流、数学化、数学表述、推理和论证(Reasoning and Argument)、制定解决问题的策略(Devising Strategies for Solving Problems)、使用符号化、公式化以及技术性语言和运算(Using Symbolic, Formal and Technical Language and Operations)、使用数学工具(Using Mathematical Tools)七个方面。两者之间的对比如表 4-9 所示。

表 4-9　PISA 2012 与以前 PISA 研究的数学素养能力比较

	PISA 2003、2006、2009	PISA 2012
数学素养所表现的能力	数学交流(Mathematical Communication)	沟通交流(Communication)
	数学思维和推理(Mathematical Thinking and Reasoning)	数学化(Mathematising)
	数学表述(Representation)	数学表述(Representation)
	数学论证(Mathematical argumentation)	推理和论证(Reasoning and Argument)
	建立模型(Modelling)	制定解决问题的策略(Devising Strategies for Solving Problems)
	提出和解决问题(Problem Posing and Solving)	使用符号化、公式化以及技术性的语言和运算(Using Symbolic, Formal and Technical Language and Operations)
	符号的使用(Symbols)	
	使用辅助工具和技术(Tools and Technology)	使用数学工具(Using Mathematical Tools)

从表 4-9 中可以看出，这两类能力表现在本质上是一致的，只是细节上有变化，PISA2012 的阐述更加贴近现代生活，例如，增加了数学化、使用技术性语言等，减少了提出和解决问题，并将几种相互交织的能力进行组合。除此之外，在 PISA2012 中，并未提到能力群的概念，而是将这七种能力和数学过程、数学内容和数学情境直接进行联系。

在 PISA2012 中(OECD，2013)，对数学素养的能力表现进行了具体的阐述，分别为：

沟通交流　指个体意识到了问题的存在，并能认识和理解问题的情境，通过对语句、提问、任务或对象的阅读、解码和解释，个体对问题形成了一个心理模型(mental model)，这是理解、澄清和形成问题的重要一步；在求解问题的过程中，需要总结和呈现出一个中间结果(intermediate results)；最后，一旦找到了解决的办法，问题解决者需要给出解决方案，并向他人解释，说明理由。

数学化　个体应该能将现实世界中的问题进行严格的数学化(包括结构化，概念化提出假设，形成一个数学模型)，能解释或评价一个数学结果或者与原始问题相关的数学模型。因此，“数学化”是用来描述基本的数学活动。

数学表征　这是数学素养一个很常见的能力表现，包括选择、解释、转化，并能用各种不同的方式表征同一个问题，以及表征出问题之间的相互联系和个人的工作。表征的形式可以是图形、表格、图表、图片、公式和具体的材料。

推理和推论　这是数学素养在各个阶段都需要体现出来的一种重要能力和数学活动，包括逻辑思维过程，探索和链接问题的元素，从中得出推论，并能检验一个给定的理由，或者为问题的陈述和解决方案说明理由。

制定解决问题的策略　这也是数学素养一个很常见的能力表现，这包括一组关键的控制过程(Critical Control Processes)，引导个人有效地认识、制订和解决问题。这种技能的特点是选择或制订一个计划或策略，使用数学来解决任务或背景所产生的问题，以及指导其实施。这种数学能力在解决问题的各个阶段都是需要的。

使用符号化、公式化以及使用技术语言和运算　这种素养包括在数学的背景中(包括算术表达式和运算)，在数学规范和规则的约束下，能理解、解释、操作、使用符号表达式。它也包括在定义、规则和形式化系统的基础上理解和利用形式结构，以及实体算法；将根据特定的任务使用特定的数学内容知识中的符号、规则和系统来制定、解决或解释数学。

使用数学工具　数学工具，包括物理工具，例如，测量仪器，以计算器和计算机为基础的工具等，正变得越来越广泛。使用数学工具能力包括个体能了解和利用各种工具，来帮助数学活动，并了解这些工具的局限性。数学工具也可以在交流中扮演重要角色。在此前的 PISA 测试中，已经尝试表明在纸质测试之外再细微地使用工具是可能的，今后的测评中将扩大对数学工具的使用。

PISA2012 研究的理论框架(OECD，2013)中，将数学素养的能力表现和数学过程之间的联系进行了探讨，并将其归纳列表，如表 4-10 所示。

表 4-10　数学过程和数学素养基本能力关系表

	形成数学(Formulate Mathematics)	使用数学(Employ Mathematics)	解释数学(Interpret Mathematics)
沟通交流(Communication)	阅读、编码、有意义的陈述、质疑、任务、对象、图像、动画(在以计算机为基础的评估)为了从一个情境中建立心理模型	联结一个解决方案，展示工作包括完成解决方案，并(或)总结和提出了中间的数学结果	在情境中构建、交流解释并论证问题
数学化(Mathematising)	识别现实世界中问题的潜在数学变量和数学结构，并提出可以使用的假设	利用一个可理解的情境来指导或加速的数学的求解过程，如建立一个大约水平的情境	利用一个对应的数学模型，了解数学解答的外延和限制条件
数学表述(Representation)	建立一个真实情境的数学表述	当和一个问题建立联系时候，能做出有意义的、相关的表述	解释有关情况，使用多种格式的数学结果；比较或评价两个或两个以上的有关联性的表述
推理和论证(Reasoning and Argument)	为明确或设计真实情境的表述提供解释、辩护或者判断	为决定数学解答的过程和程序提供解释、辩护或者判断；将片段的信息联结到解答上，作出归纳或者多步骤的争论	回馈数学解答，并建立解释和讨论来支持、反驳或确认一个真实情境问题的数学解答
制定解决问题的策略	选择或者设计一个策略来重构(Reframe)真实情境的问题	积极有效并持续控制多步骤的程序，以得到数学解答、结论或者归纳	设计和实施一个策略来解释、评估、验证(Validate)真实情境问题的数学解答

续表

	形成数学 (Formulate Mathematics)	使用数学 (Employ Mathematics)	解释数学 (Interpret Mathematics)
使用符号、公式化以及使用技术语言和运算	使用合适的变量、符号、图标以及标准化的模型，并用符号化或者正规的语言，来表述真实情境中的问题	在定义、规则和和形式系统，例如算法的基础上理解并使用正式构建	理解在问题情境和数学解答的表述之间的联系，使用这种理解帮助情境中解答的解释，以及评估(Gauge)解答的合理性和可能的限制
使用数学工具	使用数学工具来说明认识数学结构或潜在的数学关系	了解并能恰当地使用各种工具，这将有助于调整决定数学解答的过程和程序	应用数学工具来确认情境总问题数学解答的合理性以及解答的限制和约束

值得一提的是，在 PISA2012 的研究中，还增加了金融素养，在 PISA2012 理论框架中，还将金融素养和数学素养的联系进行了分析，认为两者在一些内容上存在交叉，包括数的基本运算、数据的收集和分析等。

4.3　PISA 的数学素养测评

在数学素养的研究中，测评是难点之一，如何编制合理的测评工具是很多研究者所面临的困惑，而 PISA 的数学素养测评具有较强的科学性，是众多学者参考的重要依据。本节将从试题编制依据和水平划分、试题类型和评分原则等方面对 PISA 的数学素养测评进行简单介绍。

4.3.1　试题的编制

1. 试题编制的依据

从以上论述可以看出，通过对数学素养内涵的剖析，PISA 的数学素养测评工具将从内容维度、过程维度和情境维度编制问卷，对学生的数学素养进行测评，而测量的对象就是学生的数学素养所表现出来的各种能力。以 PISA2012 为例，其中的内容维度包括变化和关系、空间和形状、数量、不确定性和数据四个部分；过程维度包括形成数学、使用数学和解释数学三个部分；情境维度包括个人的情境、职业的情境、社会的情境和科学的情境四个部分；而所需要测量的数学素养表现沟通交流、数学化、数学表述、推理和论证、制定解决问题的策略、使用符号化、公式化以及使用技术语言和运算，以及使用数学工具等七个方面的能力。这些具体的结构可构建如图 4-3 所示的关系图。值得一提的是，由于测试题目可能会包含同一维度内的多个成分，因此测量的数学内容和数学过程可能会有交叉。

基于以上理论框架，PISA2012 团队确定了 15 岁学生应该掌握的数学内容，包括数学概念、数学知识、数学理解和数学技能，并对各个部分的数学内容在试题中的比例做了大致的规定，具体如表 4-11 所示。

在数学过程方面，由于数学素养涉及现实世界和数学世界的联系，而这个过程中形成数学和解释数学起着重要的连接作用，PISA2012 团队将力求对这二者做到平衡，而它们都涉及使用数学，因此各部分在测评中所占的比例如表 4-12 所示。

而在数学情境方面，PISA2012 团队也将对各种情境力求做到平衡，具体分布如表 4-13 所示。虽然有人认为对学生来说，这四种情境的熟悉程度是不一样的(如会对个人的情境最为熟悉)，但是考虑到 PISA 的测试是针对学生的数学素养，其主要目的不是检验数学课程，因此这种设置也是比较合理的。

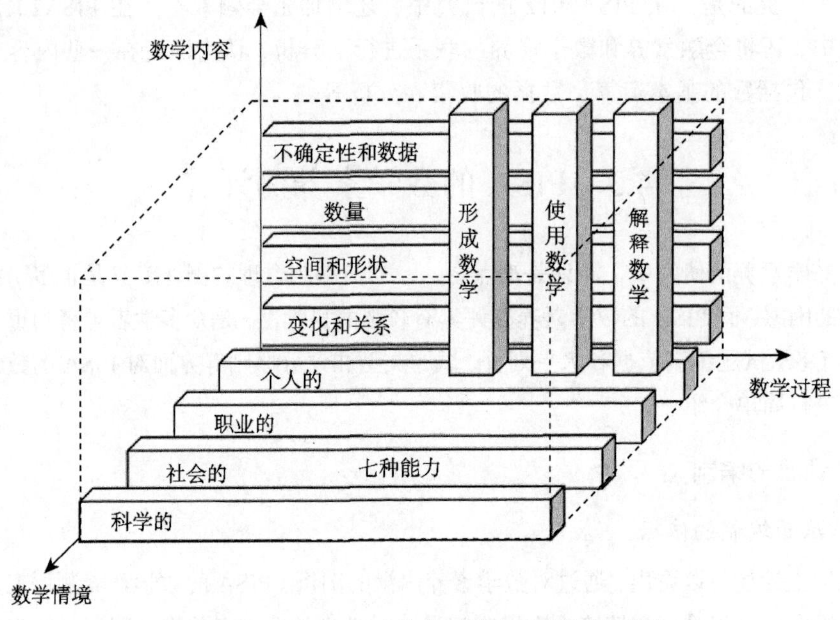

图 4-3　PISA2012 数学素养理论框架结构图

表 4-11　PISA2012 数学素养测评数学内容分布表

内容类别	所占百分比
变化和关系	25
空间和形状	25
数量	25
不确定性和数据	25
总计	100

表 4-12　PISA2012 数学素养测评数学过程分布表

过程类别	所占百分比
形成数学	25
使用数学	50
解释数学	25
总计	100

表 4-13　PISA2012 数学素养测评数学情境分布表

情境类别	所占百分比
个人的情境	25
职业的情境	25
社会的情境	25
科学的情境	25
总计	100

2. 试题的难度和组成形式

由于在同一个内容、同一种情境和同一个数学过程中，如果表述不同、条件不同，题目的难度就会出现差异。而从心理学的视角分析，如果试题的难度和学生的能力相匹配的时候，测量的结果是最有效的。因此，为了让 PISA 的数学素养测试题目在难度上更加合理，PISA 团队结合具体的数学内容，对试题的难度上进行规定，具体要求如下。

沟通交流　沟通交流类题目的难度取决于多种因素，影响这类题目难度的因素有题目文字的长度、复杂度、熟悉程度、表现形式(如文本、图形、表格、图表)等；这类题目难度的最低要求是该任务要求学生提供一个简单的数字答案，再难一点的任务就是要求学生不但要回答还要能解释，以此类推增加难度。

数学化　这个部分的内容并不是在所有任务中都有要求，或者有的任务已经数学化了，已经给出数学模型了，这种类型的题目是数学化难度最低的，学生只要认清结构和概念，对其求解即可；如果题目的要求在增多，那么数学化的难度也会相应增加，包括题目的条件和关系的改变；更高难度的要求是学生要根据条件创造或解释数学模型，这包括在一些假设、变量、关系和约束条件下，能确定概念，检查模型是否满足要求，并能评估和比较模型。

数学表述　这部分内容的最低难度要求是需要学生能直接给出一个熟悉的数学表述，例如，从文本中读取数字，或者直接从图或者表格中获取数值；再高一点难度是要求学生能根据情境，选择一个标准或者熟悉的数学表述；再高一点难度是能用两种或者两种以上的数学表述同一个情境，或者对这些数学表述之间能相互转化；更高难度是学生能根据要求使用非标准的数学表述进行解码和解释，能在复杂情境中利用数学表述捕捉关键信息，并能比较和评价不同的数学表述。

推理和论证 这种能力在测评中的最低要求是，学生能遵照给定的要求进行简单的推理，再高一点难度就是要求学生能从不同的信息中做出推论(例如，为问题中单独成分提供链接，或者对问题的某一个方面进行直接推理)；更高难度的测试题目是要求学生能根据要求对一个多步骤或者多参数的问题进行分析；再高一点难度就是要求学生能综合的评估信息，根据信息做出一系列的推理链，并得出合理的结果。

制定解决问题的策略 这种能力在测评中的最低难度是在充分的、明显的条件下，学生能直接采取行动；高一点的难度是学生能根据相关的信息作出决策，并得出结论；再高一点难度的试题需要学生转化信息后再制定策略，并得出结论；再难一点的试题是学生能构建一个详细的策略，找到一个解决方案，并能评估可能存在的不同策略之间的优劣性。

使用符号、公式化以及使用技术语言和运算 这种能力在测试中的要求比较多，最简单的要求是除了基本的、数字较小的、简单的算术运算规则以外，没有其他的数学规则和符号的要求；再高一点难度是测试题目将会是涉及一系列算术运算或者直接运用简单的函数，包括显性的和隐性的，如熟悉的线性关系；然后是使用形式化的数学符号，例如，通过直接替换或持续的算术运算(包括分数和小数)；再难一点的要求是需要学生直接运用数学定义、形式化的概念和符号；更高一点要求是对显性的操作符号的运用(例如代数公式的重组)，或者是用数学公式、定义、规则来表示多重关系和抽象概念；再高一点难度则会是涉及多步骤的数学程序，包括对代数和函数关系的使用，以及运用数学技术和数学知识表示结果。

使用数学工具 这项能力的最低要求是能直接使用数学的数学工具，例如，熟悉的测量工具；高一点的要求是在一系列的过程中使用工具，或者能通过工具连接不同的信息，此时他们所接触到的工具不是太熟悉的那种；再高一点难度的要求是学生能运用工具来处理多个数据问题，这里工具和他们以往接触到的熟悉工具是不同的，它可能是多功能的、更复杂的，此时学生也要有能力反思并能评价数学工具的优势和局限性。

值得一提的是，难度越高涉及的能力也复杂，往往需要多种能力相结合，而不是以上所列出的单一能力。

在 PISA2012 的测试中，数学素养分为 9 个试题组，每个试题组需要 30 分钟，一共需要 270 分钟。其中，简单组 2 个(需要 60 分钟)，标准组 4 个(需要 120 分钟)，联结材料组 3 个(需要 90 分钟)。每个参与国家或地区只需要 7 个试题组，可以是 3 个联结材料组和 4 个标准组；或者 3 个联结材料组，2 个标准组和 2 个简单组。无论是哪一种组合，对结果的评价不会受到影响。笔试的题目类型有三种，分别是开放式的结构反馈题(Open Constructed-Response，需要学生写出步骤或对答案做出解释)、封闭式的结构反馈题(Closed Constructed-Response，需要学生做出是与否两种判断)，以及选择反馈题(包括多项选择)(Selected-Response (Multiple-Choice) Items)。在题目的编制过程中，PISA 团队对所要测量的每道题都详细描述了评分规则，并给出了对应代码，以保证测试结果评阅标准的统一性。

在 PISA2012 的数学素养测试中，为电脑测试准备了题目，其中包括 80 分钟的数学材料，分为四个部分，每个部分需要 20 分钟，每个学生需要随机选择两个部分来完成。而且，而计算机测试的题目类型要丰富得多，例如，会出现三维的图形、动态的变化过程。学生的回答也可以利用数学工具进行画图等操作。

由于 PISA 的数学素养测量主要是为了反映学生在真实情景中运用数学的能力，因此题目中需要用文字、图表、图像和表格表示这种情境。但是为了减少学生的阅读时间，以及尽量保证题目的独立性。PISA 的测试题目采用“单元”的形式，每个单元共用一段文字、图表等材料，然后下面有若干提问。当然，如何在情境的真实性和题目的相对独立性之间找到平衡，是 PISA 测量需要进一步发展的方向之一。

4.3.2　测评结果的处理

1. 试题的评分(编码)

对于封闭的题型，例如，选择题和简单的填空题，一般答案都是唯一确定的，直接按照对错给分即可。而对于开放题，需要多位专家分别打分。值得一提的是，PISA 的试题评分不是直接给出分数，而是给出相应的代码，是一个编码的过程，在这个方面 PISA 有着严格技术标准和操作规则。

例如，在 PISA2009 的评分(编码)中，提出了以下几条技术标准(陆璟，2013)：

标准 11.1 评分指南所列题目中描述的评分规则要按照专业协作组织题目编制者的描述实施；

标准 11.2 试测和正式测试，每个国家(地区)项目中心都要有代表参与 PISA 评分者的国际培训；

标准 11.3 评分手册中规定的单次和多次评分步骤，或者共同商定的变式，必须遵守执行；

标准 11.4 根据共同商定的程序招聘和培训评分者。

从而在编码方面，PISA 也有一套详细的说明，其主要原则如表 4-14 所示。

表 4-14　PISA 评分编码原则

代码	内容	说明
0	错误答案	学生有解答，但是没有任何证据显示其所答的内容是正确的
1	正确/部分正确	答案完全正确，得满分；若有部分得分的选项，则 1 一般表示部分得分
7	不适用	若试题有印刷上的错误，以致学生无法作答(也可用双位数代码 97)
8	无效解答	如原单选题，学生填复选。答案应为 1–99，学生填 999
9	没有作答	假如学生明显的没有做答或空白应使用代码 9(或双位数代码 99)，若学生填写“我不知道”，应该用代码 0

此外，PISA 评分中还指出：

(1) 开放式问答题采用两位代码，第一位表示该答案的等级，第二位表示该答案的类型；例如，代号 21 表示该答案显示学生能力属于水平 2，答题类型是用日常文字叙述；代码 12 表示该答案显示学生能力属于水平 1，答题类型属于用数学语言回答。

(2) 不必理会答案中出现的错别字或文法错误(除非该错误严重影响答案的意思)，因为 PISA 数学评量并非书写表达能力的测验；抄写数字时出现的小错误也不必理会，除非在个别试题的评分指引中有特别指出。

(3) 阅卷员的判断应是阅卷者对于该学生是否能回答该问题，而不应采取瑕疵模式(即答案不够完美，便扣分)。

(4) 对于只有部分答案是正确的情况，若部分答案是符合满分或部分分数，但与另一部分答案前、后相互矛盾时，则选择代号 0；例如，若答案要求提供一个数字，但学生提供两个不同数字的做答反应自相矛盾；而假如做答反应中额外的元素或成分是无关的，但非相互矛盾，则不必理会无关的内容，只需将反应中相关的部分进行评分即可。

(5) 对于所答的方式和规定的不同的情况，其评分原则是考生是否了解了问题的本质，是否展现了回答问题的能力；例如，问题要求学生圈出“是”或“否”，但学生用文字写出“是”或“否”，此作答方法应视为与题目中要求的圈答方法一样；倘若作答区设有编号的做答线，要求学生依序写下答案，但学生却写在同一条在线，则同等对待；某些问题会要求学生“写出你的计算过程”，这类题中只要学生写出答案就值得获得分数，纵使没有列出计算过程。

在测试结果的评判中，PISA 采用“满分”“部分分数”和“零分”取代了传统的“正确”和“错误”，其主要原因在于有些问题根本没有所谓的正确答案；因此比较合理地应该以学生对问题中的文本或有关主题的理解程度作为评分标准。但是，“满分”的答案并不一定只包括完全正确或完美的答案；代号 0 并不代表学生的答案全错。而“满分”“部分分数”和“零分”的分类方法是把学生的答案，按其表现的答题能力而分成三个类别。真正的得分是在所有代码数据分析之后才决定的。例如，若是学生的平均能力在评分类别中没有显示出差异，那么数个评分类别可被纳入一个单一的评分类别中。

2. 数学素养水平的划分

为了更好地分析学生的数学素养水平，PISA 团队从 PISA2003 开始就建立了一个描述性考试成绩的量化指标，希望能用该能力指标来刻画学生的数学素养水平和试题的难度水平。该指标的开发过程经历了七个阶段，具体过程如表 4-15 所示(OECD，2005)。

表 4-15　数学素养评价指标开发过程

阶段	任务	内容
1	明确可能的指标(Identifying possible subscales)	在 PISA2000 研究的基础上，结合 PISA 理论框架中所阐述的三个数学能力群确定指标
2	分配指标的内容(Assigning items to scales)	列出指标的具体内容，并通过测试研究认清特点，并确定框架规模等
3	技能审核(Skills Audit)	在理论框架下，根据内容列出相应的知识要求和具体的能力表现，并确定具体能力表现的得分等
4	试验数据分析(Analysing Field Trial Data)	通过具体的试验，确定具体条目的难度，多个成就表现的分值分配等
5	定义维度(Defining the Dimensions)	根据前面两个阶段的研究，明确了各指标的具体内容、能力表现和各步骤的得分，从而进行维度定义
6	主要研究数据的修订和提炼(Revising and Refining With Main Study Data)	在第五阶段研究的基础上，获取主要的研究数据，对指标的能力等级进行初步描述
7	验证(Validating)	主要通过专家的确认和测试分析这两种渠道来验证评价指标的有效性和合理性

以上各阶段的划分并不是严格意义上的，有时候会根据具体需要提前进入下一阶段或者返回对前一阶段工作进行重新探讨。在 PISA2012 中，将以上过程分为六个阶段(第七个阶段融入第六个阶段)。在以上七个阶段的工作后，PISA 对能力水平进行了定义，并确定了以下三条原则：

(1) 能力水平应该体现其连续性，不能有断裂；

(2) 所构建的能力水平应该能在一定程度上体现均匀分布；

(3) 能力指标应该体现其合理性，即一般来说，低水平数学素养的学生只能回答低难度的、得分率较高的试题；而高水平数学素养的学生不但能完成低难度的试题，在高难度试题中也有良好的表现。

在建立了初步的数学素养能力水平框架后，通过对 PISA2003 的测试，认为以下几项能力是十分重要的：

解释和反思　包括在问题情境中发现数学本质，针对问题能提出自己的数学结构，包括一定程度上的洞察力、复杂的推理和归纳能力；

数学表征　能用不同的方式表征问题，并理解各种表征方式的优劣，能自由切换或用自己的方式合理地表征问题；

数学技能　包括从单一的步骤、单一的计算过程和基本的数学事实到多步骤的解决问题，包括需要高等的数学知识、复杂的决策、问题解决和建模能力；

数学论证　如何从毫无争议的数学问题到应用已知的数学论证，到学生能自己论证数学，通过论证说服他人，或者做出判断。

在以上工作的基础上，PISA 团队为数学素养构建了六个等级的水平体系。学生的测评结果累加后，通过数据统计和转化，并利用项目反应模型为排序后的成绩数据定级，而学生的测试得分经过标准化的转化后，用总体量表来描述考试成绩的特性，并将他们的得分和数学素养水平相对应。具体水平等级分类如下(水平 1 最低，水平 6 最高，其实在每次的测量中都还有少部分学生未达到水平 1(OECD，2014，2015)。

水平 1(最低水平)：学生能回答熟悉的情境中的问题，这些情境包括了所有的相关信息，提出的问题也很明确。他们能根据清晰情境的直接指示，确定信息并进行常规的操作。他们能执行显而易见的操作，并能立即仿效一定的操作。PISA 将该等级的最低分值设定为 358 分，低于该分值的人被认为是未达到水平 1，在 PISA2012 中平均有 15.0%学生的数学素养达到了水平 1，还有 8.0%的学生在水平 1 以下。

水平 2：学生能解释和识别不需要太多间接推测的情境。他们能从单一的信息源中找出相关的信息，使用单一的一种表征模式。处于这个水平的学生能使用基本的算法、公式、过程或套路。他们能进行直接地推理，对结果作出一些字面上的解释。PISA 将该等级的最低分值设定为 420 分，在 PISA2012 中，平均有 22.5%学生的数学素养达到了水平 2。

水平 3：学生能够执行清晰的描述的过程，包括那些需要作出一系列决定的过程。他们能选择和应用简单的问题解决策略。在这一水平的学生能对不同信息源的表征进行解释和应用，并进行直接推理。他们能进行简短的交流，报告他们的解释、结果和理由。PISA 将该等级的最低分值设定为 482 分，在 PISA2012 中，平均有 23.7%学生的数学素养达到了水平 3。

水平 4：学生能够有效地处理较复杂的具体情境，提出的清晰的模型，这些情境可能包括一些局限或要求做出一些假设。他们能选择和整合不同的表征(包括符号化的表征)，直接把它们和现实情境的某些方面联系起来。学生能基于对实际情况的分析，较灵活地运用，较好地发展的技能和推理。他们能提出解释，能基于他们的解释、论据和行动方案进行解释和答辩。PISA 将该等级的最低分值设定为 545 分，在 PISA2012 中，平均有 18.1%学生的数学素养达到了水平 4。

水平 5：学生能够对复杂情境建立模型，并利用模型解决问题，能确定其局限性并作出相关的假设。他们能对与这些模型相关的处理复杂问题的解决策略进行选择、比较并对其合理性进行评价。处于这个水平的学生能有效地利用广泛的、得到很好发展的思考和推理能力、合理联系的表征、符号化的正式的特征和对这些情境的领悟。他们能反思他们的行为，能形成并交流他们的解释和推理。PISA 将该等级的最低分值设定为 607 分，在 PISA2012 中，平均有 9.3%学生的数学素养达到了水平 5。

水平 6(最高水平)：在对复杂的问题情境进行调查和模型化的基础上，学生能够理解或提出相关概念，总结归纳并利用信息。他们能把不同的信息源及其表征联系起来并灵活进行转换。在这个水平的学生能够进行高级的数学思考和推理。他们能应用对问题的洞察力和理解，运用掌握的符号化的正式的数学运算和关系，形成新的方法和策略以处理新的情境。在这一水平的学生能形成解决问题的方案并准确地进行交流，对他们的发现，对结果的解释、观点及其对原问题情境的适用性进行反思。PISA 将该等级的最低分值设定为 669 分，在 PISA2012 中，平均有 3.3%学生的数学素养达到了水平 6。

从以上表述可以看出，随着等级的增加，对学生数学能力的要求也越来越高，在 PISA2003 中还对此做进一步的阐述。例如：

1)“数学思维和推理”在六个水平中的要求

(1)直接遵循指示采取熟悉的行动；

(2)使用直接推理并能用文字解释；

(3)能根据不同的信息来源作出一系列的决策、解释和推理；

(4)灵活的推理和洞察；

(5)运用良好的思维和推理能力；

(6)运用高等的数学思维和推理。

2)“数学交流”在六个水平中的要求

(1)遵循明确的知识；

(2)提取信息并进行文字解释；

(3)提供简短的交流进行解释；

(4)通过作图和交流进行解释和论证；

(5)用公式表示或交流进行解释和推理；

(6)构建精确的交流。

3)“建立模型”　在六个水平中的要求

(1)应用给定的简单模型；

(2)基本能上识别、应用和解释给定的模型；

(3)能使用不同类型的模型；

(4)能根据约束条件和假设准确地使用模型；

(5)能更具过程和结果的反馈，使用并发展复杂的模型；

(6)能构建和使用复杂的数学模型，并能反思、归纳和解释模型的结果。

4)“提出和解决问题”　在六个水平中的要求

(1)处理直接和明确的问题；

(2)运用直接推理；

(3)使用简单的解题策略；

(4)能在约束条件和假设条件下工作；

(5)能选择、比较和评估合适的解决问题策略；

(6)复杂问题情境的调查与建模。

5)“数学表述”　在六个水平中的要求

(1)处理熟悉和直接的信息；

(2)从单一的表述中获取信息；

(3)能解释和使用不同的表述；

(4)能选择和整合不同的表述，并将它们与现实世界的情况相联系；

(5)利用合适的表述来制定策略；

(6)能在不同的信息和表述之间进行自由的转换。

6) “使用符号、形式化和技术语言和操作” 在水平体系中的要求

(1)应用常规程序；

(2)能使用基本算法、公式、程序和惯例；

(3)能用符号表述；

(4)能使用形式化和它的形式化特征；

(5)能掌握符号化和形式化的数学操作和数学关系。

在 PISA2003 中，还从变化和关系、空间和形状、数量以及不确定性等四个部分的数学内容出发，对学生数学素养六个水平的不同要求进行论述。详细要求如表 4-16—表 4-19 所示(OECD，2005)。

表 4-16　“变化和关系”领域的六层次要求表

水平	要求	能力说明
1	能在一个简单的表或图中查找相关信息；遵循直接和简单的指令，直接从简单的表或图中直接读取信息，并在一个标准或常见的表格中进行简单的计算	将文本和图的某一特性建立简单联系，并能从图中读取一个值； 在一个简单的表中找出并读取一个特定的值； 能对两个熟悉的变量进行简单的计算
2	能用简单的算法、公式和程序来解决问题；将文本和单一表示形式(如图、表、简单的公式)进行联结；具有一定的解释和推理技能	解释一个简单的文本，并将其正确的链接到图形元素； 能用一个简单的文字解释一个简单的算法或并能应用该算法； 能解释一个简单的文本，并能使用比例推理或计算； 能解释一个简单的模式； 能对一个实际情境进行解释和推理，例如，一个简单和熟悉的运动中，速度和时间的关系； 能用图形表示相关信息，并能从图上直接读取数值； 能正确将数值代入一个简单的运算和简单的代数公式中进行运算
3	对涉及多个相关表示陈述(文本、图形、表格、公式)问题的解决，包括一些解释，在准确地表达熟悉情境中的推理和论证	能解释真实情境中不熟悉的图形表征； 能识别文本中的相关标准； 能解读隐藏在文本中的简单算法，并能应用该算法； 能解读文本，并设计一个简单的策略； 能为相关的表征建立联系(例如，两个相关的图形、文字和表格、公式和图形)； 能在涉及比例的各种熟悉情境中使用推理，并能表达推理和论证； 给定的标准或情境下，能应用文本或图表进行描述； 能使用一系列简单的计算程序来解决问题，包括数据排序、时间差的计算、线性插值等

续表

水平	要求	能力说明
4	理解并使用多种表示形式，包括准确地应用数学模型来解决真实情境的问题；能在包括不熟悉的环境中，灵活地使用解释、推理和论证	能解释复杂的图，从图的读取一个或多个值； 能解读用复杂或者不熟悉的图形所表示的真实情境； 能使用多种表征来解决一个实际问题； 能用文本信息和图形表征来沟通解释； 能分析描述现实情境的公式； 能分析立体几何的情境，包括和相关的函数； 能分析给定的数学模型，包括复杂的公式； 能解释并运用文本公式、操作和使用线性公式来处理真实情境的问题； 能进行一系列的计算，包括百分比、比例、加法和除法
5	利用代数和其他形式的数学表达式或模型来解决问题；将形式化的数学表示联结到复杂的真实情境；具备使用复杂和多步骤的解决问题的能力，能对推理和论证进行反思和交流	能在科学情境中用复杂的公式进行解释； 能将周期函数应用到现实情境中，并进行相关的计算； 能使用先进的解决问题的策略：解释和联结复杂的信息、解释和应用约束条件； 确定和实施一个合适的策略； 对代数公式和基础数据之间的联系进行反思； 能使用复杂的比例推理(如相关的比率)； 分析和应用一个给定的公式到真实情境中； 对表达推理和论证
6	能使用有意义的见解，抽象推理，论证技能，技术知识和惯例来解决问题，并能将数学方案应用到真实情境的问题中	能解读不熟悉的真实情境中复杂的数学信息； 能将周期函数应用到现实情境中，在约束条件下进行相关的计算； 能解读隐藏在不熟悉的真实情境中的复杂信息； 能解读复杂的文本并应用抽象的推理(基于对关系的洞察)来解决问题； 能富有洞察力的使用代数或图形来解决问题，具有利用代数表达式来匹配真实情境的能力； 能基于复杂比例推理来解决问题； 能利用多步骤的解决问题的策略，包括使用公式和计算； 制定一个解决问题的策略，包括使用代数进行反复摸索； 能识别描述了一个复杂的实际情境的公式，通过归纳构建一个总结性的公式； 能通过概括研究完成一些计算； 能应用深刻的几何洞察力来处理问题，并能概括负责的模式； 能理解复杂的百分比计算； 能表达逻辑推理和论证

表 4-17　“空间和形状”领域的六层次要求表

水平	要求	能力说明
1	能使用熟悉的图片或图形、计数或基本的计算技能来解决常见的问题	能通过二维的表征来计数或计算简单三维对象的元素

续表

水平	要求	能力说明
2	利用基本的数学思想解决熟悉情境中的问题，主要是单一的数学表示，数学内容是直接和明确提出	识别一个简单的几何模式； 能使用基本的技术术语和定义，能应用基本的几何概念(如对称)； 能在几何背景中，应用数学术语来解释一个普通语言下的关系(如“大”)； 为二维和三维物体创建并使用一个心理图像； 理解用二维表征的熟悉的真实情境； 运用简单的计算(如减法、两位数的除法)来解决几何问题
3	能解决可视元素和熟悉情境中的空间推理问题，为熟悉的物体建立各种表征，具有基本的问题解决技能(制定简单的策略)，简单的算法应用	能解读不熟悉的几何情境； 具有基本的解决问题的能力，如制定一个简单的策略； 能在一个熟悉的情境下，使用视觉感知，具有基本的空间推理能力； 能处理一个给定的、熟悉的数学模型； 能执行简单的计算如比例转换(用乘法、基本比例推理)； 能应用常规的算法来解决几何问题(如计算熟悉形状的长度)
4	能利用视觉和空间推理、论证来解决不熟悉情境中的问题，联结和整合不同的陈述，执行序列过程，在可视化空间中应用发达的技能，并进行解释	能使用复杂的文本来解释几何问题的解决； 能遵循一系列的步骤解释一系列的指令； 能使用空间洞察来解释非标准的几何情境； 能使用二维模型来处理不熟悉几何情境中的三维表征的问题； 能联结和整合一个几何情况两个不同的视觉表现； 能在几何情境中制定并执行策略，如计算； 推理和论证几何情境下的数字关系； 能进行简单的计算(如乘多位整数的相乘、运用比例和尺度进行数值转换、计算熟悉形状的面积)
5	给出适当的假设后解决问题，包括条件的假设；具有较高的空间推理、论证和洞察能力以确定相关的信息；能解释和联结不同的表征；制定策略和执行多个和顺序的过程	能利用空间/几何进行推理、论证、反思和洞察二维和三维的物体，不管是熟悉的还是陌生的； 能通过假设来简化并处理真实情境的几何问题(如数量估计)，并进行沟通解释； 几何现象多种表征的解释； 使用几何结构； 构思和设计多步骤的策略来解决几何问题； 能在不熟悉的情境中使用著名的几何算法，如毕达哥拉斯的定理；能计算形状的周长、面积和体积
6	解决涉及多种表征和需要多重计算过程的复杂问题；能联结不同但具有相关性的信息，并能识别和提取相关的信息；能运用推理，洞察和反思；能归纳结果，发现和沟通解决办法，并提供解释和论证	能解释用复杂的文字描述或其他相关方式进行表征的问题； 能使用推理，包括不熟悉和复杂情境中的比例； 具有突出的洞察能力，将复杂的几何情形概念化，或者解释不熟悉的复杂表征； 能识别并结合多条信息解决问题； 能运用已知的数学程序制定策略，并将其和几何情境建立联系； 准确、完整地执行一系列复杂的计算(如应用情境中的体积计算或其他常规程序) 基于反思、洞察力和概括的认识，为问题提供书面解释和论证

表 4-18　“数量”领域的六层次要求表

水平	要求	能力说明
1	最基本的问题解决，所有信息都已完整、明确的提供，所需要的计算活动是明显的，数学任务是基本的，例如，一个简单的算术运算	了解简单、明确的数学关系，能对其进行直接的计算； 能解读表格中简单的数量信息，并能对结果进行比较
2	能解读简单表格，能识别和提取相关信息；进行基本的算术运算，并能解读和处理简单的数量关系	能解读简单的数量模型(例如，比例关系)，并能用它处理基本的算术运算； 能解释简单的表格数据，并将表格数据和文本信息相联结； 能识别简单的计算要求，并能用其解决一个直接的问题； 能进行简单的计算，包括基本的算术运算和数量排序
3	能使用简单的问题解决策略，包括在熟悉情境中的推理；能解释表格中的信息；能执行所描述的计算，包括一系列的过程	能解读用文字描述的一系列计算过程，并能正确执行这些过程； 能使用基本的解决问题的过程(包括设计一个简单的策略，寻找关系，理解并处理给定的约束条件，能不断地进行试验，能进行一些简单的推理)； 能处理计算包括大的数据、速度和时间的计算、单位的换算(如年和日的换算)； 解读表格信息，从表中获取相关的数据； 对关系有概念，如圆周运动和时间的关系； 能解读用文本和图所描述的简单模式
4	能在复杂情境中熟练地使用简单模型，能在各种情境中使用推理，对于同一个情境能用不同形式的表征，能分析和应用数量的关系，能使用各种计算技能解决问题	能准确地使用一个给定的多步骤数值算法； 能解读文字所描述的一个复杂过程； 能将文本信息转化成图形表示； 能执行计算，包括比例推理、用整除和百分比到复杂情境中的简单模型； 能列表统计排列组合的各种结果； 能从多个来源中识别和使用信息； 能分析和应用一个简单的系统； 能从复杂文字中构建一个简单的数学模型
5	有效地运用模型解决复杂情境下的问题，具有良好的推理能力、洞察力，以及具有多种不同表征的能力，能处理一系列的问题，能表达推理和论证	能用多种信息(包括图、形状、复杂的表格)来表示真实情境； 能联结不同来源的信息(如图、表、数据、文字)； 能从一个描述复杂情境的文本中获取相关的数据，并进行计算； 具有解决现实背景的，涉及大量数学化问题的能力(如解释、制定策略、推理、系统计数)； 进行推理和论证； 能使用日常生活的知识进行估计； 计算相对或绝对的变化

续表

水平	要求	能力说明
6	能理解并使用具有复杂数学过程和数量关系的模型，能使用形式化和符号化的表达，能用高等的推理技能作为策略来解决各种情境的问题，具有一系列计算过程的技能，能阐述结果、论证以及做准确的解释	对复杂的数学过程有概念，如指数增长、加权平均，以及数的性质和数值的关系； 能理解并解释复杂的信息，能对多个复杂的信息来源进行联结； 能熟练使用比例、几何表征的数量、组合和整数的关系等进行推理； 能理解并解释形式化的纯数学表述中的数量关系，包括在科学情境中； 能在复杂而陌生的环境中执行一系列的计算，包括大的数； 得出结论，并通过论证而作出精确的解释； 能用制定带有复杂数学过程的策略(发展启发式)

表 4-19　“不确定性”领域的六层次要求表

水平	要求	能力说明
1	能在熟悉的情境中，理解并能使用基本的概率知识	在一个熟悉和简单的情境中，理解基本的概率知识(例如，掷骰子或硬币)； 了解简单游戏情境中排列和组合的结果
2	找到熟悉的图形形式的统计信息，了解基本的统计概念和约束条件	在熟悉而简单的图形中明确相关信息； 用一般和熟悉的形式将文本和相关的图形相联结； 理解并解释简单的统计计算(如求均值)； 从一个熟悉的数据显示(如条形图)中直接读取数值
3	解释统计信息和数据，并将不同的信息源链接；利用简单的概率知识进行基本的推理，包括符号化、有约束条件，并能表达推理	能解释表格信息； 能解读非标准的图表信息； 在一个复杂但又明显而熟悉的概率实验中能使用推理来确定可能的结果； 洞察数据呈现方面(例如，数感，将两个不同表格的相联结)，将数据表示成合适类型的图表； 表达常用的推理
4	在不太熟悉的情况下，使用基本的统计和概率知识结合数值推理来解决简单的问题，进行多步或系列的计算过程，在数据解释的基础上，使用并表达论证	能在一个陌生的(科学性的)的情境中，解读直接表达的文本； 从图表中洞察数据； 将文本描述转化成合适的概率计算； 从各种统计图中确认并读取数据，进行基本的计算； 理解基本的统计概念和定义(概率、期望值、随机性、平均)； 能使用基本的概率知识来解决问题； 能为各种真实情境中的数量概念构建基本的数学解释(如“大幅增加”)； 使用基于数据的数学论证； 使用数字推理； 能进行多步计算，包括基本的算术运算、百分比等； 能从表格和基于信息的论证中提取信息

续表

水平	要求	能力说明
5	应用概率和统计知识处理结构化的，数学表示部分明显的问题。使用推理和洞察力来解释和分析给定的信息，制定适当的模型，并能执行一系列的计算过程；能表达推理和论证	能解释和反思不熟悉概率实验所产生的结果； 能解读用数学语言所描述的文本，并将其转化为褐色的概率计算； 能从各种信息源(如文本、多张表、图)识别并提取相关信息，并能解释和联结信息； 使用反思和洞察力到标准的概率情形中； 能应用概率的知识来分析一个不熟悉的现象或状况； 能使用比例推理，以及能用统计知识进行推理； 能在数据的基础上使用多步骤的推理； 能应用概率和统计知识(如随机性、样本、独立)建立复杂的模型； 能解决非标准统计背景中的问题； 能使用包括加法、乘法的比例、大数、凑整等运算解决非标准统计背景中的问题； 能执行一系列相关的计算； 能进行并表达概率推理和论证
6	在统计或概率的背景中能使用高层次的思维和推理能力，创建数学表征来反映真实情境；使用洞察力和反思解决问题，并能制订和表达论点和解释	能使用比例推理、大数和凑整等概率知识解决真实情境的问题，并能对结果进行解释和反思； 能在实际的背景中展现洞察力到概率中； 能在一个陌生的概率情境中使用高水平的解释、逻辑推理和洞察力； 在对数据精辟解释的基础上，使用严格的论证； 使用统计知识进行复杂的推理； 理解抽样的基本思想，并能使用加权平均值、计数策略等来计算； 表达复杂的论证和解释

由此可看出，PISA 的这个分类是理论性的，它给测试的命题和结果的分析提供依据。在具体的结果分析中，PISA 将学生的水平分为连续的七个部分(包括 6 个水平和未达到水平 1)。PISA 也根据以上框架和学生测试结果，对每一道题的难度也分成了七个部分。PISA 根据某种算法，将该题的得分情况转化成水平等级分，并将其和题目的难度相对应，分数越低，表明该题目的难度水平越低。每一个水平等级的学生，能较好地完成这个水平等级以下(含)难度的试题；也能完成部分高一等级难度的试题。PISA 通过测算表明，大约会有 62%的某等级水平数学素养的学生，可以成功完成更高一等级难度的题目(OECD，2005)。具体的题目类型、难度水平，将在 4.3.3 小节中通过举例给予说明。

4.3.3　试题的类型和分析

由于 PISA 测试的结果需要在不同国家和地区之间进行比较，也包括对同一个国家和地区不同时期的测试结果进行比较，因此尽管每次的 PISA 测试都会有所变化，但从总体上，PISA 团队都力求在测试内容、测试领域、试题难度、被测的数学素养能力等方面做到稳定性和一致性。因此，本节将主要以 PISA2012 试题为例，对 PISA 的数学素养试题进行介绍。在 PISA2012 的测试中，测试类型包括了对全体(约 51000 名学生)进行的两个小时书面测试(Paper-Based Assessment, PBA)，测试内容包括数学素养、阅读素养、科学素养和金融素养；和对部分学生进行的 40 分钟电脑测试(Computer-Based Assessment, CBA)，测试内容包括数学素养、阅读素养和问题解决能力。由于电脑测试的题目文字较多，图案也比较复杂，因此本节仅选择 6 个(单元)题目，对书面测试题目的类型、内容和评价表征进行介绍，并对题目进行简单说明。

M413：汇率

来自新加坡的美玲准备前往南非当交换学生 3 个月。她需要将新加坡币(SGD)兑换为南非币(ZAR)。

问题 1：(编号：M413Q01–019)

美玲发现两国间的货币汇率为：1 SGD = 4.2 ZAR，根据此货币兑换汇率，美玲将 3000 元的新加坡币兑换为南非币。问美玲可兑换成多少元的南非币？

说明　这道题的试题类别属于开放性问答题，从编号可看出，在题目的评分过程中，评分专家只能从三种代码 0、1 和 9 中选择一个；其中 0 表示错误做答，9 表示没有做答，这两个代码都表示零分，而 1 表示正确答案 12600(是否写上单位均可)，该代码表示满分。使用汇率来进行换算的经验对于所有学生而言可能并不普遍，但这个概念仍可视为公民素养所应该具备的技能和知识。这个试题的数学内容局限在基本四则运算中的乘法运算。因此，此题归属于数量的内容领域，更明确地说，属于数的运算。就能力而言，需要数学和的历程，就是了解简单的文本，并将已知的信息联结到必需的计算。所有必要的信息都已非常明确地呈现出来。因此，解决这个问题所需要的能力可以是例行性程序的表现以及标准四则运算的应用。这个试题结合了熟悉的脉络、清楚定义的问题，以及例行性的程序，因此，这个试题的难度属于水平 1(406 分，答对率为 79.9%)。

数学内容：数量；

数学情境：社会的；

数学过程：使用数学；

难度：406(水平 1)。

问题 2：汇率(编号：M413Q02–0 1 9)

3 个月后美玲回到新加坡。美玲身上还有 3900 元的南非币，她想要换回新加坡币，此时两国间的汇率为：1 SGD = 4.0 ZAR，问美玲可换得多少新加坡币？

说明　该题目的类型、要素和问题 1 类似。属于数量的数学内容，要求一些简单的运算，以及有限的数学化形式，能理解文本里给出的信息，并判断除法是该题正确的运算方法。该题还体现了一定的思维能力和推理能力，因此难度稍高于上一题。

数学内容：数量；

数学情境：社会的；

数学过程：使用数学；

难度：439(水平 2)。

问题 3：汇率(编号：M413Q03–01 02 11 99)

在这 3 个月间，汇率从每 1 元新加坡币兑换 4.2 元南非币，变成为 4.0 元南非币。此时以这个汇率换回新加坡币，对美玲而言是否有利？请写出你的理由。

说明　该题的试题类别也属于开放性问答题，在评分过程中，专家可供选择的代码有 01，02，11 和 99 四组，其中 11 表示满分，指学生回答“是”，并附有适当的解释，主要内容包括按照较低的汇率(就 1SGD 而言)，美玲以她有的南非币，将可换得更多的新加坡币；4.2ZAR 为一元将可换得 929ZAR(学生如写了 ZAR 而非 SGD，但有清楚正确的计算并作出正确的比较，这个错误可忽略)；因为她先前以 1SGD 来换取 4.2ZAR，而现在她只需用 4.0ZAR 来换回 1SGD；因为每 1SGD 便宜了 0.2ZAR；因为除 4.2 的结果是小于除 4 的；是有利于她的，因为如果汇率没有下跌，她会少大约$50。而代码 01、02 和 99 均表示零分，其中 01 表示虽然写了是，但没有列明原因或没有适当的解释，包括“较低的汇率是比较好的”“是有利于美玲的，因为如果 ZAR 下跌，那么她会有更多钱来兑换 SGD”“是有利于美玲的”等这些没有实质性内容的解释都属于此类。代号 02 表示其他非正确的答案，而代号 99 表示没有做答。

该题的内容类别、情境类别也都和上两题相同，但是过程类别有变化，难度也上升了。该题需要学生能针对汇率换算是概念以及特定情境里的反思；虽然题目中已经呈现了必要的信息，但是对数学化的要求也比较高，不仅要能辨识出复杂的相关数学概念，同时也需要简化成数学世界的问题。解决该问题除了数运算中的程序性知识乘法和除法，还需要学生具有推理和反思的能力，而解释结果也需要某种程度的沟通技能。因此过程类别包括了形成数学、使用数学和解释数学，其中形成数学最为主要。由于该题目结合了熟悉的脉络、复杂的情境、非例行性的问题，以及对于推理、洞察、沟通的需求，可认为此问题属于难度水平 4(586 分，答对率为 40.5%)。

数学内容：数量；

数学情境：社会的；

数学过程：形成数学；

难度：586(水平 4)。

PM942：攀登富士山

富士山是日本著名的休眠火山。

问题 1：攀登富士山(编号：PM942Q01–019) 富士山只在每年的 7 月 1 日至 8 月 27 日对外开放，这期间大约有 200000 人来攀登富士山。平均每天有多少人来攀登富士山？

A. 340　B. 710　C. 3400
D. 7100　E. 7400

说明　问题 1 是单项选择题，属于封闭题，代码 0，1，9 所表示的意思和上面所述内容一致，不再赘述。该题目关心的是每日登山者的平均人数，是一个较广泛的社会议题，属于社会情境，这种情境的试题涉及投票系统、公共交通、政府、公共政策、人口统计、广告、国家统计和经济等内容。虽然个体也可以个人化的参与这些活动，但这些问题的焦点比较着重在社会的角度。情境的划分主要是为确保评量在情境分配的平衡，并不会在结果报告中特别使用。如果在措词上从公园管理人的角度来稍微改写，这个题目就会属于职业情境的类别。

问题 1 需要运用给定的日期算出开放的天数，然后再计算平均值。这个问题被归类为数量的内容领域，因为它包含了时间和平均的计算。虽然在计算过程中需要用到平均公式，这的确也涉及关系，由于这个问题需要运用平均来计算每日的人数，而不是着重于关系的要求，所以这个问题没有被归类为改变与关系。问题 1 是五选一的单选题，数学过程的分类同样也需要根据试题主要的要求来进行判断，问题 1 被归类为形成数学，因为在这个相当简单的试题当中大部分的认知要去关注获取两段真实世界的讯息(开放季节以及攀登总人数)，并且设定一个待解的数学问题：从开放季节的起止日期算出日数，并用这个讯息与登山者的总人数计算出每日的登山者平均数量。因此，专家判断此题对于 15 岁学生的认知要求在于将真实世界问题转换到数学关系，而不是在于整数计算。该题的难度分值为 464 分，该题的难度上属于水平 2，答对率为 46.93%)。

数学内容：数量；

数学情境：社会的；

数学过程：形成数学；

难度：464(水平 2)。

问题 2：攀登富士山(编号：PM942Q02–0 1 9)

从御殿场到富士山的登山步道长约 9 km，游客必须在晚上八点前完成来回 18 km 的路程。小张估计自己可以以平均每小时 1.5 km 的速度登山，并以两倍的速度下山。此速度的估算包含用餐和休息所花费的时间。按照小张估计的速度，他最迟要在何时出发才能在晚上八点前回来？

说明　问题 2 属于建构反应类题目，也只有 0，1，9 三个代码，分别表示错误做答、正确做答(无论何种写法，以及是否注明上午均可)和没有做答三个类别。因为该题涉及距离、时间、速度的关系，因此在内容上属于变化与关系的范畴。需要通过距离和速度的信息，分别算出上山和下山的时间，再从结束时间计算出开始的时间点。如果问题中直接给定上下山的时间，而不是透过距离和速度来间接求出，那么这个题目将会被归入数量的内容领域。由于 PISA 问题都被设定在真实的情境中，他们通常涉及多个数学主题和潜在的数学现象，因此判断主要诉求来源以进行试题分类是很重要的。由于该题的主要认知要求是需要将真实世界的资料转换到数学问题，并确认所有涉及的关系，而不是计算或者诠释答案为上午 11 点。在这个过程中，数学结构包括了：出发时间=结束时间–登山时间；登山时间=上山时间+下山时间；上(下)山时间=距离÷速度，以及上下山的速度关系。因此，这个数学过程属于形成数学的范畴。该题的难度值为 642 分，属于水平 5 的等级，答对率为 14.25%。

数学内容：变化与关系；

数学情境：社会的；

数学过程：形成数学；

难度：642(水平 5)。

问题 3：攀登富士山(编号：PM942Q03–0 1 2 9) 小张带着一个计步器去记录在御殿场登山步道所走的步数，他的计步器显示他在上山时走了 22500 步，小张在御殿场登山步道共走了 9 km，以厘米(cm)为单位估算他每一步的平均长度为多少？

说明　该题属于开放题，有四个代码，其中 0 表示错误答案，9 表示没有做答，2 表示完全正确，1 表示部分得分，例如，单位换算错误，出现了 4，4000 等值，或填了 0.4m。该题涉及总距离和平均距离的关系，属于数量关系的范畴。需要将总距离除以总步数，就得到平均的步长。但是需要将将最后的结果单位化到厘米，这里涉及一个转化的过程。但是从总体上说，这个题目的数学过程属于应用数学。该题的情境也是公共生活领域，属于社会情境的范畴。该题的难度值为 591 分，属于水平 4 的等级，答对率为 11.58%。

数学内容：数量 ；

数学情境：社会的 ；

数学过程：应用数学；

难度：591(水平 4)。

M266：木匠

木匠有 32 m 的木材，想要在花圃周围作边界，他考虑将花圃设计成以下的造型：

说明　这是一道多选题，有四个编码 0，1，2，9，其中 0 表示错误答案(或只答对两项及以下)，9 表示没有做答，2 表示完全正确，1 表示部分得分(答对三项)。这道题并不是完全真实情境的题目，是数学课堂上常见的典型的、半真实性问题，但不是 PISA 的典型题。无论如何，这个问题所需要的能力确实与数学素养有关，而且是其中的一部分。这个试题的难度为 687，属于难度水平 6，答对率只有 20.2%。而这个问题属于空间与形状的内容领域。学生需有能力来辨识解决二维图形 A，C 和 D 有相同周长的问题。学生需要找出图形的外围是否可用 32m 的木条来围成。在三个设计图案中，因为都具有长方形的形状而相当明显。但是图形 B 是一个平行四边形，需要多于 32m 的木材。这需要运用到几何的洞察力和论证技巧，以及一些较高水平的技术性的几何知识才能够解决这个问题。

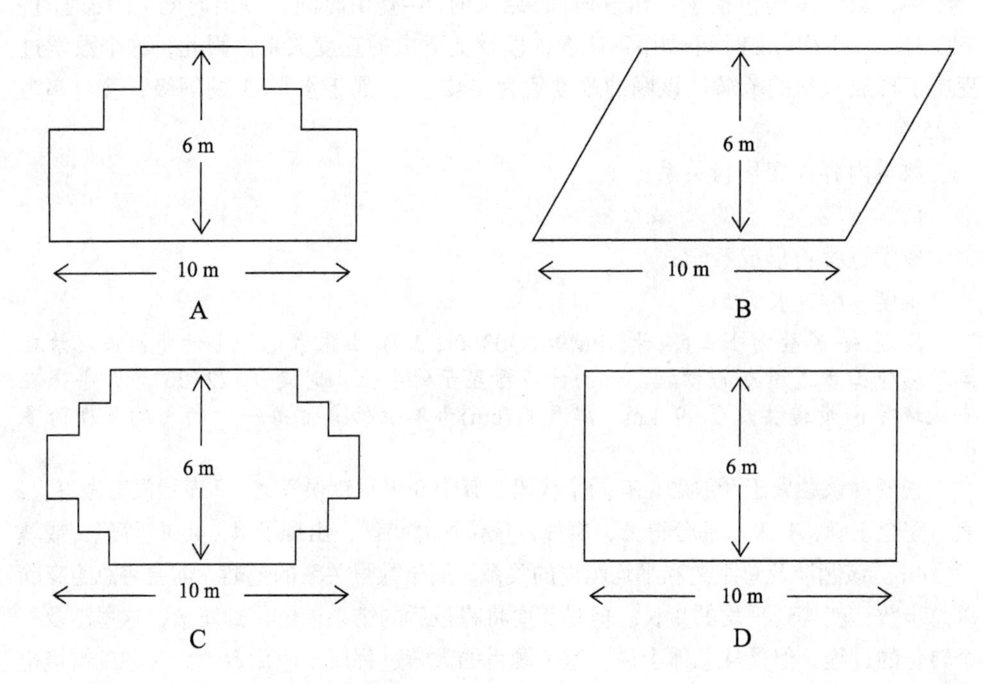

问题 1:　木匠(编号: M266Q01–0129)

上面花圃的设计是否可以用长度 32m 的木板来围成，在下表中的每一种设计圈出是或否。

花圃的设计	是否能用长度 32m 的木板围成
A 设计	是 / 否
B 设计	是 / 否
C 设计	是 / 否
D 设计	是 / 否

数学知识：空间和形状；
数学情境：职业的；
数学过程：使用数学；
难度：687 (水平 6)。

PM903：点滴速率

点滴注射(或静脉点滴注射)是用来将液体和药物输送给病人。护士需要计算点滴速率 D，即每分钟输入液体的滴数。他们使用的公式是：$D=\dfrac{dv}{60n}$，其中：

d 是点滴系数，即每毫升(ml)液体的滴数；
v 是点滴注射液的体积，以毫升为单位；
n 是输完液体所需要的时间，以小时(h)为单位。

问题 1：点滴速率(编号：PM903Q01–0129)

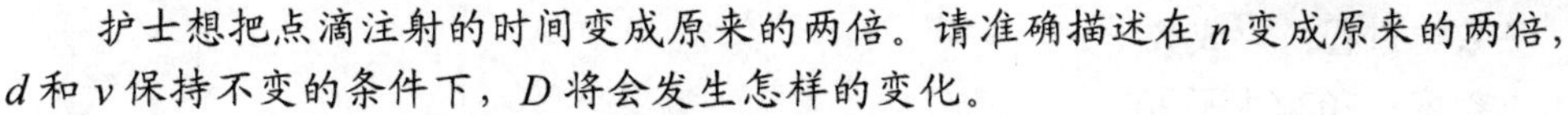

护士想把点滴注射的时间变成原来的两倍。请准确描述在 n 变成原来的两倍，d 和 v 保持不变的条件下，D 将会发生怎样的变化。

说明　该题类型为开放题，要求解释在一个公式中，在其他变量保持不变的条件下，某一个变量变成原来的两倍，会为结果所带来怎样的影响，属于变化和关系的内容范畴。可供选择的代码有四个，其中 9 表示没有做答，0 表示错误做答；2 表示满分，既答出了改变的方向，也答对改变的量；1 表示部分分数，在改变方向和改变量中只答出了一个正确答案。该题目属于职业的情境，需要考查学生对数学的使用情况。该题的难度分数为 611，属于难度水平 5，答对率只有 22.23%。

数学知识：变化和关系；
数学情境：职业的；
数学过程：使用数学；
难度：611 (水平 5)。

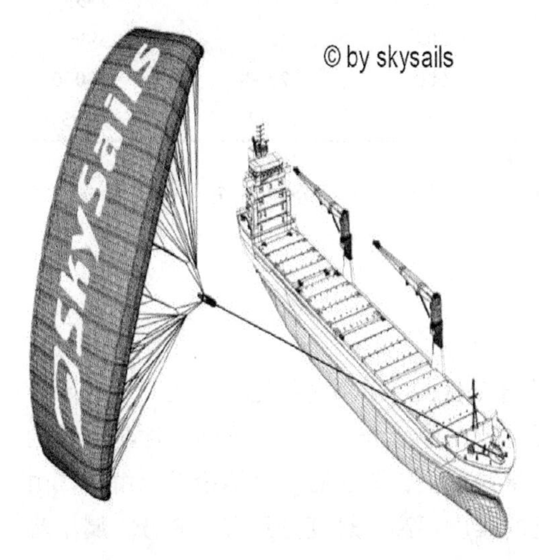

PM923：航行

95%的全球贸易是通过大约 50000 艘油轮、货轮和货柜船，经由海路运输推动的。绝大多数船只使用柴油燃料。工程师们正打算研发供这些船只使用的风力能源。他们提议在船上装上风筝帆，借助风能来降低柴油消耗和燃料对环境的影响。

问题 1：航行(编号：PM923Q04–019)

由于柴油的价格高达每公升 0.42 元，新浪号船长正考虑在船上装设一具风筝帆。据估计，装设一具风筝帆可以减少约 20% 的柴油消耗。已知新浪号长 117m，宽 18m，载重 12000 t，最大航速 19 节，无风筝帆时柴油的年消耗量约 3500000L。若按照一个风筝帆需要成本 2500000 元，问大约需要多少年，省下来的柴油费用就可以抵消装设风筝帆的成本？写出计算过程来支持你的答案。

说明　该题为开放题，需要解决复杂的真实情境中有关节省成本和燃料消费的问题。虽然该题涉及了很多数量的问题，但是最关键的还是需要学生能分清数量之间的关系，因此将其归入变化与关系的内容范畴。该题的编码只有三个选项，因此不存在部分得分的情况。该题的情境虽然有职业的成分，但是这个职业和一般人有较远的距离，PISA 认为该题更多的属于研究的范畴，将其归为科学的情境。而在数学过程方面，形成数学的成分显然大于使用数学。在难度上，该题难度值达到了 702 分，属于难度水平 6，答对率只有 15.28%。

数学知识：变化和关系；

数学情境：科学的；

数学过程：形成数学；

难度：702 (水平 6)。

PM985：哪一辆车？

小红刚取得汽车驾驶执照，想要买她的第一辆车。下表显示在当地经销商找到的四辆汽车的资料。

型号	A.奇瑞	B.长城	C.吉利	D.红旗
年份	2003	2000	2001	1999
标价/元	4800	4450	4250	3990
已行驶距离/km	105000	115000	128000	109000
引擎排气量/L	1.79	1.796	1.82	1.783

问题 1：　哪一辆车?(PM985Q01-019)　小红想要一辆符合以下全部条件的车：

(1)已行驶距离不超过 120000 公里；

(2)2000 年或以后制造；

(3)标价不超过 4500 元。

问哪一辆车符合小红的条件？

说明　该题属于在商业情境中选择符合条件的，单项选择题，因此三个编码所指的意十分清楚。从内容上看，该题需要对数据进行分析，属于不确定性与资料的范畴。情境上看属于个人的生活，而在数学过程上，该题需要对结论做出解释。由于题目的条件充足，要求清晰，因此该题的难度不高，难度分只有 328 分，属于难度水平未达到水平 1，但是答对率也只有 81.14%。

数学知识：不确定性与数据；

数学情境：个人的；

数学过程：解释数学；

难度：328 (低于水平 1)。

问题 2:　哪一辆车?(编号：PM985Q02–019)　哪一辆车的引擎排气量最少？

说明　该题也属于单项选择题，需要在四个选择中选出最小的数值，编码的选择情况和上一题完全相同。该题虽然也涉及数据，但是更多的是要求对这些数的量进行比较，因此内容上属于数量。情境还是个人，但数学过程属于对数学的应用(比较数量的大小)。该题的难度分为 491，属于难度水平 3，答对率为 37.48%。

数学知识：数量；

数学情境：个人的；

数学过程：使用数学；

难度：491 (水平 3)。

从以上例题中可以看出，PISA 测试题目的编制都是在各种理论框架的指导下完成的，这确保了测量结果的丰富性。PISA 测试中试题并不是每次都完全更换，有的测试题目在 PISA2003 中出现，但是在 PISA2012 中也出现。由于 PISA 的题目众多，只能选取部分，对四种数学内容、四种情境、三种数学过程、七个难度等级的测试题目进行展示，这对我国数学素养测评的研究和测评工具的开发都具有重要的借鉴价值。

4.4　我国学生在 PISA 数学素养测评中的表现

华人在 PISA 的数学素养测评中一直都有着优异的表现，PISA2006 台湾第一次参加 PISA 的数学素养测评，就获得了第一的排名；而 PISA2009 上海第一次参加 PISA 测评，在数学、阅读和科学三个素养上都获得了第一名，并且在 PISA2012 的测评，这三项素养再次排名第一。因此，本节就上海和台湾学生在 PISA 数学素养测评中的表现进行简单介绍。

4.4.1　上海学生在 PISA 数学素养测评中的表现

1. PISA2009 中的数学素养

PISA2009 是上海首次参加 PISA 的测试，结果在数学素养上就取得了骄人的成绩，引起了各国数学教育学者的广泛关注，多国来上海取经，了解上海的数学教育情况。在 PISA2009 的数学素养测评中，上海学生平均分为 600 分，排名第一，而且比第二名新加坡高了 38 分。在高水平(水平 5 和水平 6)表现的学生比例方面，分别达到了 23.8%和 26.6%，也高于其他国家。PISA2009 数学素养测评的部分结果，如表 4-20 所示；上海学生的表现如表 4-21 所示。

表 4-20　PISA2009 数学素养测评结果(部分)

名次	国家(地区)	低于水平 1(低于357.8)	水平 1(357.8−420.1)	水平 2(420.1−482.4)	水平 3(482.4−544.7)	水平 4(544.7−607)	水平 5(607−669.3)	水平 6(高于669.3)	平均分
1	上海	1.4%	3.4%	8.7%	15.2%	20.8%	23.8%	26.6%	600
2	新加坡	3.0%	2.8%	13.1%	18.7%	22.8%	20.0%	15.6%	562
3	香港	2.6%	6.2%	13.2%	21.9%	25.4%	19.9%	10.8%	555
4	韩国	1.9%	6.2%	15.6%	24.4%	26.3%	17.7%	7.8%	546
5	台湾	4.2%	8.6%	15.5%	20.9%	22.2%	17.2%	11.3%	543
6	芬兰	1.7%	6.1%	15.6%	27.1%	27.8%	16.7%	4.9%	541
7	列支敦士登	3.0%	6.5%	15.0%	26.2%	31.2%	13.0%	5.0%	536
8	瑞士	4.5%	9.0%	15.9%	23.0%	23.5%	16.3%	7.8%	534
9	日本	4.0%	8.5%	17.4%	25.7%	23.5%	14.7%	6.2%	529
10	加拿大	3.1%	8.3%	18.8%	26.5%	25.0%	13.9%	4.4%	527
12	澳门	2.8%	8.2%	19.6%	27.8%	24.5%	12.8%	4.3%	525
13	美国	8.1%	15.3%	24.4%	25.2%	17.1%	8.0%	1.9%	487
OECD平均	8.0%	14.0%	22.0%	24.3%	18.9%	9.6%	3.1%	496	

表 4-21　上海 PISA2009 数学素养测评结果男女性别比较

性别	低于水平 1(低于 357.8)	水平 1(357.8−420.1)	水平 2(420.1−482.4)	水平 3(482.4−544.7)	水平 4(544.7−607)	水平 5(607−669.3)	水平 6(高于669.3)	平均分
男生	1.6%	3.9%	8.9%	15.4%	19.9%	23.2%	27.1%	599
女生	1.3%	3.0%	8.5%	15.0%	21.6%	24.4%	26.2%	601

从以上两个表中可以看出，上海学生在 PISA2009 测试中的表现比较优异，达到水平 5 和水平 6 的学生比例都高于其他国家和地区，而且两者之和达到了 50.4%，超过了一半，比 OECD 的平均水平 12.7%高了许多。而且男女生在这两个水平上并无显著差异，总分分别为 599 和 601，只相差 2 分；水平 5 和水平 6 的男生占男生总比例的 23.2%和 27.1%；女生的相应比例分别为 24.4%和 26.2%。当然，我们也不能忽视未达到水平 1 的还有 1.4%，处于水平 1 和水平 2 的学生比例也分别为 3.4%和 8.7%，三者之和为 13.5%。这些学生的数学水平亟待提高，需要在学校教育中予

以特别的关注。PISA将水平2视为数学素养水平的基准线，水平2以下视为低分群(即水平1及未达水平1)；PISA建议，对于低分群学生可考虑采用水平3试题难度的题目作为后续补救教学的目标。这些都可以为学校教育中如何有针对性的发展学生的数学素养提供参考。

2. PISA2012中的数学素养

在PISA2012的测评中，上海学生的数学素养、阅读素养和科学素养全部名列第一。部分国家在数学素养的测评结果如表4-22所示，上海学生的数学素养表现和性别比较如表4-23和表4-24所示。

表4-22　PISA2012数学素养测评结果(部分)

名次	国家(地区)	低于水平1(低于357.8)	水平1(357.8–420.1)	水平2(420.1–482.4)	水平3(482.4–544.7)	水平4(544.7–607)	水平5(607–669.3)	水平6(高于669.3)	平均分
1	上海	0.8%	2.9%	7.5%	13.1%	20.2%	24.6%	30.8%	613
2	新加坡	2.2%	6.1%	12.2%	17.5%	22.0%	21.0%	19.0%	573
3	香港	2.6%	5.9%	12.0%	19.7%	26.1%	21.4%	12.3%	561
4	台湾	4.5%	8.3%	13.1%	17.1%	19.7%	19.2%	18.0%	560
5	韩国	2.7%	6.4%	14.7%	21.4%	23.9%	18.8%	12.1%	554
6	澳门	3.2%	7.6%	16.4%	24.0%	24.4%	16.8%	7.6%	538
7	日本	3.2%	7.9%	16.9%	24.7%	23.7%	16.0%	7.6%	536
8	列支敦士登	3.5%	10.6%	15.2%	22.7%	23.2%	17.4%	7.4%	535
9	瑞士	3.6%	8.9%	17.8%	24.5%	23.9%	14.6%	6.8%	531
10	荷兰	3.8%	11.0%	17.9%	24.2%	23.8%	14.9%	4.4%	523
12	芬兰	3.3%	8.9%	20.5%	28.8%	23.2%	11.7%	3.5%	519
36	美国	8.0%	17.9%	26.3%	23.3%	15.8%	6.6%	2.2%	481
OECD平均		8.0%	15.0%	22.5%	23.7%	18.1%	9.3%	3.3%	494

表4-23　上海PISA2012数学素养测评结果男女性别比较

性别	低于水平1(低于357.8)	水平1(357.8–420.1)	水平2(420.1–482.4)	水平3(482.4–544.7)	水平4(544.7–607)	水平5(607–669.3)	水平6(高于669.3)	平均分
男生	1.0%	2.9%	7.6%	12.8%	18.9%	23.9%	32.8%	616
女生	0.7%	2.9%	7.4%	13.4%	21.4%	25.2%	29.0%	610

表 4-24　PISA2009 和 PISA2012 上海学生数学素养比较

时间	性别	低于水平 1 (低于 357.8)	水平 1 (357.8 −420.1)	水平 2 (420.1 −482.4)	水平 3 (482.4 −544.7)	水平 4 (544.7 −607)	水平 5 (607 −669.3)	水平 6 (高于 669.3)	平均分
PISA2009	全体	1.4%	3.4%	8.7%	15.2%	20.8%	23.8%	26.6%	600
	男生	1.6%	3.9%	8.9%	15.4%	19.9%	23.2%	27.1%	599
	女生	1.3%	3.0%	8.5%	15.0%	21.6%	24.4%	26.2%	601
PISA2012	全体	0.8%	2.9%	7.5%	13.1%	20.2%	24.6%	30.8%	613
	男生	1.0%	2.9%	7.6%	12.8%	18.9%	23.9%	32.8%	616
	女生	0.7%	2.9%	7.4%	13.4%	21.4%	25.2%	29.0%	610

从表 4-22 可看出 PISA2012 中，上海学生的数学素养测试结果也十分优异，在总分上比第二名高了 40 分，比 OECD 的平均分高了 119 分；高水平学生比例达到了 55.4%，远高于 OECD 的平均值 12.6%；而且比起 PISA2009，低分群学生的比例也有所降低，只有 3.7%。从表 4-23 和表 4-24 可看出，在男女性别比较方面，PISA2012 的男女生数学素养没有显著差异，各个水平的学生比例也大致相当；但与 PISA2009 不同，PISA2012 中的男生的得分比女生要高 6 分。而且 PISA2012 除了在水平 5 和水平 6 的学生比例在增加以外，其他水平的学生比例都在降低，这说明了数学素养较好的学生比例在逐渐增大，低水平数学素养的学生比例在降低。当然，在 PISA2012 中，还有超过 10%的学生在水平 3 以下，这是说明上海的数学教育还需要针对这些后进生制订具体的措施，提升他们的数学素养。

4.4.2　台湾学生在 PISA 数学素养测评中的表现

1. 三次 PISA 测试中数学素养的变化情况

台湾学生在 PISA 的数学素养测评中也有不俗的表现，第一次参加就在 PISA2006 中排名第一，在 PISA2009 和 PISA2012 中也分别排名第五和第四，具体参数如表 4-20 和表 4-22 所示。而台湾学生在 PISA2006、PISA2009 和 PISA2012 中数学素养的表现，以及各个水平等级学生的比例、性别差异等情况，可如表 4-25 所示。

由表 4-25 可看出，台湾学生是数学素养在 PISA 中的表现，在 2009 年略有下降后，但在 2012 年又得到了提升。三次测试中高水平学生(水平 5 和水平 6)比例分别为 31.9%，28.5%和 37.2%；低水平(水平 2 以下)的学生比例分别为 11.9%，12.8%和 12.8%。由此可看出，台湾学生的数学素养在低水平组的比例变化不大，高水平组学生比例有所上升。今后，台湾的数学教育中应重点关注这些低水平组学生，否则这批超过 10% 的学生将来的生活和就业会因数学素养程度不高而受到影响。

表 4-25　PISA2006、PISA2009 和 PISA2012 台湾学生数学素养比较

时间	性别	低于水平 1 (低于 357.8)	水平 1 (357.8 −420.1)	水平 2 (420.1 −482.4)	水平 3 (482.4 −544.7)	水平 4 (544.7 −607)	水平 5 (607 −669.3)	水平 6 (高于 669.3)	平均分
PISA2006	全体	3.6%	8.3%	14.3%	19.4%	22.4%	20.1%	11.8%	549
	男生	3.7%	7.8%	13.0%	18.5%	22.3%	21.5%	13.2%	556
	女生	3.6%	8.9%	15.7%	20.4%	22.5%	18.6%	10.2%	543
PISA2009	全体	4.2%	8.6%	15.5%	20.9%	22.2%	17.2%	11.3%	543
	男生	4.7%	8.6%	15.1%	19.2%	21.5%	18.4%	12.6%	546
	女生	3.6%	8.7%	16.0%	22.7%	22.9%	16.1%	10.0%	541
PISA2012	全体	4.5%	8.3%	13.1%	17.1%	19.7%	19.2%	18.0%	560
	男生	5.3%	9.0%	12.3%	14.6%	18.8%	20.0%	20.0%	563
	女生	3.7%	7.7%	14.0%	19.5%	20.6%	18.3%	16.1%	557

在性别比较方面，三次 PISA 测试中，台湾男生的数学素养得分都高于女生。从各水平的学生比例中可看出，台湾男生高分组数学素养的比例虽然高于女生，但是在低分组中的比例也高于女生，呈现两极分化的情况；而女生的表现则相对集中，以水平 3 和水平 4 的学生比例最高。因此，在学校的数学教学中，除了思考如何培养高水平女生数学素养外，台湾教师还要思考如何降低低水平群中男生的比例。

2. PISA2012 中上海和台湾学生数学素养的若干表现

以上介绍并简要分析了上海和台湾在几次 PISA 测试中的数学素养表现，变化情况、各水平比例以及性别差异等情况。接下来，对两地在 PISA2012 数学素养测评中的一些结果进行进一步的分析。首先，从数学过程和数学内容两个方面对两地学生的测评结果进行比较和分析，具体结果如表 4-26 所示。

表 4-26　PISA2012 数学素养分测验前 15 名国家(地区)

排名	数学素养		形成数学		使用数学		解释数学		变化与关系		空间与形状		数量		不确定性与数据	
	国家/地区	平均分	国家/地区	平均分	国家/地区	平均分	国家/地区	平均分	国家/地区	平均分	国家/地区	平均分	国家/地区	平均分	国家/地区	平均分
1	上海	613	上海	624	上海	613	上海	579	上海	624	上海	649	上海	591	上海	592
2	新加坡	573	新加坡	582	新加坡	574	新加坡	555	新加坡	580	台湾	592	新加坡	569	新加坡	559
3	香港	561	台湾	578	香港	558	香港	551	香港	564	新加坡	580	香港	566	香港	553
4	台湾	560	香港	568	韩国	553	台湾	549	台湾	561	韩国	573	台湾	543	台湾	549
5	韩国	554	韩国	562	台湾	549	列支敦士登	540	韩国	559	香港	567	列支敦士登	538	韩国	538

续表

排名	数学素养		形成数学		使用数学		解释数学		变化与关系		空间与形状		数量		不确定性与数据	
	国家/地区	平均分	国家/地区	平均分	国家/地区	平均分	国家/地区	平均分	国家/地区	平均分	国家/地区	平均分	国家/地区	平均分	国家/地区	平均分
6	澳门	538	日本	554	澳门	536	韩国	531	澳门	542	日本	558	韩国	537	荷兰	532
7	日本	536	澳门	545	列支敦士登	536	日本	530	日本	542	澳门	558	荷兰	532	日本	528
8	列支敦士登	535	瑞士	538	日本	530	澳门	530	列支敦士登	542	瑞士	544	澳门	531	列支敦士登	526
9	瑞士	531	列支敦士登	535	瑞士	529	瑞士	529	爱沙尼亚	530	列支敦士登	539	瑞士	531	澳门	525
10	荷兰	523	荷兰	527	爱沙尼亚	524	芬兰	528	瑞士	530	波兰	524	芬兰	527	瑞士	522
11	爱沙尼亚	521	芬兰	519	越南	523	荷兰	526	加拿大	525	爱沙尼亚	513	爱沙尼亚	525	越南	519
12	芬兰	519	爱沙尼亚	517	波兰	519	加拿大	521	芬兰	520	加拿大	510	波兰	519	芬兰	519
13	加拿大	518	加拿大	516	荷兰	518	德国	517	荷兰	518	比利时	509	比利时	519	波兰	517
14	波兰	518	波兰	516	加拿大	517	波兰	515	德国	516	芬兰	507	日本	518	加拿大	516
15	比利时	515	比利时	512	芬兰	516	澳大利亚	514	比利时	513	荷兰	507	德国	517	爱沙尼亚	510
OECD平均		494		492		493		497				490		495		493

从表 4-26 中可以看出，上海的学生在各项中的表现都位居第一，比较稳定；而台湾学生的表现也不错，都在第二名到第五名之间。下面分别从数学过程和数学内容对两地的数学素养表现进行分析。

1)在形成数学中的表现

个人为了使用他们的数学知识和技能来解决问题，他们往往先要将问题转化成可处理的数学形式，PISA 称这个过程为形成数学情境。OECD 的国家形成数学的测验平均分为 492，这个分数略低于数学素养的平均分(494)，这说明了对 OECD 国家学生而言，形成数学问题是相对比较困难的作业；也可能是因为大多数在校学生所处理的数学问题，都已经被转译成数学形式了。而在数学素养测评表现好的国家或者经济体而言恰好相反，学生在这个分测验的表现通常相对高出整体数学的平均。台湾在这个分测验的得分高出数学素养数学的平均得分最多，为 19 分(以上数据均为四舍五入，因此有的差额不是表面上的数值相减)；上海高出 11

分。这说明，台湾学生在将真实情境问题转化成数学形式的表现方面，相对比较出色。

2)在使用数学中的表现

在 PISA 的数学测评中，要求学生能辨识他们的知识库中哪些内容是和目前所面对的问题有关的，并将知识以有系统、有组织的方式应用到解法之中。OECD 国家在使用数学中的平均得分为 493，和整体数学素养的平均得分相同。这个分测验的题数占了 PISA 2012 数学全测验题库的半数。表现最优秀的国家，依序为中国上海(613)、新加坡(574)、中国香港(558)、韩国(553)、中国台湾(549)、中国澳门(536)、列支敦士登(536)、日本(530)。绝大多数参与国家或经济体的平均得分略高于各自的数学素养平均得分 5 分左右，但是中国台湾的得分却略低 11 分。这说明了，对中国台湾学生而言，使用数学的过程相对比较困难。

3)在解释数学中的表现

在解释数学中，学生需要将结果与原情境进行联结。OECD 国家在解释数学测验平均得分为 497，高于整体数学的平均得分 3 分，显示对 OECD 学生而言，找出解释的数学讯息在数学问题解决的过程当中相对比较容易，也许在学校数学课当中，数学结果的评价可能是比较常见的。表现最优秀的国家，依序为中国上海(579)、新加坡(555)、中国香港(551)、中国台湾(549)、韩国(540)、列支敦士登(540)、日本(531)、中国澳门(530)。虽然使用数学测验得分略高于数学素养的整体平均得分，但对高表现的国家或经济体而言，解释数学分测验的相对表现并不佳。中国上海和中国台湾学生在该部分的表现都低于各自的数学素养得分，这说明这两地学生在解释数学方面的表现较弱，应该强化学生对数学结果的解释。

4)在变化与关系上的表现

OECD 国家在变化与关系的平均得分为 493，前十名的国家当中除了荷兰以外，其他国家地区的平均在 530 以上，依序为中国上海(624)、新加坡(580)、中国香港(564)、中国台湾(561)、韩国(559)、中国澳门(542)、列支敦士登(542)，以及日本(542)。中国上海学生在该部分的得分比整体数学素养的得分高 11 分，而中国台湾高 1 分，这说明中国上海学生比较善于处理变化与关系方面的问题。从以上排名也可看出东亚学生在处理变化与关系方面的问题都比较擅长。

5)在空间与形状上的表现

OECD 国家在空间与形状分测验的平均得分为 490。中国上海和台湾分别获得 649 分和 592 分位居前两位，而且中国台湾和位居第三位的新加坡(580)之间还存在统计学上的显著差异。因此，这说明了在空间和形状这个知识内容方面，两地学生都表现得比较突出，分别高出了数学素养测试得分 36 分和 32 分，也是各个数学内容中表现最好的一块。

6)在数量上的表现

OECD 国家在数量分测验的平均得分为 495。中国上海和台湾在此分测验平均得分为 591 和 543，分列第一位和第四位。中国台湾的得分和前三名的中国上海、新加坡、中国香港的平均数差异均达统计的显著性，但和第五名、第六名的列支敦士登和韩国并未达显著差异。在四个数学内容中，中国上海和台湾学生在数量中的得分都是最低的，而且都较多地低于各自数学素养的得分。这说明，两地学生在数量方面的表现还有待提高。

7)在不确定性与数据上的表现

OECD 国家在不确定性与数据分测验的平均得分为 493。中国上海和台湾在此分测验平均得分为 592 分和 549 分，位居第一名和第四名。排名虽然还比较乐观，但是在分数上的表现并不好。这也是两地数学教育中需要加强的内容。

从以上表格和分析中可以看出，以中国上海和台湾为代表的东亚学生在数学素养上的表现都比较突出，这和东亚学生的文化背景和教育体制有关。但是，测试所获得的数学素养成绩和公民的综合素质，以及国家的竞争力之间存在怎样的关联，还有待于进一步的论证。东亚学生的优良表现和他们所面临强大的升学压力是否有关，也是值得探讨的。反倒是芬兰、瑞典、瑞士、荷兰、列支敦士登等欧洲国家，他们的学生处在相对较少的升学压力之下，却获得了还不错的成绩，这是值得关注的。

另外，值得一提的是，中国上海和台湾在 PISA2012 的测试中，都还参加了计算机形式的数学素养测试(简称机测)，这部分测试的内容与书面测试的内容有所不同，他们的测试结果，以及与亚洲其他国家的比较情况如表 4-27 和表 4-28 所示。

表 4-27　PISA2012 数学素养机测结果(主要亚洲国家/地区)

名次	国家(地区)	低于水平 1 (低于 357.8)	水平 1 (357.8 –420.1)	水平 2 (420.1 –482.4)	水平 3 (482.4 –544.7)	水平 4 (544.7 –607)	水平 5 (607 –669.3)	水平 6 (高于 669.3)	总分
1	新加坡	2.0%	5.7%	12.4%	19.7%	24.7%	21.2%	14.4%	566
2	上海	1.8%	5.1%	13.2%	20.8%	25.8%	21.0%	12.3%	562
3	韩国	1.8%	5.4%	14.3%	23.9%	26.9%	18.7%	9.0%	553
4	香港	2.6%	5.2%	12.1%	24.5%	30.3%	18.7%	6.7%	550
5	澳门	1.7%	5.9%	15.3%	26.4%	28.5%	16.6%	5.6%	543
6	日本	2.4%	6.6%	16.3%	26.5%	26.9%	14.8%	6.6%	539
7	台湾	2.8%	7.5%	16.2%	25.0%	26.4%	16.1%	6.0%	537
OECD 平均		6.9%	13.1%	22.7%	26.3%	19.7%	8.7%	2.6%	497

表 4-28　PISA2012 数学素养机测主要亚洲国家(地区)性别差异表

名次	国家(地区)	平均分	标准差	男生平均分	女生平均分	差异 男-女
1	新加坡	566	98	566	566	1
2	中国上海	562	94	572	553	18
3	韩国	553	90	561	543	18
4	中国香港	550	87	558	540	17
5	中国澳门	543	83	549	536	13
6	日本	539	88	546	531	15
7	中国台湾	537	89	545	530	15
	OECD 平均	497	89	503	491	13

计算机测量的形式和纸质形式的测量有着较大的不同，不仅内容变化较多，而且和学生的计算机操作是否熟练也有较大的关系。从表 4-26 和表 4-27 可看出，新加坡学生虽然在纸质形式的测量中仅排名第二，但是在计算机测量中超越了中国上海成为了第一，这和新加坡的教育中普及现代化技术不无关系，而且新加坡男女学生在机测中的表现几乎相当也说明了这一点。中国上海和台湾的男生在机测中的表现都好于女生，这与男生比起女生更多接触信息技术有关。台湾学生数学素养机测表现在高水平组的比例为 22.1%，但是其低水平组的比例也达到了 10.3%，在以上国家(地区)中是最高的，需要引起重视。由于机测将会成为今后 PISA 测试的一个重要方式，随着科技的发展，信息技术也会越来越多地参与人们的学习和生活。因此，中国上海和台湾在今后的数学教育中应重视对信息技术的融入，在发展学生的传统数学能力和信息技术能力中寻找一个合适的平衡点。

4.4.3　PISA2012 中数学素养与学生、学校、家庭的关系

PISA2012 对学生在数学学习中的投入、学习数学的动力、数学信念、学习策略；学校的教学资源、教学管理和教学组织等方面进行了调查。本节结合中国上海和台湾学生在调查中的表现，就数学素养与学生和学校的关系进行简单介绍。

1. 出勤与数学素养

学习是需要投入的，如果学生在上课过程中出现迟到、旷课，那就说明该生对数学学习不积极，缺乏动力。PISA 调查显示 OECD 国家平均有超过三分之一的学生(35.3%)，在两个星期内至少有一次迟到。中国上海和台湾学生在两周至少迟到一次的比例分别为 16.6%和 22.3%，分别排名第四和第八(迟到表现较好前十名的国家或地区分别为日本、中国香港、越南、中国上海、列支敦士登、新加坡、澳大利亚、中国台湾、德国和匈牙利)，女学生则比男学生较少发生上学迟到的情况。而对应其数学表现，迟到次数越多者，其数学表现越低，中国台湾上学迟到与不迟到的学生表现成绩相差在 47 分左右。

经常旷课代表错过学习机会，也表现出缺乏兴趣，同时也对同学造成了不良的后果，因为它会产生一种破坏性的学习环境。上海有 2.9%学生，台湾有 9.3%的学生在每两周至少旷课过一次，分别排名第四和第十二(旷课表现最好前十名国家或地区分别为日本、韩国、中国香港、中国上海、列支敦士登、澳门、越南、卢森堡、捷克和比利时)。台湾有 4.3%的学生在 PISA 测验前两周内全日旷课至少一次，中国上海则为 0.6%(表现最好)。台湾旷课与没有旷课的学生表现成绩相差在 93 分左右，相对于 OECD 国家平均的 39 分差异，这个差异幅度甚巨。

2. 毅力与数学素养

毅力对数学学习十分重要，尤其是在面对难题时候，能否有毅力坚持是成功与否的关键。PISA2012 调查显示，上海有 53.1%的学生、台湾有 59.3%的学生认为当遭遇问题时，他们会轻易放弃，OECD 平均值为 56%；上海有 37.3%的学生认为碰到困难的作业，他们会拖延，台湾的比例为 45%，OECD 平均值为 36.9%；整体而言，台湾学生的毅力指数平均比 OECD 国家平均略低，上海则略高。台湾学生毅力指数每改变一单位所造成的数学成绩差异为 32 分左右，上海为 16 分左右。对台湾而言，学生数学成绩有 6%的变异可透过毅力指标所解释，略高于 OECD 国家平均(5.6%)，在参照国家中，芬兰有超过 10%的学生成绩变异可被毅力水平所解释，韩国次之(7.2%)，日本(5.4%)则略低于台湾，而其他参照国家或经济体均低于 5%的解释力。从区域划分上看，上海属于高表现高毅力区域，台湾属于高表现低毅力区域。

3. 解决问题的开放性(Openness to Problem Solving)与数学素养

学生需要有意愿投入问题，并且要在面对挑战时具有开放的态度，以便能解决复杂的问题和情境。和其他学科相同，数学的精熟需要同时具备内容知识以及对学习新事物投入心力。PISA 以下列问题来评价学生解题的开放性，包括“我可以处理许多的信息”“我可以很快理解事情”“我寻求事情的解释”“我可以轻易地将各种事实联结起来”，以及“我喜欢解决复杂的问题”等。上海学生在这五个方面的比例分别为 46.6%，55.4%，65.5%，62.2%和 36.2%；台湾学生在这五个方面的比例分别为 30.3%，42.0%，54.1%，39.2%和 25.7%。整体而言，台湾学生解决问题的开放性指针平均与 OECD 国家平均低 0.33 个标准偏差，男学生的解题开放性指标显著高于女学生；上海学生高于 OECD 国家平均值 0.07 个标准偏差，男生的指标也显著高于女生。

就台湾而言，解题开放性指针每提高一单位的改变所学生的数学成绩就会提升 34.1 分的幅度，上海则为 29.7 分。台湾学生的数学成绩将 8.9% 的变异可透过解题开放性指标所解释，上海为 8.5%，两者的这个变异解释量都略低于 OECD 国家平均(11.7%)，在参照国家中，芬兰有超过 20%的学生成绩变异可被学生的解题开放性所解释，韩国次之(17.1%)，日本(9.2%)则略高于中国台湾，而中国上海、中国香港、中国澳门、列支敦士登、瑞士等情况和台湾差不多，但解释力略低于中国台湾。新加坡、荷兰则不到 5%。在区域划分上中，中国上海属于高表现高问题解决的开放性区域，中国台湾属于高表现低问题解决的开放性区域。

4. 自我归因与数学素养

虽然学生的智力(Intelligence)和能力(Abilities)对学生的数学学习有着重要的影响,但是个人品质对数学素养也有着重要的影响。在考试失败的自我归因方面,PISA 2012 要求学生想象，如果你的数学老师在每周都会对你们做一次数学测试，而你近来都考得不是很好，你认为以下各原因的关联程度是怎样的，原因包括自己解决数学问题的能力不好、教师对这周的概念解释得不好、我对本次测验的估计不足、本周的内容太难、教师没有让我们对内容感兴趣、运气不好六个方面，并提供了强烈同意、同意、有点关系、不同意、强烈不同意这五个选项让学生选择。调查表明，在这项指标数值较高的学生往往会将数学解题失败的责任归咎于自己本身，而数值较低的学生则比较会把失败的责任归咎于其他人或其他因素。上海学生在以上六项中的比例分别为 50.4%，34.7%，24.4%，52.5%，40.6%和 32.7%；台湾学生的比例分别为 57.4%，32.2%，32.7%，41.2%，42.6%和 42.8%；而 OECD 的平均比例分别为 57.8%，47.8%，45.9%，70.8%，53.3%和 48.6%。由此可看出，整体而言，上海和台湾学生都相对于 OECD 国家平均有较低的自我责任感，分别低 0.49 和 0.39 个标准偏差，女生的表现好于男生，上海的男女生之间还存在显著差异。数学失败的自我责任对于数学成就变异的解释力，台湾有 12.2%，其他参照国家以及 OECD 国家平均的解释力仅有 0%—5%(中国上海为 4.7%)。台湾学生对于数学失败的自我责任每改变一个单位，成绩的差异幅度达 30.9 分，上海为 20.8 分。

5. 数学学习动机与数学素养

内在动机是指纯粹由活动本身所获得的快乐而从事该活动的驱动力。整体而言，中国上海和台湾学生的内在动机指针平均略高于 OECD 国家平均，分别为 0.43 个和 0.07 个标准偏差。而且男生的表现都高于女生，且存在显著差异。数学学习内在动机对于台湾学生数学表现变异的解释力达 11.3%，上海为 3.2%，而 OECD 国家的平均值为 5.2%。OECD 国家平均，学习数学内在动机指针每一个单位的改变所造成的数学成绩差异达 19.4 分。台湾学生平均对于数学学习内在动机每改变一个单位，成绩的差异幅度则高达 40.4 分(略低于韩国，排名第二)，上海为 19.5 分。从区域划分来看，中国台湾和中国上海都属于高表现和高内在动机的区域。

数学学习的工具性动机是指学习数学的动力是来源于学生认为数学对他们的未来学习和工作有帮助。调查显示，中国台湾学生的工具性动机略低于 OECD 的平均值(偏低 0.33 个标准差)，中国上海学生和 OECD 的平均值基本持平(高 0.01 个标准差)，两地的男生都比女生对数学的工具性价值有更高的认同感，且存在显著差异。OECD 的数学工具性动机可以解释 4.3%的数学表现差异，而中国台湾学生可以解释 9.5%的数学表现，中国上海学生可以解释 1.4%；OECD 每一个单位的改变所造成的数学成绩差异平均为 17.6 分，中国台湾学生为 39.2 分(略低于韩国，排名第二)，中国上海学生为 13.0 分。

6. 自我信念与数学素养

学生对自己的认识，对自己行为的看待，这对学生的数学学习有着重要的影响，尤其是在面临困难的情况下，高自我信念的学生会有着突出的表现。PISA2012 从数学自我效能(Mathematics Self-Efficacy)、数学自我概念(Mathematics Self-Concept)和数学焦虑(Mathematics Anxiety)三个方面对学生的自我信念与数学素养联系进行了调查。在数学自我效能方面，PISA2012 设置了“从列车时刻表中找出从一个地方到另一个地方需要多次时间”和“求解方程 $3x+5=17$”等 8 个问题对学生有多少信心可以解决这类题目进行调查。调查发现，上海和台湾学生的自我效能都高于 OECD 平均值，其中上海位居第一(高 0.94 标准偏差)，台湾位居第七(高 0.18 个标准差)。参与国和地区学生的数学自我效能和数学表现都呈现正相关，平均学生每改变一个单位的数学自我效能，上海学生的数学素养有 53.5 分的差异，台湾为 64.2 分(OECD 平均值为 48.9 分)；数学自我效能对于台湾学生数学表现变异的解释力高达 43.5%，上海为 34.2%(OECD 平均值为 28.5%分)。

数学自我概念，或是对于自己能力的信念，和成功学习有强烈的关联。PISA2012 设置了“我能学好数学”和“在数学课堂上我能听懂哪怕是最难的问题”等 5 个问题对学生进行调查。比较结果为，台湾学生的自我概念相对于 OECD 平均较低，低 0.45 个标准偏差，在参照国家和地区当中仅有日本(–0.52)低于台湾，上海学生的自我概念也略低于 OECD 平均值(–0.05)。而上述已指出台湾和上海学生的自我效能都高于 OECD 平均值，这说明了两地学生对于解决特定数学任务的信心高于国际平均水平，但对于他们自己的数学能力信念相对较为低落。在性别比较方面，两地男生的数学自我概念都高于女生。台湾学生平均每改变一个单位的数学自我概念，其数学素养就有 53.2 分的差异(所有地区最高)，数学自我概念对于台湾学生数学表现变异的解释力达 22.2%，上海学生在这两个方面的数值分别为 38.4 分和 10.5%，OECD 平均值为 36.9 分和 17.1%。

在数学学习和考试时候是否感到焦虑，这也是学生自我信念的重要表现。PISA2012 设置了“我在数学课堂上经常会担心数学对我来说太难了”和“我总是担心我数学会考得不好”等 5 个问题对学生进行了调查。比较结果表明，东亚国家的学生普遍有较高比率的学生感到数学焦虑，台湾和上海比 OECD 平均值分别偏高

0.31 个和 0.03 个标准差。台湾学生平均每改变一个单位的数学焦虑，其数学素养就有 34.7 分的差异，上海则为 33.4 分，OECD 平均为 34.1 分，均为负相关(波兰最高为–47.5 分，阿尔巴尼亚最低为–1.6 分)。OECD 国家(地区)中，学生数学素养变异可由数学焦虑解释占 14.2%的比例，台湾则为 8.1%，上海为 9.7%。

7. 数学活动与数学素养

PISA2012 就学生参与校内外的数学活动、未来的数学规划、周围重要人对数学的表现和规划方面等进行调查。调查表明，OECD 平均值中，“经常帮助同学做数学”的比例最高(25.5%)，“我经常参加数学社团”的比例最低(3.9%)，这表明学生都较少参与学校要求以外的数学活动，但男生都比女生参与度要高。中国上海和台湾学生的数学活动参与度都比 OECD 平均值高 0.57 个和 0.09 个标准差。在数学素养解释度上，数学行为对中国台湾学生数学表现变异的解释力为 18.7%，略低于韩国的 20.1%，排名第二，中国上海学生为 9.8%，排名第三，OECD 平均值为 1.9%。中国台湾和上海学生平均每改变一单位的数学行为指针，则分别会产生 52.1 分和 37.7 分的数学差异，分别排名第一和第三。

在学生的应用数学任务的经验和数学素养表现方面，中国上海的得分为 0.18，中国台湾则为–0.11，中国上海的女生高于男生，且存在显著差异，中国台湾则男生高于女生，但不存在显著差异。中国上海和台湾学生平均每改变一单位的数学行为指针，则分别会产生–4.8 分和 27.0 分的数学差异，OECD 平均值为 8.9 分，韩国以 27.8 分排名第一，中国台湾位居第二。对数学表现变异的解释方面，中国上海为 0.3%，中国台湾为 5.4%(低于韩国和日本，排名第三)，OECD 平均为 2.0%。在学生的纯数学任务经验和数学表现方面，上海和台湾得分分别为 0.06 和–0.04，两地的女生得分均高于男生，且存在显著差异(这方面和 OECD 的平均表现一致)。上海和台湾学生平均每改变一单位的数学行为指针，则分别会产生 2.2 分和 46.8 分的数学差异，OECD 平均值为 29.9 分，韩国以 61.2 分排名第一，中国台湾位居第二。对数学表现变异的解释力方面，中国上海不具表现力，中国台湾为 18.1%(低于荷兰、马来西亚、韩国和新西兰，排名第五)，OECD 平均为 10.8%。学生针对额外的课程、主修、学习、课程时间、职业五组配对的陈述中选择出最能描述他们对于未来生活的规划和愿望. 在数学规划方面，中国台湾学生的数学规划指标(–0.18)略低于 OECD 国家平均，中国上海则略高 0.03 个标准差。调查还显示中国台湾学生在以数学作为升学或者就业的比率相对于 OECD 低，其中男学生的平均指针为–0.21，女生则为–0.15，女学生的数学规划比男学生略高一些，但未达显著水平；而中国上海则略高于 OECD 平均值，其中男生为 0.11，女生为–0.05，男女表现存在显著差异。数学规划对数学素养表现的解释中，中国上海和台湾学生数学表现变异的解释力分别为 2.9%和 10%，均大于 OECD 平均值(2.4%)，其中中国台湾的排名第一。中国台湾学生平均每改变一单位的数学规划指针，则会产生 35.3 分的数学差异，排名第一，中国上海则为 16.6 分，OECD 平均值为 11.4 分。

周围重要人对数学的表现和规划方面，新加坡相对有较高比率的学生同意朋友及父母相对比较重视数学，而日本则是比率最低。中国台湾的数学主观规范略低于 OECD 国家平均，中国台湾与所有参照国家男生的数学主观规范高于女生，除列支敦士登以外，其他各国和地区的性别差异均达统计显著水平。而以数学主观规范解释学生数学表现的变异，则可看出对韩国的解释力最高(9.8%)，其次是日本(4.9%)，中国台湾及列支敦士登则均为 2.3%，新加坡和中国上海的解释力为 0.2%，中国澳门则不具解释力。中国台湾学生平均每改变一单位的指针，则会产生 16.8 分的数学差异，排名第一，上海则为 4.3 分，OECD 平均值为 1.3 分。

8. 数学教师与数学素养

数学教师和学生的数学学习有着直接的联系，对学生的数学素养也有着十分重要的影响。PISA2012 调查表明，倘若学校的教师短缺，教师的教学及行政工作超过负荷，教师的教学无法满足学生的需求，或者教师经常被指派去教他们专业以外的课程，这些都会阻碍学生的学习机会。中国上海和台湾学校的学生和数学教师比例分别为 118.3 和 183.9，都高于 OECD 的平均值为 106.1，这说明两地的数学教师都比较短缺。中国台湾的教师短缺可解释学生表现变异的百分比分别为 6.4%，中国上海为 2.0%，均高于 OECD 的平均可解释百分比 1.6%。而教师短缺指标与数学表现呈现负的关联，换言之，若教师短缺影响程度大，则学生数学表现较差。台湾的教师短缺指针每增加一单位，学生的数学表现显著的减少量为 25.1 分，上海则为 11.5 分。

PISA2012 还从“教师的提问能引起我们对问题的反思”等 9 个问题入手，对教师使用认知激活策略(Cognitive-Activation Strategies)进行调查，并通过比较该策略和学生数学素养表现，发现上海的得分比 OECD 平均值高 0.16 个标准差，而中国台湾则低 0.18 个标准差。这说明中国上海教师使用该策略后，学生的学习效果比较明显。使用该策略每增加一个单位，中国上海和台湾学生的数学表现分别增加 15.9 分和 13.3 分，OECD 平均为增加 4.5 分。

PISA2012 从“教师为我们制定了明确的学习目标”等 5 个方面对教师的直接教学方式(Teacher-Directed Instruction)进行了调查，并通过比较该方式和学生数学素养表现，发现上海的得分比 OECD 平均值高 0.54 个标准差，而台湾则低 0.09 个标准差。使用该评价每增加一个单位，上海和台湾学生的数学表现分别降低 1.3 分和 1.0 分，OECD 平均为降低 3.7 分。

PISA2012 从“教师要求我们帮忙规划课堂活动或主题”等 4 个方面对教师的学生定位(Teachers’ Student Orientation)进行调查，并通过比较该方式和学生数学素养表现，发现上海和台湾的得分都比 OECD 平均值低，分别低 0.20 个和 0.02 个标准差。使用该评价每增加一个单位，上海和台湾学生的数学表现分别降低 22.2 分和 34.4 分，OECD 平均为降低 21.9 分。

PISA2012 从“教师告诉我该怎么做才会在数学上表现更好”等 4 个方面对教师的使用形成性评价(Formative Assessment)进行调查，并通过比较该方式和学生数学素养表现，发现上海的得分比 OECD 平均值高 0.20 个标准差，而台湾则低 0.11 个标准差。使用该评价每增加一个单位，上海和台湾学生的数学表现分别降低 8.8 分和 3.4 分，OECD 平均为降低 10.4 分。由此可看出，在教师的直接教学方式、学生定位和形成性评价这三个方面，上海和台湾教师在教学中的使用呈现了负相关，这说明了这些方式不适合在这两地的学生中使用。

9. 学校与数学素养

在学校所在地方面，PISA2012 调查显示，农村学校或者学校所在地人口少于 3 千，那么学生的数学素养平均得分为 468 分；如果学校所在地人口在 3 千到 10 万之间，学生数学素养平均得分为 493 分；如果学校所在地是城市或者大城市(人口超过 10 万)，学生数学素养的平均得分为 504 分。另外，调查也显示了，在一般情况下，如果同一个地区学校越多，学生的数学素养表现越好。例如，在本地区有超过两所，OECD 的数学素养平均值分别为 501，488 和 481；而上海的得分为 619，608 和 587，台湾的得分为 566，523 和 549。这说明了，存在竞争(尤其是生源的竞争)，对提升学校的教育质量是十分有帮助的。

学生对学校的态度直接影响他们在学校的学习情况，PISA2012 调查显示，有 88%学生不认为来学校是浪费时间，有 87%的学生认为学习的学习对他们将来的就业有用，71%学生认为学校所学的对他们将来的生活有用，77%的学生认为学校的学习让他们做决定时候更自信。但调查也显示，学生对学校的态度和学生的数学素养表现并不存在很高的相关性，中国上海和台湾在这个联系方面，均低于 OECD 的平均值，分别低 0.33 个和 0.44 个标准差。但是对学校的态度每增加一个单位，中国上海和台湾学生的数学表现分别会增加 5.7 分和 18.2 分，OECD 平均为增加 8.8 分，其中中国台湾的增幅排在韩国和冰岛之后，位列第三。该态度对数学素养贡献率的 OECD 平均值为 1.5%，而中国上海和台湾分别为 0.3%和 2.6%。同时，调查也显示，女生对学校的态度较男生要积极。

调查还显示学校对学生的数学水平进行分层教学，这种做法与学生的数学素养表现负相关(–4.4)，上海的调查结果也是负相关(–6.8)，但是台湾的调查结果是正相关(1.5)。而在学校的选择权(简单来说就是大家认为比较好的学校)与学生数学素养的调查方面，OECD 的平均值、上海和台湾都是正数，分别为 5.9，14.8 和 17.8。PISA2012 调查显示，在测试前三个月是否参加过数学专业发展的项目，对学生的数学素养表现没有影响。PISA2012 调查显示，如果学校明确有课程与教育目标的书面说明、完整的出勤记录、教师专业发展、自我评价机制，学生的数学素养成绩会更高。令人欣喜的是，上海和台湾在这几个方面都做得不错，教育管理机制比较完善。

在学校的教育资源方面，调查显示学校的教育资源质量和学生的数学素养表现正相关，OECD 平均每改变一个单位的教育资源质量，学生数学素养就有 7.7 分的提升，上海为 8.6 分，台湾为 9.7 分；教育资源质量对数学素养贡献率方面，上海和台湾与 OECD 的平均值都差不多，分别为 1.1%，1.0%和 1.1%。学习气氛对教育质量有着重要的影响，PISA2012 从"学生不听老师讲课""上课秩序混乱"等五个方面对学校的学科学习气氛(Disciplinary Climate)进行调查，数据分布表明，学习气氛和学生的数学素养表现呈现正相关。OECD 平均每改变一个单位的学科学习气氛，学生数学素养就有 18.2 分的提升，上海则为 33.4 分，台湾为 26.7 分，均高于 OECD 平均值；学科学习气氛对数学素养贡献率方面，中国上海和台湾也都高于 OECD 的平均值(4.3%)，分别为 9.9%，5.3%。其中中国上海的学科学习气氛对数学素养的贡献率，排在新加坡(10.7%)和澳大利亚(10.4)之后，排名第三。这说明了，良好的学习氛围比起高质量的教育资源，对中国上海学生数学素养的影响更大。

10. 家庭与数学素养

PISA2012 调查表明，父亲和母亲有固定的全职或兼职工作的 OECD 平均比例分别为 89.0%和 72.2%，上海在这两个方面的比例为 87.3%和 75.0%，台湾为 87.9%和 69.6%。OECD 的国家和地区中，父亲有固定工作学生的数学素养平均分为 501 分，而父亲没有固定工作学生的数学素养平均得分为 476，相差 25 分；母亲有固定工作学生的数学素养平均得分为 503 分，无固定工作学生平均得分为 480 分，相差 23 分。上海的调查数据中，父亲有、无固定工作学生的数学素养得分为 617 和 586，相差 31 分；母亲有、无固定工作学生的数学素养得分为 622 和 588，相差 34 分(四舍五入的结果)。台湾的调查数据中，父亲有、无固定工作学生的数学素养得分为 565 和 538，相差 27 分；母亲有、无固定工作学生的数学素养得分为 563 和 558，相差 5 分。

家庭没有移民背景学生比例占 OECD 的 88.8%，他们的数学素养平均得分为 500，而有移民背景的得分只有 462。上海和台湾学生的无移民背景比例较高，分别为 99.1%和 99.5%，但是上海无移民背景学生的数学素养为 615 分，有移民背景的学生得分为 489，相差 126 分，是 OECD 测量中相差最大的；台湾在这两者的得分是 562 分和 530 分。值得一提的是，有不少国家是有移民背景学生的数学素养得分较高，例如，卡塔尔和阿联酋有移民背景学生成绩都比无移民学生成绩高 60 分以上。

在父母是否经常和小孩谈论在学校的表现、是否和小孩一起吃饭、是否专门花时间和小孩交流、是否向小孩提供数学学习材料方面，以及是否和小孩讨论数学在生活中的应用五个方面，OECD 仅对其中的 8 个成员和 3 个伙伴成员(克罗地亚、中国香港和中国澳门)进行了调查。调查数据与学生的数学素养表现进行对比，结果显示中国香港和中国澳门在前三项呈现正相关，次数越多，学生数学素养的表现越好；但是在后两项呈现负相关，次数越多，学生的数学素养表现反而在下降。这说明了，交流越多越让学生感受到家庭的温暖，有利于他们的数学学习；而数学方面给他们提供太多的材料，反倒给他们形成了更大的压力，不利于数学的学习。这种度的把握，需要父母引起重视。

PISA2012 对在科学(Science)、技术(Technology)、工程(Engineering)和数学(Mathematics)领域(简称 STEM)工作的父母，小孩的数学素养表现情况如何进行了调查。结果显示，如果父母中至少有一个从事 STEM 工作，学生的数学素养得分为 534 分，都没有从事 STEM 工作的学生数学素养得分为 501 分，相差 33 分。上海和台湾两地在这两个指标的数值分别为 638 分和 615 分，以及 595 和 574 分，差额分别为 23 分和 21 分，低于 OECD 的平均差值。这说明父母的工作性质对小孩数学素养有影响，但影响程度低于 OECD 的平均值。调查也显示，父母对小孩的未来期望越高，学生的数学素养表现越好。

4.5　本章小结

本章就内涵、测评两个方面对 PISA 的数学素养进行了论述。从 PISA 的研究中，我们看到了数学素养研究的规范性。PISA 团队首先探讨数学素养的内涵，并将其转化为可以测量的若干表现能力；然后从数学内容、数学过程和数学情境三个维度构建理论分析框架，包括建立了水平划分标准；并在这些理论框架的指导下，编制开发工具。所开发的测量工具通过了预研究的检验，在数据分析和处理之后，对每个试题都测算出难度水平。在正式测量过程中，对各个环节也有着严格的规定，包括试卷的印刷、测算环境、学生的抽样、试卷的批改等都编制了参考手册，并严格执行。测试的结果也通过数据处理后，进行严格的比较和分析。每次测量前几年都会发布 PISA 测试的理论框架，测量结束后还会发布技术报告和包含多卷的结果分析。这种研究的规范性，不但提升了 PISA 研究的公信力，研究结果具有较高的参考价值，而且其研究规范对各国的数学素养研究，甚至是数学教育的研究都具有重要的影响。此外，PISA 还从学生、学校和家庭等方面进行调查，并分析这些因素和学生数学素养表现的联系，这些对教育的改进都具有重要的意义。但是，由于 PISA 的内容众多，限于精力和能力，本章仅就其部分内容进行了梳理。

第 5 章　数学素养与数学课程

研究数学素养的最终目的，就是要更好地发展公民的数学素养。可以说，研究数学素养的内涵，探索数学素养的测评，都是为发展学生的数学素养服务，发展才是内涵和测评真正的落脚点。厘清内涵是为教学指明方向，构建测评为教学提供反馈，只有在方向的指引下，通过不断地反馈来纠正和促进，才能更好地发展学生的数学素养。而学校是发展数学素养的最佳场所，学校的数学教育是提升学生数学素养最好的途径。在学校的数学教育中，数学课程标准和教师的课堂教学是影响学校数学教育的两个主要因素。因此，接下来的两章，将分别从数学课程改革和数学教学两个方面，探讨学生数学素养的发展。本章将从国内外的数学课程改革入手，分析数学素养对数学课程改革的影响。

5.1　国外数学课程中的数学素养

在第3章和第4章，本书对国外的数学素养和PISA的数学素养研究进行了简单的介绍，从中可以发现欧美国家对培养学生的数学素养十分重视，很多国家的数学课程改革就是围绕着培养学生的数学素养而展开的。

5.1.1　欧美重视数学素养教育的背景

每一种现状的形成，都有其深层次的原因，都离不开人和物的影响，在人的方面主要是文化传统，在物的方面主要是经济基础。数学素养之所以能在欧美发达国家的数学教育中扎下根，也离不开这两个因素，这也是欧美发达国家重视数学素养教育，能围绕着数学素养开展数学课程改革的背景因素。

1. 发达的经济基础

宗教、疾病和战争，让欧洲经历了漫长而又黑暗的中世纪，但是自文艺复兴以后，欧洲的工业逐渐发展，在微积分和解析几何为代表的数学的推动下，欧洲的科技获得了飞速的发展，生产力大大提升。经过几百年的发展，部分欧美国家有了良好的物质基础，进入了发达国家的行列。这种发达的经济基础给各国教育所带来的影响是巨大的，主要可以归结为以下两个方面。

第一，推行了义务教育。正是有了强大的物质基础，政府可以给教育更多的支持，这其中最大的变化就是可以推行义务教育，免费为适龄儿童提供教育。例如，美国在19世纪上半期就推行了小学的义务教育，到了19世纪后期至20世纪初期则将义务教育逐步推广到中学阶段。义务教育给学生的学习带来的最大影响就是，他们不需要通过竞争就能继续接受教育。这种情况下，考试不再成为他们学习数学的理由，至少不是重要的理由，这点和很多东亚的学生是不同的。吸引他们学习数学的更多的是数学对他们将来发展的影响，包括数学对他们将来的生活是否有用，能否帮助他们更好地成长，在学习数学之后，思维是否更加严密，思考问题是否更加合理，能否更好地处理问题，甚至在毅力和心智方面是否更加成熟等。而这些都属于数学素养的范畴，因此义务教育的推行是实施数学素养教育的一个重要原因。

第二，公民的基本生活有了保障。发达国家的一个重要标志就是国民有着强大的保障体系，只要是本国国民，不论从事何种职业，甚至是没有职业，都有最基本的生活保障。这种情形和很多发展中国家是不同的，例如，很多东亚国家的学生认真读书的一个重要原因，是他们如果不读书就很难找到好工作，找不到好工作就不能让家人过上好生活。这种背景下，学生的学习动力更多的是来自对学科的兴趣，是意识到学科的重要性。而比起以知识记忆和解题练习为主要特点的数学应试教育，那种以建模思维和问题解决为主要特点的数学素养教育能更好地提高学生的学习兴趣；数学素养与现实生活的联系也更加紧密，能让学生更好地体会到学科的价值。因此，良好的社会保障体系，也是推行数学素养教育的一个重要原因。

2. 相对独立的文化传统

东亚国家大多有着浓厚的考试文化，受儒家思想的影响，学生的学习也会受到较多来自家庭的压力。例如，孟母三迁的故事，在当今的东亚国家还屡见不鲜。而在欧美国家，家长给了子女很大的自由，学生从小开始就相对独立，在学习上受到父母的压力较小。因此，他们在所学的科目上有较大的自主权，对某学科学习的认真程度取决于自己的兴趣和对该学科价值的判断。这种背景下，只有从个人发展、终身学习的角度上构建数学教育的课程标准，即将数学素养作为数学教育的主要目标，才能更好地吸引学生学习，也能更好地发挥数学在个人成长中的价值，这也符合社会发展的趋势。

正所谓有果必有因，欧美国家对数学素养教育的重视和国家的文化传统和社会发展有着密切的联系，而这种背景也促使了欧美学者对数学素养教育进行深入的研究，取得了很多有价值的成果。

5.1.2　国外对数学素养教育的研究

1. 学校数学与数学素养

随着数学素养重要性的日益突出，如何在数学教育中提升学生的数学素养成了重要的研究课题。那么学校的数学学习和学生的数学素养提升之间存在怎样的联系呢？有学者(Stoessiger, 2002)认为，推行数学素养教育的首要任务就是要厘清数学素养的内涵、定义，以及解释数学与数学素养之间的关系。虽然很多学者都认同数学知识是学生数学素养的基础，但是这并不意味着掌握数学知识越多越高深，数学素养水平就越高(AAMT，1997; Steen，1999; Kemp and Hogan, 2000)。此外，应该看到学校的数学学习只是个体发展数学素养的必要条件，还不是充分条件，学生数学素养的发展还与他们在学校、家庭和社区的生活经历有关。但是，提升学校数学教与学的品质，是确保学生数学素养发展的基础。

为此，需要就学校数学和数学素养之间的联系进行研究，欧美学者在这方面研究已取得了一些成果。例如，Lake(1999)透过图表在生物的学习和社会科学的学习，说明了数学和数学素养之间的差异，认为数学主要在处理资料本身的等式关系，而数学素养需要考虑与了解资料的情境。为更好地区别两者之间的区别，有学者(陆昱任，2004)就不同学者对数学和数学素养相比较的观点进行了整理，具体如表5-1所示。

表 5-1　数学和数学素养的比较

学者	数学	数学素养
Kerka	在许多国家都差不多，并且通常收到强势文化的影响； 数学被认为是抽象与中立的	反映特殊社会和文化历史的价值； 不只是数字； 有关程序和实用的知识； 是生活中运用的策略种类，包含了不同的解题方式
Steen	有力的抽象； 由过去传承的分类所组成； 大部分在学校中遇到	有力的有效性； 聚焦于在信息时代被使用的知识； 大部分在真实生活中遇到
Stoessiger	数学通常被认为是价值中立的，并且只是了解世界与解题的工具	将数学技能在日常生活、工作场合与社群中发挥功能

从表5-1可看出，数学和数学素养之间有着较大的区别，而学校的数学教育要在数学和数学素养之间寻找平衡点，既不能过于学科化、专业化，也不能过于生活化、简单化。但不是要降低学校数学的难度，从课程的角度看，数学素养的基础是在陌生的情境中使用数学的思想，数学素养不是降低水准的数学课程，而是关于提高学生如何在与他有关的情境中使用数学水平的课程。而如何推行数学素养战略，

推行基于数学素养的数学课程改革，需要各个国家探索合适的教学内容和教学方式。

2. 数学素养培养测量研究

英国于1990年推出国家基本数学素养策略(National Numeracy Strategy，NNS)。1999年9月起在英格兰所有小学开始实行，2001年9月开始拓展到第三学段，并出版了与国家基本数学素养策略(NNS)配套的教材，如《数学素养汇焦》(*Numeracy Focus*)等。在NNS中，Numeracy一词指的是，人们生活在现代社会中所需要的基本数学运算、定量思考、理解用数学术语(尤其包括各种图表)表达的信息等含有基础性和实用性的工具。虽然NNS不是国家课程标准，没有法定的强制性，学校可以自由选择采纳与否，但是绝大多数的英国学校都执行了NNS。从公布的有关调查来看，NNS的实施受到多数学校的欢迎和支持，而且学生在国家课程考试中的表现都较好(康世刚，2009)。

此外，英国的教育与技能部(The Department for Education and Skills)也推行了国家基本战略(Primary National Strategy)，该战略从20世纪90年代末开始实施，对学生的素养有了很大的促进。例如，教育与技能部(The Department for Education and Skills)在2006发行的《素养与数学基本框架》一书中，指出数学素养的培养主要通过在学校教育中设置情境，让学生在一定环境下探索、享受、学习、实践和讨论中发展自己的理解力、自信和关键的技能。学习的内容包括寻找模式、建立联结、识别关系，与数字、图形和空间有关的工作、测量、计算、分类和匹配。并指出，发展学生的数学理解必须结合故事、歌曲、游戏和想象力活动(Imaginative Play)是一种角色扮演的活动。

爱尔兰也推行了国家基本战略(Primary National Strategy)，在2011年教育与技能部(Department of Education and Skills，2011)推出了《学习和生活中的素养和数学素养：儿童和青少年中培养素养和数学素养的国家战略(2011—2020)》，在阐述了素养和数学素养的重要性之后，该战略报告从学生家长、教师、学校课程、教学方式、学业评估等几个方面分别论述了如何培养学生的素养和数学素养。

美国数学教师协会(NCTM，1989，2000；苏洪雨，2009)在《学校数学教育的原则与标准》中提出应该培养学生数学技能、数学态度和社会能力等数学素养，具体包括数学价值观的树立，对数学充满自信，应用数学解决数学内部与外部的数学问题，数学交流和推理等。在美国数学教师协会(NCTM(康世刚，2009))的《学校数学大纲及评价标准》中指出，有数学素养的标志是：懂得数学的价值、对自己的数学能力有信心、有解决现实数学问题的能力、能用数学交流、能用数学思维处理问题。致力于美国21世纪中小学课程改革的“2061”计划，在其《科学素养的基准》

一文中，将数学素养的培养过程分为四个学段，并提出了具体的要求。

澳大利亚数学教师协会(AAMT)指出，在学校教育中数学素养是所有课程学习、演讲和批判的主要组成部分，包括怎样在情境中用综合知识：各学科(数字的、空间的、绘图的、统计的、代数的)的基本数学概念和技能；数学的思考和策略；普通的思考技能和在情境中有根据的正确评价。澳大利亚数学教师协会(AAMT)有关数学素养内涵的阐述和对学校数学教学的指导，对澳大利亚的数学教育产生了重要的影响。自从2008年开始，澳大利亚的三、五、七、九年级的学生都要参加“国家评估项目——国文和数学素养”(The National Assessment Program-Literacy and Numeracy，NAPLAN)，对数学素养进行测量，测量结果将反馈给家长、学校和教师(Meeks et al.，2014)。由此可看出，澳大利亚对学生数学素养的培养十分重视。

5.1.3　主要国家课程标准中的数学素养

所谓他山之石可以攻玉，研究其他国家的数学教育，可以开阔视野，为我国的数学教育改革提供宝贵经验。国内很多学者就主要国家的数学课程标准进行了研究，例如，曹一鸣(2012)主编的文献中，对十三个国家的小学和初中数学课程标准进行了评介；史宁中和孔凡哲(2013)主编的文献中，对十二个国家普通高中数学课程标准进行介绍和比较。本节将以这两份研究文献为基础，从中分析主要国家课程标准中的数学素养。

1. 美国

美国的学校教育历来有地区控制的传统，各州被分为一定数量的学区，大型的学区通常由一个中心办公室负责设置学生的学习目标(或标准)、选择课程和组织教师的专业发展活动，而联邦政府和州政府在课程的政策方面权力有限。而自20世纪80年代以来，美国各协会组织(例如，NCED、NCTM、MLSC)发布了多项数学课程标准或类似的纲领性文献，供各学区参考。这其中最值得一提的是，由美国州长协会(National Governors Association, NGA)和美国州首席学校官员理事会(The Council of Chief State School Officers, CCSSO)在2010年6月联合推出的《统一州核心课程标准》(*Common Core State Standards*)，该标准涵盖了K-12的各个年级，包括了数学和英语同时两个基础学科的课程标准体系。标准力图以国家课程标准的形式，解决各州间由于课程标准不一带来的成绩和学习水平认证，以及教育公平的问题，力求为所有的学生提供平等的受教育机会和资源。该标准的制定过程中，有48个州和2个海外属地，以及哥伦比亚特区联合，已有46个州已签署了正式文件。标准出台后，在2013年除得克萨斯州和阿拉斯加州之外，全美50个州中已经有48个州采纳了该标准。当然，该标准要在课堂教学层面产生实质性的影响还需要一定的时间。

《统一州核心课程标准》的数学部分(Common Core State Standards for Mathematics, CCSSM)主要解决美国数学课程中存在的内容不连续、深度不够(曾被比喻为“一英里宽，一英寸深”)等问题，标准的制定是基于研究成果、基于证据，而并不完全依赖专家的观点，这点是值得各国学习的。例如，我国的一些政策(包括教育政策)过于依赖个别权威专家或行政领导的经验，缺乏理论和实践研究的基础，这种方式无疑会降低决策的效果，缺乏长期效应。CCSSM主要指明了学生应该学习哪些知识，并未说明教师该如何教，给了教师较大的自由度，但是CCSSM根据内容标准，提出了相对应的数学实践标准(Standards for Mathematical Practice)，包括：

(1) 理解问题，并能坚持不懈地解决它们；

(2) 能抽象、量化的推理；

(3) 构造可行的论证，并能评论他人的推理；

(4) 能进行数学建模；

(5) 能灵活地使用合适的工具；

(6) 能精确化(Attend to Precision)；

(7) 能寻求并利用结构；

(8) 能在反复推理中探求并表达规律。

由此可看出，这八条数学实践标准和PISA所提出的数学素养的七项能力表现(PISA2012以前是八项能力表现)是十分吻合的，这说明了CCSSM注重在教学过程中发展学生的数学素养。

在内容方面，尽管总体难度比起我国还比较浅显，但是所列出的知识都具有较强的现实背景，而且对某些知识点的要求高于我国同年级的学生。例如，在一年级中要求学生能通过组合二维图形(正方形、长方形、梯形、三角形、半圆、四分之一圆)和三维图形(正方体、直棱柱、直圆锥、直圆柱)来构造复合图形，从一个合成图中构造出新的图形(不需要知道这些图形的名称)；在二年级中要求学生能画图标或直方图来表达一组数据，使用直方图所表示的信息解决简单的组合、拆解和比较的问题；在三年级中要求学生能通过在数轴上将从0到1的区间定义为一个整体，然后平均分割成b份，每份表示$1/b$，并能在数轴上通过重复画$1/b$的长度来表示a/b，同时认识这个区间的大小是a/b等。总体来看，CCSSM在小学和初中阶段，数与运算部分的要求低于我国，但在测量与估计、数据处理、图形等方面的要求都不低，而且和实际生活结合比较紧密。这些都体现了CCSSM希望能在数学教学中，让学生更好地适应未来的生活和工作，这正是数学素养的体现。

而在高中阶段，CCSSM没有对不同能力水平进行划分，没有选修与必修的划分，也没有具体的文理科方向划分，更没有具体的学分规定。但对不同的知识——

是否牵涉到高等数学知识或是建模知识进行了标记。统计表明，在CCSSM中高等数学知识占了知识点总数的29.5%，在每一领域都有一定程度的涉及，在“数与量”部分占的比重最大；数学建模部分占了知识点总数的19.2%，在每一领域都有一定比例的涉及，除了“统计与概率”部分，在“函数”部分占的比例最大。从内容和结构可以看出，CCSSM中没有标注的内容是为学生高中毕业后的就业服务的，有较强的现实背景，注重建模思想、数据的处理和对数学工具的使用；而做标记的内容是为学生进一步升学服务的，注重对知识深度的理解，培养分析能力、逻辑推理能力和运用数学的能力。这种划分体现了不同的学生对数学的不同需求，突出了数学在个体成长中所扮演的角色，更好地体现了数学的价值。

除此之外，在美国还比较有影响的课程标准有NCTM的《学校数学原则与标准》(*Principles and Standards for School Mathematics*)，该标准中列出了从幼儿园到十二年级学生所需要学习的数学内容。和CCSSM一样，该标准也十分注重对学生数学素养的培养。例如，该标准列出了公平、课程、学习、教学、评价和技术等6条原则，在学习原则中指出学生必须通过理解去学习数学，从以往的经验和原有知识中主动地建构新的知识；在教学原则中指出有效的数学教学应该首先了解学生知道什么和需要学习什么，然后对他们的学习提供足够的挑战与强有力的支持。

从以上分析可以看出，美国的数学课程标准中不但在实践标准或教学原则等课程标准的理念上体现了数学素养的思想，而且在数学知识中，既保证了一定的数学基本知识以发展学生的思维和逻辑，也体现了较多具有应用性的内容，并提倡数学和现代化工具相结合。这些都说明了美国的课程标准较好地体现了发展学生数学素养的数学教育目标。但是，这些课程标准对具体的教学和评价没有做出具体的规定，给了教师很大的自由度，因此课程标准在学校数学教学的执行过程中可能会存在偏差。

2. 德国

在德国，文化教育事业的立法和行政权归于各州，也就是初等、中等和高等教育均由各州自行管理。虽然各州的学制略有不同，但大多分为学前教育、初等教育(大部分州是六年学制，个别州是四年学制)、中等教育、高等教育和继续教育。值得一提的是德国的教育实行的是双轨制，中学分为基础中学、实科中学、完全中学和综合中学(只在部分州存在)四类，不同类型学校学生毕业后要么就业，要么进入对应类型的大学继续深造。

德国数学课程标准的变革和PISA测试有着重要的联系，2001年PISA2000的测评结果公布的时候，德国的数学位居32个参与国的第20名，极大地打击了德国人的民族自尊心，民众将批评的矛头对准了德国的教育体系。于是，德国开始了新一轮的数学课程改革，统一教育标准就是措施之一，即为基础教育建立全国统一的最低标准，为中小学教育的核心领域制定全国课程，制定强制性全国统一的教育标准。全联邦教育标准主要针对德国教育制度中三个阶段而定：四年级(小学升入中学)；九年级(主要学校毕业)；十年级(中等学校毕业)。从2005年起，教育标准将逐步进入各个联邦州，并加以落实。数学教育标准描述的是某些学科的核心领域中可检测的能力，也就是说，它们表述了学校教育的某个部分；它们是跨域学校类型的"静态的阶段性描述"，他们描述在某个特定时间必须要具有的能力，并且这些能力局限于学习结果，而没有对教学做更详尽地描述。在标准中，提出要在各级的数学教育中培养学生的六大能力，包括数学论证。数学的解决问题，数学建模，数学表征的应用，数学符号、公式以及技巧的熟练掌握和数学交流(徐斌艳，2007)。

虽然在我国的课程标准中也出现类似的能力表述，但是其内涵和德国数学课程标准中的数学能力还有区别。例如，在德国的数学标准中，问题解决能力是指：拥有适当的数学策略去发现问题解决思路或方法，并加以反思。策略不仅包含数学算法的使用，还包括各种数学原则和辅助工具的使用。并将问题解决能力分为三个水平：水平一，通过辨析以及选择某个容易想到的策略，解决某个简单的数学问题；水平二，通过多步骤的策略性方法找出问题解决的途径；水平三，构建一种精制的策略，进行完整的证明，或者概括出某个结论；反思检验各种不同的解决方案，因此德国课程标准对该能力的要求是显性的。而我国的课程标准将问题解决能力隐含于其他数学活动中，潜移默化地培养学生的能力。尽管我国的数学教育多次强调要注重学生的数学能力培养，可是从课程标准来看，依然以"知识"为主线，"能力"为副线。虽然，能力必须以知识为依托，才能体现出来。但是，从数学课程标准的教育目的来说，我们不仅要强调学生应该学习什么样的数学知识，还要对学生在学习知识过程中所必需的数学能力阐述清晰。而我国的课程标准的具体内容中，关于数学能力的要求相对较少，即使提到数学能力也是比较笼统的要求。相反，德国的数学教育标准中，不仅对每种数学能力做了详细阐述，包括三个维度：过程、内容和水平要求；每个能力分为三个水平，对每个水平的能力，通过具体的数学案例来加以说明。在表述能力的同时，也没有忽略数学知识的重要性，因为知识和能力是并行的。由此可看出，德国数学课程标准中所提出并推行的能力更加类似于PISA中数学素养的能力表现。

在《数学教育标准》的基础上，德国各州可以指定具体的课程标准。例如，巴伐利亚州于2007年启动修订课程大纲，修订原则体现在两个方面，一是要体现全联邦数学教育标准中的能力要求，对各个年级学生应该达到的数学能力提出要求；二是大纲要为教师提供足够的自主设计的空间，以促进学校内部的发展。巴伐利亚州的数学教学大纲是从五年级到十二年级，包括对数学的认识、数学内容和能力的要求。巴伐利亚州的数学教学大纲对数学及其教育价值说明十分详细。首先，数学是一种文化成就，它为描述和设计我们的世界做出贡献，它拥有现实元素、概念、理论、结构和模型；数学在保持其独立性的同时，为解决来自各个不同学科领域的问题提供思想方法和模型。其次，数学具有应用性，它不仅是自然科学与技术的语言，而且在经济、政治以及社会科学领域，数学方法以及获得的结论也是这些领域做出重大决定的基础。大纲规定，完全中学阶段数学教育的核心任务除传授具体的数学知识以及工作方式以外，还要传授有关思维过程和决策制定的一般性观点，这些观点对于积极并有责任意识地共同参与社会发展有着举足轻重的作用。由此可看出，大纲体现了在数学教学中要注重数学价值的传播、数学思想的渗透，以及数学在现实生活中的应用。这些都有别于基于知识的数学教学、基于解题的应试教学，显示了数学对个体发展的影响，体现了对学生数学素养的培养。

3. 英国

英国没有统一的教育体制，英格兰、北爱尔兰、苏格兰和威尔士等地区有各自的教育部和教育传统，学制和课程设置也不尽相同。但是英国的教育改革一直十分活跃，颁布各种文件和法令，例如，《克劳瑟报告》和《考克罗夫特报告》。1988年，英国议会颁发了教育改革法(Education Reform Act 1998，ERA)，成立了国家课程委员会，对中小学主要科目提出了改革方案。1989年，英国颁布了有史以来第一个统一的《国家数学课程标准》(*The National Curriculum for England: Mathematics*)，即“英国5—16岁数学教学大纲”，其主要内容由数学学习计划和数学学习达成目标两部分组成。数学学习计划分为14个目标，其中，第一和第九个目标为使用和应用数学，第二至第四个目标为数，第五个目标为数与代数，第六和第七个目标为代数，第八个目标为测量，第十和第十一个目标为空间与图形，第十二至第十四个目标为数据处理。在数学学习所应达成目标中，每一个目标均被描述成难度逐渐增大的10个级别的学习水平。此后分别在1991年、1995年、1999年进行了三次的修订，调整了学习内容，减少了教学目标的数量，完善了对学生基于达成目标的学习水平的描述。

课程的基本理念包括了三个方面，分别为：

(1) 通过数学促进学生精神、道德、社会文化的发展；例如，数学提供进步的机会。

(2) 通过数学提高关键技能；例如，数学提供机会发展以下技能。

(3) 提高课程的其他方面；例如，数学提供机会去进步。

该标准不仅对教学的内容做了详细的描述，还为教师的教学提出了三条一般性的教学要求，包括为所有学生提供有效的学习机会，能正确使用语言、使用信息和通信技术，以及三项教学原则，包括安排适宜的学习挑战，回应学生多种多样的学习需求，为学生群体与个体克服学习与评价中的潜在障碍。

由此可看出，英国的高中课程标准具有以下七个方面的特点：

(1) 强调数学是一种文化。课程标准从数学可以促进学生精神、道德、社会文化的发展，提高核心技能，提高思考能力、财务能力、创造能力、工作能力等生存技能的角度，展开说明为什么要学习数学。从而形成了以学生的数学素养为数学教育目标，将数学真正融入到整个社会生活中。而不仅是强调学习数学基础知识和基本技能，这种文化的观念和意识能够潜移默化地使学生意识到数学学习的重要性，从而自觉地去学习数学基础知识与基本技能。这种文化潜在的力量是强大的。

(2) 注重数学与生活中其他方面内容的联系。课程标准不仅注重数学与计算机科学技术、经济、财务等方面的联系，还指出自然科学、医药、经济和环境开发、公共的决策也都与数学的学习有关。认为数学是可以为其他学科服务的基础科学，通过数学能为其他学科的学习提供帮助，例如，思考能力、财务能力、创造能力，以及经济及风险评估方面应用数学的能力，并发展学生能在工作中解决实际问题时应用数学的能力。

(3) 注重对学生实践能力的培养，课程标准的应用性比较强。例如，在标准中指出，通过数学的学习，培养学生的交流能力，准确、简洁的表达思想和方法的能力；通过发展逻辑思维，使用图形和电子表格去解决数值、代数和图形问题；使用动态的几何集去展示和分析数据；通过小组活动和运用数学思想的讨论来提高我们的学习和表现，通过发展逻辑思考、思索的力量、分析技能以及回顾方法去解决问题等。

(4) 强调数学是为所有的学生提供了有效的学习机会。课程标准要求学校有责任为所有学生提供一个宽广而均衡的课程，应以满足学生的个人和群体的具体需求为出发点。教师应该意识到，学生有着不同的经历、兴趣和长处，这些因素将影响他们的数学学习。教师应该计划自己的教学方法和学习，使所有学生可以在课堂中获得充分和有效的数学。同时也考虑到了残疾人等特殊群体的特殊要求，为特殊的学生设置特殊的课程。为需要特殊教育的学生制订课程规划，在评估时候必须考虑到学生所能经历困难的类型和程度。

(5) 在数学课中也注重学生语言的学习与表达。课程标准要求教师们应该有计划地帮助学生提高他们的英语水平并且把英语应用在各个学科上面。通过数学的教学，学生能正确并适当地表达自己，正确阅读和理解。在写作中，应按照语法规定教导学生正确的拼写和使用标点。说话时，应该教给学生使用准确和中肯的语言。应教导学生倾听别人的意见，并且回应和建设他们的想法和建设性意见。教导学生科目中的技术及专业词汇，以及如何拼写和使用这些单词。还应该教授学生使用语言的模式帮助他们了解和表达不同的主题。

(6) 强调多种计算技能。在进行计算教学时，强调让学生掌握数字运算，并能理解它们之间的关系，同时提出了三种计算方法：心算方法、笔算方法以及计算器方法，并提出相应的要求。

(7) 目标要求层次的细致刻画。课程标准对四个领域学生需要达成的目标分别进行了八个等级的刻画，每一个等级目标层次逐级递增，要求也越来越高。这样更能反映不同学生不同的发展需求，也更方便教师在教学中根据学生的具体情况进行把握和评价。

由于英国是最早开始探讨数学素养的国家之一，数学素养在课程标准中有着较为深刻的体现。从以上论述中也可以看出，无论是在课程标准的理念中，还是在内容的要求中，英国的数学课程标准都体现了要在数学的教学中让学生体会到数学的价值，能从数学学习中培养可用于生活、学习和工作的能力。

4. 芬兰

芬兰在PISA的测评中表现优异，这和芬兰国家对教育的重视是分不开的，该国的教育科研经费增长率远高于其他的发达国家，人均占有图书馆的比例也位居世界首位。芬兰从1921年开始实行义务教育，20世纪 70年代确立了九年制义务教育，包括免费提供教科书、日常学习用品、医疗，还为居住较远的学生提供交通费用。芬兰人民认为教育对国家的安定和人民的生活有着重要的影响，因此对教育的发展十分重视，并在数十年的时间里构建了独具特色的芬兰教育。有学者将芬兰教育改革的成功归结为以下四个方面：

(1) 教育的核心理念是为所有人建设好学校，而不是为部分人；

(2) 改革是演进式而非革命式；

(3) 成功的学校是与当地的政治、经济和文化相互融合，共同构筑社会，这也是每个人的责任；

(4) 尊重专家在区域教育领域的专业性、尊重教师和教育管理者，他们能凭借专业的知识和见解，提出最佳的解决方案和决策。

以上这些都是值得我国的课程改革所借鉴的，芬兰的教育改革充分考虑了教育各领域专家的专业性，以实证研究为基础，真正体现了以人为本的教育理念。只有保证了方法的专业性、过程的规范性，才能让教育改革的效果体现出它的优越性。

芬兰于2004年分别颁布了《基础教育国家核心课程2004》和《高中教育课程大纲》，前者针对一年级到九年级学生，后者针对十年级到十二年级学生，完成高中教育也被认为是芬兰开始职业生涯的最低要求。《基础教育国家核心课程2004》共分为九个部分，其中第七个部分是课程标准，7.6就是义务教育课程标准。虽然该标准对数学课程的内容规定的不是十分详细，仅仅起到提纲挈领的作用，但是标准对数学教育的目的和数学教学方法提出了建议。标准指出，数学的教学任务是培养学生的数学思维，具备数学思想，能运用数学，利用数学解决问题。同时指出，教学是为了培养学生的创造力、严谨的思维，以及引导学生发现、提出并解决问题；能认识到数学的广泛应用，通过数学促进智力发展，提高有目的的行为和社会交往能力。标准对教学方法也提出了要求，认为数学教学应该是有系统地开展，教师和学校要为学生数学理念和知识结构的形成提供可持续的基础；能通过具体的自然事物规律帮助学生将经验与抽象的数学思维体系联系起来；利用具有日常生活情境的问题来帮助学生学习数学、运用数学；学习过程中要使用信息技术或让学生学会利用信息技术来辅助数学学习。

芬兰普通高中课程包括必修课程、专业性课程和应用性课程三类，其中必修课程是在全国范围内执行的基础性核心课程，每位学生都需要学习，但是必修课的比例只占到60%—65%。专门化课程是学科领域的主干课程，从课程规定性角度来说，是属于学生必选的课程。应用课程的设立由各学校自主决定，学校可根据自身的实际情况，独立开设或与其他教育机构，如音乐教育机构、职业教育机构等联合开设，国家不做统一规定，不在全国范围内使用，它既包含技能操作类课程，也包含素质提升类课程，从课程规定性角度来说，应用性课程属于学生任选课程。芬兰的高中没有年级制，每一名学生都是独立的个体，自己制订学习计划、选修课程并掌握学习进度，他们根据自己今后深造的方向或未来的职业生涯以及个人兴趣去选择课程进行学习。由此可看出，芬兰的高中课程充分考虑了学生的知识基础和能力水平，以及不同的兴趣和需要，在课程设置上既重视综合性，又兼顾多样化，这更能激发和促进了学生学习的自觉性和积极性。

芬兰的高中数学课程分为高级大纲与基本大纲。高级大纲中数学教学的角色是，为学生培养职业学习和高等教育学习所需要的数学能力。高级大纲提供学生理解数学概念和数学方法的机会，以及理解数学知识本质的机会。此外，教学致力于使学生清楚地明白，数学对于社会发展的重要意义以及数学在日常生活和科技中的应用。致力于使学生：

坚持不懈地学习数学，相信自己的数学能力、技能以及思维；

敢于尝试实验和探索的方法，发现解决方法并能够质疑；

理解并会用数学语言，以便能够理解数学表达方式、阅读数学文献以及进行数学讨论，并学会重视表达的准确性以及论证的清晰性；

学会系统地理解数学知识；

发展进行表达、得出结论、解决问题的技能；

用数学方式处理信息，习惯于作出假设、检查有效性、证明推理以及评价论据的有效性和结论的普及性；

进行数学建模，并使用多种问题解决的策略；

知道如何使用恰当的数学方法、辅助技术和信息资源。

基本大纲中数学教学的角色是，让学生获得能力，处理并理解数学信息，在生活中和不同情况下使用数学做进一步地研究。数学在基本教学大纲中的教学目标是为了学生：

在日常生活和社会活动能够使用数学；

获得积极的学习经验，学着去相信自己的能力，找到从事实验，探索性和创造性地学习的勇气；

取得能为进一步研究奠定基础的知识和能力；

强调数学作为工具的重要意义，可以用来描述数学的意义，解释现象，并得出结论；

形成数学知识性质的概述和它的逻辑结构；

在媒体提供的信息接收和分析中获得实践数学形式，并评估其可靠性；

了解数学在文化发展的意义；

学习使用数字、公式和用思维支持的模型。

芬兰高中数学课程推荐学生学习高级大纲的内容，但如果学生因各种原因需要转变到基本大纲的内容，也提供了一套可转变的对应课程选择顺序。这种设计不仅考虑到了国家要求与学生个人需求之间的平衡，也充分尊重了学生选择课程的自主权。由此可看出，芬兰的数学课程标准具有较强的特色，给了学生很大的自主权，通过必修课保证学生有一定的数学基础，又通过选修课让学生在感兴趣的领域深入学习，并提供了两个层次的高中数学大纲。大纲的知识要求和教学方法的原则上都强调了通过数学培养各项能力，促进智力的发展，并能使用数学工具，运用数学解决问题，这些都说明了芬兰的数学课程标准充分体现了对学生数学素养的培养。

5. 澳大利亚

2010 年之前，澳大利亚没有全国统一的课程标准，2009 年 5 月，澳大利亚课程评估报告机构(Australian Curriculum, Assessment and Reporting Authority, ACARA)成立，负责监督从基础年级(Foundation Year，相当于我国的学前教育，简记为 F)到十二年级全国统一课程的制订，并于 2010 年 12 月公布了第一个全国统一的课程标准，2011 年 3 月公布了第一个全国统一的数学课程标准(The Australian Curriculum Mathematics，ACM)。

澳大利亚的数学课程标准明确指出了数学的价值和美，并认为数学课程应该让学生欣赏到数学推理的美。而数学思想有着悠久的历史，几乎涉及了所有的文化，它也会持续发展下去，为数学带来新的活力。而数字技术的发展不仅对数学思想的发展有所贡献，还能为数学探究活动提供新的工具支持。在数学课程标准还认为，数学理解的精确程度、数学应用的数量程度、逻辑推理的严谨性、分析思考的过程性，以及问题解决的技能，有利于学生应用数学策略作出明智的决定，并高效地解决数学问题，包括真实情境的问题。

澳大利亚数学课程的总目标是确保学生：

(1) 是自信的、有创造力、有交流能力的数学学习者，能运用数学知识来调查、解释他们在个人生活和工作学习中所遇到的问题；

(2) 具有不断增强数学的理解能力，能够提出并且解决在数字、代数、测量、几何、统计、概率等方面的问题；

(3) 能够建立起数学与其他学科之间的联系，并乐于学习数学。

ACM 十分重视学生在数学学习中所培养的数学能力，在课程标准中除了要求学生提高数学能力，如理解数学、掌握一定的数学技能、学会推理、会用数学思维思考问题、采取策略并解决问题以外，还特别提出了七项一般的能力，包括读写能力、运算能力、信息技术能力、批判思维和创造性思维、符合道德规范的品行、个人交往和社会适应的能力，以及跨文化理解的能力。由此可见，澳大利亚数学课程标准中充分体现了数学的价值，希望学生能通过数学的学习，更好地发展各方面的能力，并将数学融入未来的生活和工作中，这也是数学素养的价值所在，因此该课程标准和培养数学素养相吻合。

课程标准要求从知识掌握的程度、理解的深度、技能的熟练度三个方面来描述学生的学习质量。从理解、熟练、问题解决和推理四个方面来刻画，每个年级段学生在数学内容方面需要达到的要求。这种程度的划分，有利于教师展开数学教学，了解该教到何种程度，当然这也让学生的数学学习更有目的性。课程标准对这四种程度分别解释如下。

理解　指学生能够建立相关概念之间的联系，能逐渐应用这些相似的概念去形成新的思想。理解数学中“为什么”和“怎么样”之间的联系。当他们能够联系相关的思想，用不同的方式表达概念，区分内容方面的共性和不同，描述他们的数学思维，以及解释数学知识时，他们就形成对知识的理解。

熟练　指学生能选择合适的数学程序；能灵活地、精确地、高效地、恰当地进行程序性步骤；能毫无困难地回想起事实性的知识和概念。

问题解决　指学生能够对问题情境作出选择、解释，明确地表达问题，给出问题的数学模型；能有效地研究问题甚至交流问题的解决方式。

推理　指学生能逐渐形成良好的逻辑思维和行为的能力，包括分析、求值、解释、推理、证明和归纳的能力。

澳大利亚的数学课程中也十分重视学生的差异性培养，在 ACM 中就有专门的一部分介绍了学习者的多样性，要求教师对不同的学生在课程内容、教学过程和评估策略中做出不同的调整，关注不同内容的学习指导。而在高中数学课程中，设置了《基本数学》《普通数学》《数学方法》和《专业数学》四门课程，供不同需求的学生选择。具体内容为：

《基本数学》(*Essential Mathematics*)着重于使用数学来了解世界。此课程的重点是提供给学生数学技能和数学理解力取解决问题并能承担工作、个人、培训和社区等一系列的调查任务。另外一个重点是在课程中强调信息技术的使用和应用。

《普通数学》(*General Mathematics*)的设计思路是让学生获得自信、理解力、技能和策略来应用数学技能去分析和解决数学问题。这个课程对离散数学的一些方面做了一个简介，包括使用无微积分方法来解决最优化问题。这门课程为以后将从事农业、健康、社会科学、商业和教育的人群服务。统计和金融数学以及它们的应用是这门课程的重要部分。

《数学方法》(*Mathematical Methods*)重点介绍函数、微积分和统计，并且这门课程将为学生日后在学习经济、政治和社会科学以及物理、生物等各个分支提供坚实的基础。

《专业数学》(*Specialist Mathematics*)为那些对数学怀有浓厚兴趣以及那些在大学想要学习数学、物理或是工程专业的学生设计。这门课程重点介绍函数、微积分以及《数学方法》中提到的数学知识。同时，这门课程也将介绍向量、复数和回归方法。

由此可见，澳大利亚的数学课程标准十分注重对学生数学能力的培养，也能针对学生的不同数学需求，提供不同的数学内容和数学教学要求，这也是数学素养的价值所在。

6. 新加坡

在 PISA 的测试中，新加坡学生的表现十分优异，这和他们注重素养培养的数学教育是分不开的。新加坡的教育经历了三个发展阶段，分别是 1965—1978 年的生存驱动教育(Survival-driven Education)，1979 年到 20 世纪 90 年代初的效率驱动教育(Efficiency-driven Education)，以及从 1997 年至今的能力驱动教育(Ability-driven Education)。目前的数学教育就是注重发展学生的各项能力。

新加坡的主体学制是 6—4—2，学生自 6 岁升学后要读六年的小学，其中前四年为基础学习阶段，后两年分为标准化的、扩充性的和单语的三个分支，另外有少部分(少于 2%)的学生接受天才教育计划(Gifted Education Programme, GEP)。在六年级结束时，所有小学生参加一个毕业考试，没有通过的学生要继续读六年级，如果三次考试均为通过则直接进入技术教育学院，不再接受中学教育。中学采用四年制，前三年学生分别在专业类、标准学术类和标准技术类中学习，第四年时候允许相互转换类型。中学第四年后，专业类学生参加普通水平测试，而标准类学生参加标准水平测试，只有成绩优异的才能再学习一年后参加普通水平测试。学完中学课程的学生将参加“新加坡—剑桥”普通水准会考或“新加坡—剑桥”初级水准会考，成绩优异的学生会进入两年制的初级学院接受大学先修班的教育，为学生参加“新加坡—剑桥”高级水准考试做好准备。新加坡的大学先修班教育相当于我国的高中教育，在大学先修班阶段，数学并不是必修课，但是大约有 95%的学生会选择至少一种数学课程。初级学院的数学课程包含 H1、H2 和 H3 三个水平。

H1 水平的数学课程是为那些想要在大学中学习商业、经济、社会科学的学生，在数学方面打好基础。H2 水平的数学课程是为那些准备在大学中学习数学、物理、工程专业的学生，在数学方面做好充足的准备。H3 水平的数学课程是为那些具有很高的数学天分，并且对数学学习具有很强烈意愿的学生提供机会，以让他们可以深入地发展数学建模和数学推理的能力。H1 水平和 H2 水平的数学课程继续发展学生的数学思维和问题解决能力，其重点在于强调概念的理解和技能的熟练。在此基础上，强调推理、应用和建模以及技术的运用。学生有机会在数学学习中猜想、发现和推理。其中 H2 水平的内容比 H1 水平多。而 H3 水平的数学课程是在 H2 水平基础上的延伸和扩展，被作为一个附加的学科看待。H3 水平的数学课程中包含图形理论、组合数学和微分方程等内容。H3 水平并不完全包含 H2 水平的课程，而是对数学领域的特定内容做更加深入的研究，学习的难度更大。新加坡教育部会定期对 H1、H2、H3 三个水平的数学教学大纲进行修订。

1959 年，新加坡公布了第一个统一的数学课程标准，此后进行了多次的修改，目前比较新的标准是在 2011 年修订的(2013 年开始实施)。课程标准首先阐述了数学的价值，认为数学是提高人的逻辑推理能力、空间想象能力、分析和抽象思维能力的重要工具，在数学学习中培养计算能力、推理能力、思维技巧和问题解决能力是今后生活和工作的基础。该标准十分注重数学过程，其核心元素是学习体验，明确指出学生要做数学学习的过程中获得体验。在能力驱动教育的指引下，新加坡的数学课程标准十分注重培养学生的能力，将数学问题解决能力摆在数学学习的中心位置，围绕着这个中心，进行数学概念、技能、过程、态度和元认知的教学。具体框架结构如图 5-1 所示。

课程标准希望学生能通过数学的学习，达到以下八个方面的要求：

(1) 能获得日常生活、后续的数学以及相关学科所必备的基本的数学概念和技能；

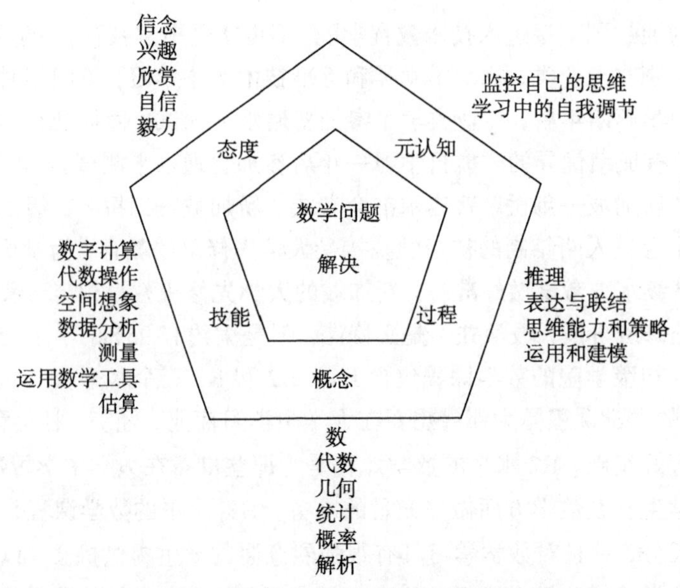

图 5-1　新加坡数学课程框架

(2) 能掌握获得、运用数学概念和数学技能所必需的过程性技能；

(3) 发展数学思维和问题解决的技能，并能将这些技能运用到解决问题中；

(4) 能识别和能运用数学思想之间的联结，以及数学和其他学科之间的联系；

(5) 培养学生积极的数学态度；

(6) 能在数学学习和数学的运用中有效地使用数学工具(包含信息技术工具)；

(7) 能进行富有想象力和创造性的活动，并从中提炼数学思想；

(8) 具有逻辑推理的能力，能够通过数学交流，能够合作学习和独立学习。

由此可看出，新加坡的课程标准具有两个主要的特点：一是重视能力的发展，用学生所具备的各项能力来衡量数学教育的效果，这和 PISA 的研究模式是类似的，是一个合理的教育—— 反馈机制。以能力为中心的数学教学，也有利于体现数学在现实情境中的价值。二是体现了多样性，让不同的学生能根据自己的基础、兴趣和未来规划，选择自己所需要的数学。因此在课程标准的制定中，数学知识的内容、难度都有不同的要求。尤其是 H1、H2、H3 的数学内容中，既有我国高中数学的基本知识，又有微积分中比较高深的数学知识，例如，级数和微分方程。而且在每个阶段都对学生的数学水平进行测试，既有天才教育计划，也有职业、技术类的教育计划，为社会培养不同的人才，力求将每个人都培养成对社会有用的人。这些都表明了，在这种教育体制和指导思想下，培养学生的数学素养成了制定数学课程标准的重要依据。

7. 日本

日本虽然地属东亚，在早期的发展中受中国文化的影响较大，但是近几十年来日本数学教育的改革更多地学习和借鉴了西方的改革思想和经验，并有机地融入自己传统中，形成了自己的特色和优势，受到了世界各国的重视。日本大约每 10 年对中小学学习指导要领(相当于我国的课程标准)进行一次修订。

日本数学课程标准也十分重视学生数学素养的培养，这主要体现在两个方面：一是课程标准的制定过程中，数学素养是一个重要的指导思想；另外一个方面是日本的教育部门重视 PISA 的测评，并会根据具体的测评结果调整日本的数学课程标准和数学教学。例如，在 PISA2003 中，日本学生的数学素养成绩由 2000 年的第 1 名，下滑到 2003 年的第 6 名；阅读理解素养成绩由 2000 年的第 8 名，下滑到 2003 年的第 14 名。这一结果引起了日本各界的强烈反响，社会舆论都认为日本学生的学力在下降。为了提高学力、改善教学、增强竞争力，2005 年 2 月，日本文部科学大臣就"为了谋求 21 世纪孩子教育的充实，在提高教师素质、完善教育条件的同时，必须重新全面地研讨国家基础教育课程的基准"。在此背景下，日本中央教育审议会进行了课程标准的修订，并指出修订的基本思想是：

(1) 依据修订后的《教育基本法》来修订学生学习的指导要领；

(2) 培养孩子的"生存能力"是学校、家庭和社会的共同理念；

(3) 要使学生掌握扎实的基础知识和基本技能；

(4) 培养学生思考力、判断力和表达力；

(5) 为了使学生具有"扎实学力"，必须保证课程的学时；

(6) 要重视学生学习兴趣的提高，以及良好学习习惯的养成；

(7) 要充实学生"丰富人性"和"健康体魄"培养的指导。

根据这些指导思想，日本文部省组织了专家进行数学课程标准的修订，并于 2008 年 3 月颁布了幼儿园、小学和初中的数学课程标准；2009 年 3 月，颁布了新订高中数学学习指导纲领，这两份纲领分别于 2011 年 4 月 1 日和 2012 年 4 月 1 日开始实施。

日本小学数学课程标准的总目标是：通过数学活动，掌握有关数量和图形的基本知识与基本技能，能有条理地解决实际问题，在培养表现能力的同时，也能使学生切实感受到数学活动的快乐和运用数学解决问题的益处，并培养将数学运用于学习和生活的正确态度。在标准中，强调了数学学习要与实物相结合，重视学生表现能力的培养，学生不仅要能表达自己的观点，还要能够演示、实验甚至融入生活实际中。通过数学活动，培养学生对数学的兴趣，让学生在数学活动中切实感受数学不是枯燥无味的，是充满乐趣的。值得一提的是，日本的数学课程标准强调了数学课程与道德课程的联系，要在数学学习中培养学生积极的生活与学习的态度。

日本初中数学课程的总目标是：通过数学活动，加深对数量和图形的基本概念、原理和法则的理解，掌握数学的表现和处理方法，能在提高数学性的思考和表达能力的同时，切实感受数学活动的乐趣和数学的优越性，培养灵活运用数学思维和数学判断的态度。在标准中，重视培养学生的数学思维能力，重视数学与日常生活的密切联系，能将数学思维运用到日常生活中。强调数学活动的重要性，能让学生体验到学习数学的快乐和数学的优越性。高中数学课程的总目标是：通过数学活动，加深对数学基本概念、原理以及法则的系统化理解，提高用数学的方式去考察和表示事物现象的能力，在培养创造性的同时，认识到数学的好处，并能够积极应用这些形成根据数学论据判断的态度。

由此可看出，日本的数学课程标准，有两个重要的特点。一是重视数学与生活的联系，在小学、初中和高中的数学课程标准中，都明确指出要培养学生在日常生活中运用数学的能力，体现了数学对个体发展的作用。二是重视数学活动过程，注重对学生数学兴趣的培养，培养正确的数学价值观，这是学生自发地、可持续地学习数学的动力来源。这些都是数学素养在数学课程标准中的充分体现。

8. 南非

南非虽然还没有参加 PISA 的测评，但是对数学素养非常重视，除了在国家的数学课程标准中提倡数学素养，还颁布了《高中数学素养课程标准》(2012 年后改为《高中数学素养课程与评价标准》)，这在国际上还是十分罕见的。

在南非的《国家课程标准》中，规定了从幼儿园阶段到九年级的各学科课程标准，即 R□9。在数学课程标准部分，指出精通数学能使人们为社会做贡献，并且能让人充满自信地参与到社会中去。数学教学的目的是在以下几个方面提高学习者的能力：

对于数学关系如何应用于社会、环境、文化和经济关系中能保持批判性认识；

以不惧怕数学的心态来处理数学情境所必需的自信心和能力；

对于数学优美和高雅的理解；

好奇心和求知欲；

对数学的热爱。

此外，标准对数学教学还提出了要求，认为数学教学应该让学习者：

认识到各种历史、文化和社会层面下的数学实践；

意识到数学是人类活动中有创造性的一部分；

对概念获得深入的理解(为了理解好数学)；

获得具体的知识和技能，以便于将数学知识应用到物理、社会和数学问题上，应用到相关科目的学习中，以及更进一步地学习数学。

最值得一提的是，数学课程标准中指出，通过数学学习应该让学习者：

获得数学素养，从而能够公正、有意义地参与政治、社会、环境和经济活动中；

能运用数学工具来揭露不平等现象和评估环境问题和危机，从而能够为社会的发展和复兴做出贡献；

能运用批判和富有洞察力的推理、解释和沟通技能去处理数学问题和情境化问题；

能运用数学符号和语言描述适当的情境；

能将数学应用到不同的情境中；

能在学习内容和数学的不同章节之间将数学知识和技能融会贯通；

能在处理数字、数据、空间和图形的处理中展现智力上、算法上和技术上的自信和严密；

能探索模型和关系；

能解决问题；

能构建新的观点和意义。

由此可看出，南非在数学课程标准中明确地提出要在数学教学中培养学生的数学素养，而正确的数学态度、各项数学能力和应用数学都是数学素养的具体体现。而在《高中数学素养课程与评价标准》中，对如何推进数学素养教学更是进行了详细的说明，其内容的框架如表5-2所示。

表5-2　南非数学素养课程标准的内容框架表

章节	内容	介绍
第一章	CAPS介绍	主要介绍CAPS的背景、概况、课程总体目标和时间分配
第二章	数学素养课程介绍	主要介绍数学素养课程的课程定位、进一步发展、各主题的概述和重要程度以及时间分配、工作进度的建议
第三章	全文每个主题的内容和范围	主要介绍每一个主题和年级的背景、内容、技能的概述和详细介绍，内容技能分为基本技能和应用两个方面
第四章	数学素养评价	主要介绍非正式评价或日常评估、正式评估、评价程序、评价记录和评价报告以及评价的恰当性等

数学素养课程标准指出，通过数学素养课程的学习，要让给学习者成为一个自我管理的人、一个积极奉献的劳动者和积极参与民主政治的公民。该课程的教学和学习过程中，应该提供分析问题并数学地解决问题的机会。标准还指出数学素养包括了初等数学内容的使用、真实的现实生活情境、解决常规和非常规的问题、决策和沟通、在问题解决中使用综合性的知识和技能等五个关键的要素。课程的进一步发展主要体现在发展更先进、更复杂的知识和技能上。具体体现在三个层次上：

(1) 内容：数学的概念和技能，是在各个年级培养数学素养的内容和方式之一；

(2) 情境：发展也应体现在自然、熟悉和复杂的问题情境中；

(3) 解决问题的信心：一个人具有数学素养的关键特征就是他能识别并应用恰当的数学或非数学的技能去解决在常规的或非常规的情境中遇到的问题。然而，没有必要的指导，解决问题的能力是不能自然形成的。

南非数学素养课程的主题内容，主要包括基本技能和应用技能两个方面。其中，基本技能方面，包括“解释和交流”“数字和数字计算”和“模式、关系和表示”等主题；应用技能方面，包括“金融”“测量”“地图、规划图及其他示意图”“数据处理”和“概率”等主题。这说明课程的主题内容无论是在基本技能还是在应用技能，都非常注重培养数学应用的数学素养。

而在课程的评价方面，南非数学素养课程标准给出了如下评价任务的确定原则：

(1) 基于真实的现实环境，并使用真实的数据；

(2) 为了探索而要求学习者选择和使用适当的数学知识内容；

(3) 要求学习者能将可能与问题的期望结果，以及有关的非数学因素罗列出来。

具体的评价主要分为非正式评价和正式评价两部分。其中，非正式评价在标准中又称为日常评价，是每天监控学习者的进步，具体涉及自我评估和同伴评估；正式评价，是评价任务所组成的正式年度评价计划，具体涉及测试、考试、作业、调查、实践任务，甚至于游行示威等。同时，数学素养有其独有的复杂性，标准基于学生的认知需求，给出对应的评价水平分类及其在正式评价中所占的百分比(张维忠等，2014)。

从以上分析可看出，虽然南非的数学素养内涵还有待进一步的厘清，但是该数学素养课程标准无疑具有十分明确的指导意义，它凸显数学教育的目的、数学对个体日常生活作用，也说明培养数学素养的主要方式(探究、体验)和数学学习结果的评价方式(形成性评价和过程性评价相结合)。南非课程标准的这种特色，虽然不至于引领各国都开设数学素养课程，但是对各国的数学教育都具有一定的启发和借鉴价值，将会更加注重在数学教学中培养学生的数学素养。

5.2　我国数学课程中的数学素养

我国一直十分重视数学的教学，自辛亥革命以来，数学就逐渐成了我国教育中的一门基础学科。数学教育的推进为我国的经济建设、社会发展起到了十分重要的作用。数学课程是数学教育的一条主线，尤其在中国当代，长期实行国家统一课程，数学课程在数学教育中的地位更加突现(吕世虎，2009)。本节将根据我国的数学课程改革历程，论述数学素养对我国数学课程改革的影响，并对国内外课程标准中的数学素养进行比较。

5.2.1　我国数学课程的改革历程

一般说来，可以将自辛亥革命以来我国的数学教育大致可以分为起步阶段(1912—1951)、学苏阶段(1952—1957)、调整发展阶段(1958—1965)、“文化大革命”阶段(1966—1976)、全面推进阶段(1977—2000)和深化改革阶段(2001—至今)六个阶段。这段期间，基于不同的时代背景，颁布了多个数学课程标准(在之前也称为数学大纲)。基于差异性和可比性的视角，本节主要介绍吕世虎(2009)博士的研究成果，他以数学教学大纲(数学课程标准)、数学教材为线索，将1949—2000年的我国当代数学课程的发展分为选择数学课程发展道路时期、探索中国数学课程体系时期和建立中国数学课程体系时期三个阶段。

1. 选择数学课程发展道路时期(1949—1957)

1949年11月1日，新中国的教育部正式成立。同年12月，教育部召开了全国教育工作第一次会议，确定了教育工作必须为国家建设服务，学校必须为工农开门的方针。会议提出了“以老解放区新教育经验为基础，吸收旧教育有用经验，借助苏联经验，建设新民主主义教育”的基本方针。1950年8月中央人民政府教育部颁布了《中学暂行教学计划(草案)》，这是中华人民共和国历史上第一份教学计划，该教学计划统一了各地的学习课程和教学学时。在数学教学计划中，规定的学时数基本都为每周五学时(初一四学时)；在教学内容上初中第一学年开设算术，第二学年开设代数，第三学年开设平面几何；高中第一学年开设平面几何、三角、立体几何(下学期)，第二学年开设立体几何(上学期)、范式大代数、解析几何(下学期)，第三学年开设范式大代数、解析几何。《中学暂行教学计划(草案)》是这一时期指导中学教学的纲领性文件，中学各年级开设的数学科目及其课时数就是按照该教学计划执行的，并根据草案组织专家编制了教科书，起草了《中学数学科课程标准草案》。

1951年3月，教育部召开第一次全国中等教育工作会议，制定发展和建设中等教育的工作方针。会议提出各科教材必须保持完整的科学性和贯彻爱国主义精神，必须以苏联的中学教科书为蓝本，编写完全适合于中国需要的新教科书。我国的数学教育开始进入了全面学习苏联教育的阶段。1952年下半年起，教育部组织专家翻译苏联的教科书和课程标准，这一时期，教育部几乎每年都发布教学计划的调整和修订方案。但是苏联是十年学制，而我国实行的是十二年学制，以此编制的数学课程大纲存在很多不足。为此，一些教师认为大纲初稿规定的初、高中教材内容少、知识面窄、程度低，建议大体保持新中国成立初期的水平。但是修订组觉得这与领导提出的编辑方针不一致，没有采纳。教育部审阅了修改后的大纲，决定作为草案印发，交人民教育出版社正式出版(1952年12月初版)，并于1953年3月正式行文，通知各地试行《中学数学教学大纲(草案)》(简称“52大纲”)。

“52大纲”由说明和大纲两个部分组成，在大纲部分，按年级陈述各科教学的内容要目、课时数等。而在说明中阐述了课程的目的，认为中学数学教学的目的是：教给学生以数学知识，并培养他们应用这种知识来解决各种实际问题所必需的技能和熟练技巧：形成学生辩证唯物主义的世界观，培养他们新的爱国主义以及民族自尊心，锻炼他们的坚强的意志和性格；保证学生获得足够的数学知识，以便他们能够升入中等专业学校及高等学校或参加国家建设的一般工作。

各部分内容的教学目的为：

(1) 算术教学的目的，在于教会学生自觉地、迅速地、确信地和最合理地进行整数和分数的演算，教会学生应用所获得的知识去解应用题并完成具有实际性的简单计算；

(2) 代数教学的目的，在于扩大学生关于数的观念，教会学生自觉地、迅速地而又最合理地做出代数的恒等变形，发展学生关于函数相依关系和图解的概念，教会学生列出方程和解方程，并教会学生运用代数知识解决有关物理、化学、天文学、技术方面、农业方面的简单问题；

(3) 几何教学的目的，在于系统地研究平面上和空间物体图形的性质，并利用这些性质去解决计算题和作图题；在于发展学生的逻辑思维和对空间的想象力，并使他们能运用所学到的知识去解决实际问题：在当地进行测量，测定各种建筑物的面积和容积，做应用于军事方面的简单测量等；

(4) 三角教学的目的在于研究三角函数及其性质，解直角三角形和一般三角形以及讲授三角在几何、物理、军事等问题上的实际应用。

该标准是当时我国数学教育的重要参考依据，此后虽然略有修改，但是基本保持了标准的设置理念。例如，《1956—1957学年度中学数学教学大纲(修订草案)》，也被称为“56大纲”，是“52大纲”的第三版，该大纲的文本结构和内容与前两个版本完全一致，在教学目的中增加了发展学生的逻辑思维和空间想象力，培养学生成为积极参加社会主义建设和保卫祖国的全面发展的新人，培养学生爱科学、爱劳动、爱集体、守纪律的美德的要求，与第二版相比，增加了发展学生的逻辑思维和空间想象力的要求。应该说，在新中国成立后全国各地教育体制不一致情况下，该大纲起到了统一和方向指引的作用。该大纲注重基础知识和基本技能，使得我国学生的数学水平有了普遍的提高。

2. 探索中国数学课程体系时期(1958—1991)

由于苏联的学制和我国存在差别，两个国家的文化和经济基础也不同，过度地学习苏联教育必将带来弊端。例如，苏联的小学是四年制的，我国则是六年制的，强行将四年的内容分配到六年中，导致了小学算术水平的下降；苏联的中学取消了统计、概率、行列式、解析几何等内容，导致中学数学教学内容知识面窄、内容少、程度低，不能满足学生毕业后进一步学习和参加工农业生产劳动的需要。针对这种状况，我国数学教育界对学习苏联的经验进行深刻的反思，伴随着全国政治运动、教育改革、学制改革等的开展，进入了艰难的探索和尝试建立中国数学课程体系的时期。

1958年春，全国中学掀起了学生下厂下乡参加生产劳动的热潮，学校教学计划被打乱，但对数学教育的影响还不大。1958年9月，教育部发出《关于小学算术课本临时措施问题的通知》，通知中明确指出：小学的算术课存在着分量轻、程度低、不能满足儿童学习要求、学习时间有浪费、教学质量不高的缺点。因此，通知认为把初中一年级的算术内容下放到小学来学是合理的，也是可能的。于是各地开始缩短学制，精简课程，并大量增加劳动时间。1958—1959学年度中学教学计划中，数学科的教学程序和教学时数都没有变动。只是提出，初中一年级的算术课中，应增加珠算和簿记的教学，所需教学时数由各地教育厅、局研究决定。但此后停课劳动的现象越来越严重，直到1961年才纠正了这种“极左”的错误。

1963年，教育部根据中央《关于讨论全日制中小学工作条例草案》和对当前中小学教育工作几个问题的指示精神，参照新中国成立以来教学工作中的经验，重新制定并发布了《实行全日制十二年制中小学新教学计划(草案)的通知》，根据这个计划，教育部于9月颁布了《全日制小学算术教学大纲(草案)》，这部大纲实现了将初中算术下放到小学的目标，适当提高了数学的教学要求，增加了课时，因此小学的算术内容也发生了很大的变化，这也是新中国成立以来第一部具有中国特色、务实的教学大纲(代婷，2007)。在新教学计划中规定：数学，要求在小学学完算术和学会珠算的加减乘除算法，在初中学好代数和平面几何，在高中学好代数、三角、立体几何和平面解析几何。在高三设立体解析几何、制图、逻辑等选修课，可任选一门或两门，不考试。

1963年，人民教育出版社起草了《全日制中学数学教学大纲(草案)》(简称“63大纲”)，该大纲在第一部分的教学目的和要求中，阐述了学习数学的重要性、中学数学教学目的、中学各阶段数学教学要求。其中提出中学数学教学目的是：使学生牢固掌握代数、平面几何、立体几何、三角和平面解析几何的基础知识，培养学生正确而且迅速的计算能力、逻辑思维能力和空间想象能力，以适应参加生产劳动和进一步学习的需要。这是我国数学教学大纲的教学目的中第一次明确提出“三大能力”的要求。“63大纲”是对1958年以来，反思学习苏联数学课程带来的弊端，对中学数学课程内容进行一系列调整的结果的反映。与“52大纲”相比，“63大纲”删除了初中算术的内容，将高中平面几何下放到初中，高中增加了平面解析几何、概率、线性代数初步等内容。该大纲中，数学教学内容的范围和深度都比“52大纲”有很大提高，在数学教学内容现代化方面向前迈进了一大步。但是，根据“63大纲”编写的数学教材正式使用不到一年，一些地区和学校就反映内容深、分量重，学生负担重。由此可见，1963年的数学课程对数学水平的要求较高，这对于培养精英可能是很好的，而对普通中学生来说有些难。但从总体上，这份数学课程大纲是被人所称道的，尤其是在重视学生的基本知识和基本训练方面。

此后，随着“文化大革命”的开始，数学教育改革不但停滞，还走向了倒退。数学、物理、化学和经济地理合起来成为“农业基础”课，学生只需要学习一些和农业、生产密切相关的数学内容就可以了，主要包括计算、测量、珠算和绘图等内容。这种现象一直到1977年,“文革大革命”结束后才得到改变。

1978年1月18日，教育部颁发了《全日制中小学教学计划试行草案》，其中规定：全日制中小学学制为十年，小学五年，中学五年。中学五年按初中三年、高中两年分段。在该教学计划的课程设置说明中，对数学的要求是：要加强数学基础知识的教学和基本技能的训练，从小学起就要注意反映现代数学的观点，小学和中学都要适当提高程度。而且数学课程的学时比重较“文革大革命”前有所提高。此后，学制逐步向“文化大革命”前的6-3-3过渡，到了1985年全国逐步恢复到了“文革大革命”前的学制。

1985年，国家公布了《中共中央关于教育体制改革的决定》，提出要有步骤地实行九年义务教育，1986年4月全国人大通过了《中华人民共和国义务教育法》，规定国家实行九年制义务教育。为此，需要修订针对性的教学大纲。1987年2月，教育部颁发了《全日制中学数学教学大纲》(简称“87大纲”)，该大纲反映了此前调整教学内容的成果。“87大纲”中所阐述的中学数学教学的目的是：使学生切实学好从事现代化建设和进一步学习现代科学技术所必需的数学基础知识和基本技能；培养学生的正确迅速的运算能力，逻辑思维能力和空间想象能力，以逐步形成运用数学来分析和解决实际问题的能力。要培养学生对数学的兴趣，激励学生为实现四个现代化学好数学的积极性，培养学生的科学态度和辩证唯物主义世界观。“87大纲”是自1978年以来，教育部对中学数学教学内容和教学要求不断进行调整的结果的反映。1990年，国家教委对“87大纲”作了修订，颁布了《全日制中学数学教学大纲(修订本)》。修订本中的教学内容、教学要求与“87大纲”基本一致。

3. 建立中国数学课程体系时期(1992—2000)

1985年5月，中共中央发布《关于教育体制改革的决定》，把提高人才素质作为教育体制改革的目的。1986年9月，国家教育委员会成立全国中小学教材审定委员会，决定改革中国的教材编写制度，实行由国家教委颁布教学大纲，鼓励各地自编教材，因地制宜，最后由审定委员会审定的原则。1992年国家教委发布了《九年义务教育全日制小学数学教学大纲(试用)》和《九年制义务教育全日制初级中学数学教学大纲(试用)》(简称“92大纲”)。“92大纲”的初中部分，在教学目的中，阐述了数学教学的目的，认为数学教育应使学生学好当代社会中每一个公民适应日常生活、参加生产和进一步学习所必需的代数、几何的基础知识和基本技能，进一步培养运算能力，发展逻辑思维能力和空间观念，并能够运用所学知识解决简单实际问题。培养学生良好的个性品质和初步的辩证唯物主义观点。并对基础知识、基本技能、运算能力、逻辑思维能力、空间观念、解决简单实际问题、良好的个性品质和初步的辩证唯物主义观点等作了解释和说明。这是我国数学课程发展史上首次在数学教学大纲(数学课程标准)中，对教学目的(课程目标)作精确的界定和说明。而且该大纲把人在社会生活和工作所需要的数学作为培养目的，体现了数学素养的思想。

在此后的内容和教学中，也体现了这一点，例如，在教学内容的选择上，要精选每一个公民所必需的代数、几何中最基本最有用的部分，教学要面向全体学生；要坚持理论联系实际；重视基础知识的教学、基本技能的训练和能力的培养。2000年3月，教育部又颁布了《九年义务教育全日制初级中学数学教学大纲(试用修订版)》(简称“2000初中大纲”)。该大纲的内容与“92大纲”基本一致，只是在教学要求和具体要求表述中，体现了一些新课程的理念，强调了数学学习的过程和探究活动。

1996年，国家教委发布了《全日制普通高级中学课程计划(试验)》(简称《高中课程计划》)，该计划与义务教育课程计划相衔接，是编制教学大纲和教科书的依据。在第一部分的教学目的中，该计划指出高中数学教学应使学生学好从事社会主义现代化建设和进一步学习所必需的代数、几何的基础知识和概率统计、微积分的初步知识，并形成基本技能；进一步培养学生的思维能力、运算能力、空间想象能力，以逐步形成运用数学知识来分析和解决实际问题的能力；进一步培养良好的个性品质和辩证唯物主义观点。并对基础知识、基本技能、思维能力、运算能力、空间想象能力、解决简单实际问题能力、良好的个性品质和高中数学中的辩证唯物主义观点等名词做了解释和说明。在教学内容的选择上，要精选那些在现代社会生活和生产中有着广泛的应用，为进一步学习所必需的，在理论上、方法上、思想上是最基本的，同时又是学生所能接受的知识。在教学方法上要面向全体学生；坚持理论联系实际；重视基础知识的教学、基本技能的训练和能力的培养；正确组织练习；改进教学方法和教学手段。“96大纲”与“87大纲”相比，新增加了一些内容，这些内容主要分布在简易逻辑、平面向量、概率统计初步知识和微积分初步知识中。“96大纲”在经过试验后，于2000年作了修订，教育部于2000年3月颁布《全日制普通高级中学数学教学大纲(试验修订版)》(简称“2000高中大纲”)。2002年，教育部又对试验修订版作了修订，颁布了正式使用的《全日制普通高级中学数学教学大纲》。

自2000年以后，我国全面推进了数学课程改革，2001年颁布了《义务教育数学课程标准》(实验稿)，标准以培养公民素质为指导思想，要求数学课程能使学生掌握必备的基础知识和基本技能；培养学生的抽象思维和推理能力；培养学生的创新意识和实践能力；促进学生在情感、态度与价值观等方面的发展。要求人人都能获得良好的数学教育，不同的人在数学上得到不同的发展。2003年颁发的《普通高中数学课程标准》(实验稿)，标准指出数学教育作为教育的组成部分，在发展和完善人的教育活动中、在形成人们认识世界的态度和思想方法方面、在推动社会进步和发展的进程中起着重要的作用。在现代社会中，数学教育又是终身教育的重要方面，它是公民进一步深造的基础，是终身发展的需要。数学教育在学校教育中占有特殊的地位，它使学生掌握数学的基础知识、基本技能、基本思想，使学生表达清晰、思考有条理，使学生具有实事求是的态度、锲而不舍的精神，使学生学会用数学的思考方式解决问题、认识世界。高中数学课程应具有多样性与选择性，使不同的学生在数学上得到不同的发展。

与之前的课程标准相比较，新数学课程标准在理念上、要求上、内容上都有了较大的区别，重视了数学对人发展的影响，体现了个体的差异性，减少了一些烦琐的计算，注重了思想方法、数学情感，更加地贴近生活。但是，这种数学改革的理念，如何在教育现实中得到落实，需要不断地摸索，而本研究也可视为这种探索的一个部分。

5.2.2　数学素养对数学课程改革的影响

从我国数学课程的发展历程中可以看出，数学素养在我国的数学课程改革中扮演着越来越重要的角色。在20世纪50年代，强调数学教育要让学生具备足够的知识，并用数学解决生产上的实际问题；在60年代，强调要培养学生正确而且迅速的计算能力、逻辑思维能力和空间想象能力，以适应参加生产劳动和进一步学习的需要；进入“文革大革命”后，只学习一些和生产有关的简单计算和测量。可以说，这段时间数学主要是为社会的生产服务，这也和当时缺乏物质，主要以农业和现代化程度较低的工业经济为主的社会背景有关。进入20世纪80年代后，随着素质教育口号的提出，数学课程改革中越来越重视数学对个人品质的影响，在课程标准中除了提倡培养学生的数学三大能力以外，还提出要培养学生对数学的兴趣、培养学生的科学态度和辩证唯物主义世界观；在90年代的课程标准中则明确提出了，数学教育应能满足学生将来作为一般公民在日常生活中对数学的需求。而在进入2000年以后，数学素养更是成了影响数学课程改革的重要因素。

1. 数学素养对小学数学课程改革的影响

有学者(代婷，2007)研究表明，在数学内容方面，1963年以前的小学数学教学大纲都偏重运算能力和逻辑思维能力的培养，其中运算能力指的是能够迅速、正确、合理地完成各种运算，片面地对运算能力的追求，这也是造成数学知识繁、难、偏、旧的一个重要原因。这说明，当时数学课程改革主要强调学生对数学知识的掌握，对计算、证明等技能的培养。而在此后的改革中，逐渐删除了抽象化、形式化的知识，在提倡学生掌握双基的同时，对学习过程和掌握的程度也作出了一些阐述。例如，在“文革大革命”后的小学数学大纲中都要求学生在理解的基础上掌握基础知识，要求学生要掌握“最”基础的数学知识。

在能力要求上，虽然重视运算能力、逻辑思维能力和空间想象能力是我国数学课程的一个重要特色，但是重心有所不同，相较前期过分注重运算能力和逻辑思维能力，后期对这个三种能力的要求相对平均，计算的比重在下降。而且，随着时间的推移，越来越提倡学生的估算、心算和臆测能力的培养；在利用数学知识解决实际问题中，也增加了“探索”这一环节，并加大了数学内容与生活实际的联系。

在教学方法方面，在“文革大革命”前，小学数学教学大纲中鲜有对教学方法的建议，“文革大革命”后才逐渐提出教师在教学中要多从实物、实例和教具出发，正确引导学生理解所讲的概念、性质和法则，防止死记硬背。而在数学教学大纲中正式提出教学方法建议的，则是在1986年的大纲中。该大纲指出数学教学要发挥教师的主导作用和学生学习的积极性、主动性，要坚持启发式、反对注入式教育，并能根据实际情况选择合适的教学方法。而在2000年后的大纲中，明确提出了学生是教学活动的主体，教师是组织者、指导者和参与者；教师要在教学中根据实际情况设计探索性和开放性的问题，让学生在观察、操作、讨论、交流、猜测、归纳、分析和整理的过程中，理解数学问题的提出、数学概念的形成和数学结论的获得，以及数学知识的应用，并通过这样的教学活动，逐步培养学生的创新意识，形成初步的探索和解决问题的能力(代婷，2007)。这些都说明了我国的小学数学课程改革越来越从重视自身的知识结构向注重知识对人的影响发展，教学过程中越来越体现了学生在学习中的主体性，逐渐突出了对学生数学素养的培养。

2. 数学素养对中学数学课程改革的影响

关雯(2006)对1949—2000年我国中学数学教学大纲进行了比较，研究发现我国中学数学课程的知识面越来越广泛，但对某些知识深度的要求有所降低；对能力的要求也越来越体现综合性，教学内容更加贴近生活，教学方法更加注重学生的体验过程。

具体表现为：

(1) 数学课程目标体系由新中国成立初期只有一般目标发展成为一般目标和具体目标相结合的目标体系，基本上形成了一个多层面、多层次，可以同时发挥宏观效应和微观效应比较完善的目标结构体系；

(2) 数学课程目标从新中国成立初期只包括知识目标和技能目标发展成为涵盖知识、技能、能力、思想、个性品质等多个维度的，更为全面的目标群体，其中，知识、技能、能力、个性品质等的内涵不断丰富；

(3) 数学教育理念从“社会本位”逐渐转向“社会本位与人本位”相结合，从“精英教育”转向“大众教育”；

(4) 数学教学内容的选择上，从忽视学生发展的需要转向以学生的全面发展为终极目的，体现了人、社会、学科三者需要的和谐发展，从过分强调数学教育的智育价值向智育价值和应用价值相统一的方向发展；

(5) 中学数学教学大纲的知识面不断拓广，教学内容联系实际的力度不断加强，呈现代化趋势，数学知识从新中国成立初期只有代数、几何、三角等内容发展到既有代数、几何、三角的知识内容，又有概率统计、微积分初步、逻辑代数初步和向量等这些应用价值极大的现代数学的内容；

(6) 代数、几何、三角教学内容不断调整浅化，但作为中学数学最基本的数学知识保持相对稳定，大纲历次删减的内容主要是过于繁杂而又用处不大的知识，对于中学数学教学大纲中一直都有的内容，例如，整式、分式、方程及方程组、函数、排列、组合、二项式定理、数列、极限、三角形、四边形、圆、多面体、旋转体、三角函数、圆锥曲线、极坐标、参数方程等可以看成中学数学中最基本的，每一个公民所必须具备的数学知识；

(7) 数学课程内容设置向综合，统一与灵活相结合的方向发展；

(8) 课程实施要求从过分关注教师的教，转变为注重学生的学，明确了教师与学生，教与学的关系。

苏洪雨和吴周伟(2009)认为，我国数学课程标准的这种变化实际上已经把“数学素养”看成一种“人们内隐的、逐步形成的”能力、素质或者修养，在学生数学的各个方面进行了体现。从国内外数学课程发展的趋势来看，这种变化无疑是合理的，也是十分有必要的。

由此可看出，数学素养对我国数学课程标准的影响在逐渐增大，具体表现在课程标准制定的理念、要求和内容的变化，在理念方面，除重视数学的工具性价值外，也突出了数学的文化价值；在要求上，从传统的三大能力逐渐拓展到数学情感上；在数学内容方面，逐步减少了过于形式化的内容，逐渐增加了与生活联系比较紧密的，具有现代化气息的概率统计、信息化工具等内容。这种思想正是数学素养的体现，当然课程标准的具体落实还有待于评价机制的跟进，以及数学教师教学内容和手段的更新。

5.3　基于数学素养的数学课程标准

5.3.1　数学课程标准的若干不足

2000年以后，我国相继推出了《义务教育数学课程标准》和《普通高中数学课程标准》，这两份课程标准与之前的旧标准有着较大的区别，更多地体现了知识的广度，降低了深度；重视了数学是应用能力，降低了数学的计算能力；重视了学生对数学的理解，降低了对数学的记忆。应该说这种变化有时代发展的必要性，也是符合社会发展趋势的，重视了对学生数学素养的培养。但是新的课程标准也存在若干不足，主要表现如下三点。

1. 知识基础与数学应用的结合点失衡

虽然在以前的课程标准中，存在着一些数学内容过分形式化、偏窄、偏深的现象，但是这个体系却为我国学生打下了良好的知识基础。正是重视对学生数学基础知识和基本技能的培养，强调数学学习对于发展学生思维能力的独特作用，才使得我国基础阶段数学教育在国际上具有较高威望。这是我国数学教育的主要特色，是宝贵的财富，是值得继承的(姜涛，2006)。而新的数学课程标准对某些数学知识的要求在降低，这是否会影响学生的知识基础，是值得进一步探讨的。例如，高中的“几何证明选讲”设在了选修系列4中，这样会淡化推理论证能力的培养；在以前是用综合法去证明立体几何的问题，这需要学生通过题意自己画出适当位置的图形，并尝试作辅助线，而且还会经历错误的尝试，不断修正，最后还要用公理化的语言完成题目的证明，这些过程对于培养学生的空间想象力、分析判断能力、逻辑推理能力、论证能力、数学语言转述能力等都是有益的，但如果用向量法代替综合法，那么会大大削弱上述能力，使得立体几何变成了计算问题，那么立体几何那种培养学生空间观念的意义也就大大减弱(刘婷，2010)。而且，如果知识的编排比较复杂，这是否会影响学生对知识的系统掌握，也是值得关注的，这些都需要有关部门对数学教育的效果进行不断的监测。此外，在新课程中增加了一些知识内容，不可否认有些知识的学习是十分有必要的，例如，概率统计知识、估算、现代技术的使用等知识确实具有较高的实用价值。但是，所分配的学时是否过多，是值得商榷的。

在数学的应用方面，我们必须先认识到学生为什么要学习数学？难道仅仅是因为数学知识在现实生活中用得到吗？如果学了什么知识就是为了能用到，那应该去当学徒而不是来接受学校的教育。应该看到，在人的生活和工作中是能用到部分数学知识的，但这部分知识的比例是比较低的。数学的知识内容、数学结果对于大部分人来说是没有多大意义的，但是学习数学知识的这个过程，对人的成长却是十分有价值的。通过对数学知识的学习，在经历了计算、证明而得到某个数学结果这一个过程中，学生的思维得到了训练，逻辑推理能力得到了提升，并逐步具备了分析问题、解决问题的能力，这些都是学习数学的价值。试想一下，人在面对各种问题时候，为什么该知道怎么去处理？例如，能选择最优化的工具和时间从A地到达B地；能在制定方案时候思考是否漏掉了哪些可能？等等。这些知识在教育中都没有明确地、具体地教授，而人们又都能掌握，这就是因为他们接受了教育，尤其数学的教育，让他们的逻辑思维能力、空间想象能力、计算能力得到了提升，从而能更好地从现实问题中构建出数学问题，并分析问题、解决问题。因此，大部分的数学知识是没有实际用途的，学习它们是为了更好地促进学生心智的成熟。倘若所有的数学内容都强调它的应用价值，这就失去数学教育本身的目的。在数学课堂教学中，数学应用只能是适可而止，不可过分追求，不必什么内容都要强调从学生已有的生活经验出发，让学生亲身经历将实际问题抽象成数学模型并进行解释与实际应用的过程。这种做法不仅在学时上不允许，对学生在数学知识体系的构建上也是不利的，过分地重视数学过程的体验和数学知识的应用会导致学生对知识的认识见木不见林，难以形成整体的知识系统。

新课程对数学基础知识和数学应用的一减一增，也引起了一些学者的关注。刘婷(2010)研究指出，数学课程标准的研制要处理好继承和发展的关系，课程内容广而浅，难度过分降低势必影响人才的质量。应该看到，欧美一些国家的数学教育已经表明了，扎实的数学基础教育是发展数学素养的基础，“一英里宽，一英寸深”的数学人才是不能令人满意的；在追求知识广度的同时也不能忽视对知识深度的降低。已有学者研究表明了，课程改革从“广而浅”的课程向“少而深”的课程转型，是迫在眉睫的课题(佐藤学，2004)。因此，知识基础和数学的应用应该在课程标准中找到一个更好的契合点。

2. 知识体系和内容要求有待进一步厘清

新课程标准在内容编排上采用了螺旋式上升的方式，这种编排方式起源于20世纪60年代，美国著名教育家和心理学家布鲁纳(Bruner)所提出的螺旋式课程(Spiral Curriculum)。布鲁纳认为要掌握并有效地加以运用自然科学、数学的基本观念和文学的基本课题，不能只靠一次学习就达到目的，必须通过反复学习，通过在越来越复杂的形式中加以运用，不断地加深理解，进而逐渐掌握；而螺旋式上升的课程编排可以让学生在一定的时间内学习、探索一套逐渐加深、拓宽的复杂概念体系。这就是说，应该将比较高深的科学知识让学生从低年级起就开始学习，以后随着年级的升高，多次反复学习，逐渐加深理解，这样才能真正掌握它(孔凡哲，2007)。应该说，这种编排方式有其合理的一面，体现了学生思维发展的阶段性特点。但是，这种方式如果处理不好，容易导致两个方面的问题。

一是过于分散的知识体系，容易让学生缺乏对知识的系统认识，理解比较肤浅，应该根据具体的知识的内容、学生的年龄，恰当地处理直线型和螺旋型的关系。例如，刘婷(2010)在研究中指出，同样是研究数，初中是在实数范围内研究，高中引入了复数，这样是螺旋式上升；初中是研究平面几何，高中是在三维空间中研究立体几何，这也是螺旋上升；而在新课标中，前面讲立体几何初步，介绍图形和基本的关系，到后面讲具体的定理及计算等内容，这就不能算是螺旋上升，只能说是把一整块知识割裂成两部分，这种结构打破数学的逻辑体系，不利于学生理性精神与严谨思维能力的培养。不仅打乱了原有的知识体系，而且每模块固定三十六课时过于死板，这导致了有的模块讲不完，而有的模块不够讲，缺乏对教学实际的考虑。

二是不合理的内容设置，反而增加了教学的难度。例如，什么年级该学习什么内容的数学？该学到什么程度？这些问题如果处理不好，都会给学生和教师带来很大的困扰，反而增加了课程的难度；而且处理不好会有一些内容出现知识断裂的现象。例如，立体几何的内容，在高中必修2中设有立体几何初步，在选修2-1中有空间中的向量与立体几何，知识体系就出现了断裂。因为教师在讲前一部分的时候讲不透彻，学生尚未完全理解，就转入下一知识的学习，等到选修课再讲后一部分的时候，还要对前面知识进行复习，导致课时不够用，而且学生掌握起来也比较吃力，还有像解析几何、概率等内容也一样出现此类问题。这种安排内容的方式使得各章节之间缺乏紧密的逻辑衔接关系，给学生的学习和教师的教学都增加了难度(刘婷，2010)。应该看到，螺旋式的内容学习这并不是说，一开始就让低年级学生去学习艰深的公理、概念、公式，而是要用适合学生能力水平的方式来学习，教什么知识，使用什么样的方式方法等，这些必须经过慎重的选择。而且螺旋式上升课程设计和教材编排往往需要相应的教学形式相匹配。在这个方面，美国的一些做法或许能给我们带来有益借鉴。美国的中学数学教学实行了螺旋式的教学安排，即为了帮助学生树立数学的整体观点，学校的数学教学主要有两种处理方法：一方面是在分科递进的数学教学中，教师有意识地加强数学不同分支之间的内在联系，例如，用几何问题引入代数概念，或用代数方法解决几何问题；另一方面，普遍使用跨分支的综合数学教材(孔凡哲，2007)。这些都说明了，螺旋式上升的编排体系在内容的设置上需要精心的考虑，教师的教学方式上也要合理的处理，这些问题如果处理不好，不但达不到预期的效果，反而会降低学生的数学基础。

新课程的基本理念是要面向全体学生，适应学生个性发展的需要，提倡不同的人在数学中有不同的发展。但是，在义务教育阶段这点并没有体现，学生没有自主选择的余地；而在高中阶段所实施的选修课程并不彻底，这导致了虽然设有选修课，但是对如何操作，以及选修课内容的划分还需要进一步探讨。而且大多数学校可供学生选择的科目有限，学分制更是形同虚设，并未能真正体现不同学生对数学的不同需求。这种大一统的要求，与数学素养的个体差异性是不相符的。

3. 教学理念和教学方法需要深化与落实

新课程的基本理念是以学生为主，指出学生是学习的主体，教师是学习的组织者、引导者与合作者，学生可以在教师的指导下进行自主选择，必要时还可以进行适当地转换、调整。这种定位的出发点是正确的，它能有效地改变以往教师满堂灌的教学方式，也有利于学生更扎实地掌握数学知识。但是，不能矫枉过正，不论是概念还是性质，学生都要参与获得知识的全过程，什么知识都是通过引导学生自己去发现。这不但影响了课堂教学效率，也影响了教学质量。应该看到，不但有很多的数学知识是不适合探究式、发现式、体验式教学的，而且也并不是所有学生都能适应这种学习方式，在实际的教学中，所谓的小组讨论往往是几位成绩优秀学生的独角戏。这不仅是因为学生的阅历和生活经历有限，而且很多知识是通过几千年的积累而发展形成的，学生很难在有限时间内掌握其精髓，必须由教师有意义地传授、指导和学生有意义地接受学习。

事实上，在课堂教学中，判断学生学习方式的好坏和优劣并不在于进行接受式学习还是发现式学习。而在于学生是否真正成为了学习的主体，是否在积极地进行独立思考，是否在主动参与课堂教学，是否是有意义的学习。如果学生没有成为学习的主体，只是消极、被动地进行发现和探究，这种学习也是机械式学习方式，不会有多大的效果。有意义接受学习的方式不仅不能全盘否定，而且在今后的数学课堂中仍然是一种主要的学习方式，因此，教师定位就不应该仅仅是学生学习的组织者、引导者和合作者，而且还应该是知识传授者(姜涛，2006)。也许，课程标准的制定者的本意也是如此，但是由于缺乏必要的培训和监管，课程标准的理念和教学方式在落实上还存在着较大的偏差。这点从很多学者的调查研究中就可以体现。例如，杨红萍和喻平(2008)在对山西省初中教师的调查中显示，在对课标理念的认同程度上，42%的教师选择了不太认同，还有7%的教师选择了反对，更有62%的教师认为本次课程改革的理念与目标是难以实现的，72%的教师认为课标内容和要求难以在教学实施中理解和把握；而在对“课程标准的设计是否增强了数学课程的针对性、实效性”这一问题的调查中，68%的教师选择了不太认同。金立村(2005)调查表明，只有41%的教师利用课程标准确定目标，仅有27. 3 %的教师认为能把握好新增内容的教学目标。这些都说明了，课程标准无论在内容上、操作上，还是评价指导上应该更明确，通过有效的教师教育，让新课程的理念得到真正的落实。

5.3.2　数学课程标准修订的若干建议

事物总在不断地变化之中，因此数学课程标准的修订是一个长期的工作，它需要根据各种反馈不断的调整。基于5.3.1小节的分析，可看出现有的数学课程标准在发展学生数学素养方面还存在一些不足。结合上述研究过程，本研究对新数学课程标准的修订提出了若干建议。

1. 夯实基础，体现特色

数学知识是数学素养的基础，没有一定的数学知识积累和数学技能训练，是无法发展学生数学素养的。因此，在数学课程标准的改革中，要重视对学生基础知识和基本技能的培养，它们也是学生基本思想和基本活动经验的基础。这就需要在课程标准的内容选择中，要重视知识的系统性，要能在保证知识具有一定整体性的情况下，再融入螺旋式知识编排的优势。应该看到，在总学时一定的情况下，知识的广度和深度的处理始终会是个矛盾，它们各有优势，但是如果我们培养的是什么都懂，但什么又都不懂的学生，这显然不是我们数学教育的目的，这种学生的数学素养水平也必然不会太高。因此，在课程标准的改革中，如何处理知识的广度和深度是一个十分重要的问题。从发展学生数学素养的角度上说，合理的知识深度是素养发展的基础，只有掌握了一定的数学基础，才能利用数学来形成问题、分析问题和解决问题。当然，知识的广度也是十分重要的，尤其是具有现代化背景的知识，对学生的未来发展具有很重要的作用。

在课程理念方面，虽然可以提倡快乐学习，但这并不能以降低难度为代价，尤其是一些核心知识的难度还需要保持在一定的水准上。其实，无论是哪一个学科的学习，如果没有投入一定的精力、没有经历一定深度的思维过程，是难以达到学习效果的。所谓的快乐学习和知识的深度并不能完全画上等号，难道课程的难度降低了，学生就一定都会喜欢吗？只要真心喜欢数学的，对数学感兴趣的，他在学习中就会感到快乐。例如，浙江大学校长吴朝晖，虽然从事的是计算机方面的研究，但他把解数学题作为学习之余的消遣(朱斌等，2015)。当然，这并不表示数学越难就越好，过于难的知识内容反而不能起到良好的效果。从学习心理学角度分析，学生对适当高于自身基础知识的学习是最有效率的。因此，可根据学生不同的需求设置不同难度、不同类别的数学内容。

由于个体思维特征、成长环境等的区别，不同学生对数学有不同的兴趣、不同的需求，到了高年级后，数学基础也会有不同，这就需要数学课程标准在保证学生具有一定的数学基础后，能根据学生的不同需求设置不同的选修课程。目前，在高中阶段虽然设置有选修课，但还不是很完善，是一种不太彻底的选修课制度；而在初中阶段，所有学生所学的基本上都是一样的数学。这与尊重个体在学习中的差异性是不相符的，也不利于学生数学素养的发展。如果说义务教育的前八年有必要大家学习共同的数学基础知识，那么到了九年级应该根据学生不同的需求开设不同的选修课。例如，对于准备进入普通高中进一步学习的学生，可以为他们开设知识性较强的数学课程，为他们的进一步学习打下基础；而对准备进入职业高中的学生，可以为他们开设数学文化课程，让他们了解数学的发展历程以及数学在社会文化中的应用，体验数学的文化价值。在高中阶段，可以根据学生未来要选择学习的专业、大学的层次，设置不同难度和不同内容的数学课程，落实选修课制度和学分制。当然，这种分层次、体现学生个性差异的数学课程的实施，需要相应的教育体制作为配套，通过选拔机制引导、深化数学教育课程的改革。

2. 借鉴 PISA 的数学素养框架

在数学教育中发展学生的数学素养，已成为国际社会发展的趋势，我国也在20世纪80年代就提出了素质教育的口号，要把发展学生的素质当做学校教育的重大任务。新课程改革中，虽然也培养学生的数学素养作为重要的指导思想，但是无论是在对数学素养的理解方面，还是在知识结构的处理方面，以及对知识和能力的要求方面都存在一定的偏差。这不仅导致了滥贴数学素养标签的现象，在教育实践中也有偏离数学素养本质的倾向(黄友初，2015b)。而PISA经过了十多年的研究，汇集了国际上的数学教育专家共同探讨，在数学素养的内涵、表现、要求、测评等方面已比较成熟，我国的数学教育可以从中吸收有益成分为数学课程的改革服务。

PISA给出了一个基于联部联结的个体内部反应的数学素养概念，为了更好地观察、测评和发展，PISA将个体所具备的数学素养，转化为适合处理的其中能力表现，包括沟通交流的能力、数学化的能力、数学表述的能力、推理和论证的能力、制定解决问题策略的能力、使用符号化的能力、公式化以及使用技术语言和运算的能力，以及使用数学工具的能力。然后，将数学内容分为变化和关系、空间和形状、数量和不确定性四个部分，从形成数学、使用数学和解释数学三个方面阐述学生学习数学的过程。在测评方面，PISA从个人、职业、社会和科学这四个方面的情境入手，编制试题，测评后根据学生的表现，将其数学素养分为六个水平(不包括低于水平1)。

PISA的数学素养框架结构逻辑性十分清楚，各环节相互联系，尤其是在论述和测评方面，都做到了有理有据，能基于实证研究的结果进行分析，具有较高的借鉴价值。尤其是将较为宽泛的数学素养转化为便于观察和测量的数学能力，以及将能力表现分为若干水平等级这两个方面，值得新课程改革借鉴。我们可在数学课程改革中，基于我们的实际背景，构建学生所应具备的能力体系，并根据这些能力来选择数学的内容，并针对具体的教学内容，给出相应的难度要求。而在测评方面，PISA团队能严格根据内容、情境和能力的要求设置问题，通过预研究检验问题的难度和效度，这种方式对我们数学考试的规范性和合理性方面，尤其在大规模的数学考试时候，是具有借鉴意义的。

3. 开展针对性的教师教育

由于2000年以来的数学课程改革较以前相比力度较大，很多教师对于课程理念的理解、新增加数学内容的把握、教师角色转换以及教学方式的变化都还未能适应，也还未吃透。这些都需要通过培训才能进一步把握，但是很多学者的调查表明，目前我们对在职教师的培训次数和培训针对性都还有待提高；而在职前教师教育方面，也缺乏必要的重视。

桂林和刘丹(2003)调查表明不少高中数学骨干教师教龄都在10 年以上，他们普遍感到所学知识已经老化，需要更新知识，提高专业知识水平，多数教师的教学方法和教学手段已经陈旧，迫切要求接受教学方法改革和现代教育技术的培训；教师普遍认为，高中数学教师要加强数学课程、数学教育类课程以及数学教育实践等课程的培训，把先进的数学教育思想与教学方法研究以及新的高中数学课程标准和教材的培训作为重要的培训内容；有52.38%的教师认为当前提高数学教师素质最有效的方法是参加教学改革实践，32.54%的教师认为是在职进修。杨红萍和喻平(2008)调查表明，58%的教师参加新课程培训的次数为两次，30%左右的教师一次也没参加过；有56%的教师觉得培训内容与实际教学脱节；目前，教师最需要的培训依次是关于课程标准的理解、对教材的理解与实施、课程资源开发与应用等方面；在提升教师专业化水平途径的调查中，31%的教师选择参加各级新课程培训，25%的教师选择了学习现代教育理论，23%的教师选择学习补充专业知识，12%的教师选择参加各类教研活动，9%的教师选择了专家引领和与专家对话等内容。宁连华(2008)调查表明，教师对新增内容的关注和掌握情况难以确保这些内容的教学质量；一方面，教师对新增内容的了解程度偏低，69.9%的教师只敢说自己“对于算法、统计案例等新增内容的相关知识略知一、二”；另一方面，教师认识新增内容的途径过于单一、狭窄。除了教材，高达83.5%的教师只能通过教学参考书来增进与新内容相关的教学知识。全光淑(2014)调查表明，有不少中学教师表面上似乎接受了新课程的教学理念，但是实际上还持着“工具性”数学观，教学过程中“以教师为中心”。肖绍菊(2006)和刘和景(2006)分别对民族地区的数学新课程实施情况进行了调查，结果显示教师的教学理念和教学方式与新课程的要求都存在不小的差距。

这些调查结果都说明了，要在教学实践中落实数学课程标准，需要重视教师，包括对在职教师的针对性培训，以及对职前教师的有效性教育(欧美学者(Kaisev and willander, 2005)的研究也表明了，教师是发展学生数学素养的关键因素)。其实，各级教育部门对教师教育一直十分重视，在一些地区在职教师参加培训与教师的职称晋升挂钩。但是，这些培训的效果参差不齐。调查表明，多数教师对当前的教师培训形式颇有微词，以师范院校、教研部门等组织的“短期集中培训班”为主流的培训形式日渐暴露出其弊端；且不说这种“校外培训”方式有利益驱动的倾向，单就其“理论传播”“大班组织”“单向独白”的培训特点也很难促进教师教学知识的有效发展(宁连华，2008)。也有调查表明，农村教师的新课程培训形式单一，脱离农村实际，而且缺乏反馈机制(田琦，2009)。另外，教师对新课程的理念、教学内容、教学方式需要有更多的了解，有调查表明在职数学教师最希望接受到的培训知识分别为：数学教育理论、数学专业知识的扩展、现代信息技术与数学、课堂教学技能训练及数学科研指导等(桂林和刘丹，2003)。也有学者指出，作为培养中小学教师基地的高等师范院校，需要适应基础教育课程改革与发展，突破传统师范教育“老三门”的课程设置，在课程模块、实施形式、教学方式等方面体现教师教育课程结构的综合性、均衡性和选择性(王克勤等，2006)。有学者研究指出，教师教育的课程体系构建应从能最大限度地发展职前教师教学知识的角度出发，无论是在课程的设置上还是在教学方式上，都要有效地促进教师在教学中所需要的知识，包括静态的理论知识和动态的实践知识(黄友初，2015a)。因此，要在教学实践中进一步落实数学课程，更好地提升学生的数学素养，就需要开展针对性的教师教育。为此，可以在以下两个方面开展教师教育工作。

首先，在职前教师教育中，要重视对职前教师教学知识的培养，包括具体学科知识的教育，以及提升职前教师的学科教育理论知识，在学科教育的教学过程中，向职前教师传达新课程的教学理念、学习课程标准的具体内容，并能通过实践活动，提高学科教学的技能。由于职前教师还没有教学工作的经历，他们对教学是陌生的，尤其是对教学中该如何把握学生的知识基础、思维特点、课堂反应等方面都不会很准确，这对他们的教学会产生很大的影响。为此，除尽量为他们创造实践机会外，也可在实践场所受到限制的情况下，通过阅读有关的教学文献，深化教学研究，以研促教。

也许有人认为教学研究与职前教师将来的教学联系不大，这是一种认识上的误区。以初中数学的勾股定理教学为例，这是一个经典的数学知识，需要让学生掌握直角三角形中两个直角边的平方和等于斜边的平方。那么在准备教学时候，教师是否了解学生都掌握了哪些知识？勾股定理有什么历史发展背景？勾股定理的学习过程中学生需要用到哪些知识，以后又会在哪些知识的学习中经常用到勾股定理？勾股定理在现实生活中都有哪些用处？学生常见的错误都有哪些？学生的思维特点是适合在课堂中逐渐发现勾股定理，还是先告诉学生定理让学生逐步去验证？该怎样设计教学才最合适？各个环节的教学时间分配该怎样？这些问题都是以往教师的教学过程中常出现的，很多教师或学者已经将其撰文发表，倘若学生能通过文献阅读看过这些文献，那么他在勾股定理教学中必定能更加合理地组织教学内容、设计教学流程。这不但加深了职前教师对学科知识的了解，也会很大地提高职前教师对该知识点教学知识，从而提升教学的质量。同时，以研促教不仅可以培养学生的学术研究能力，提升教学的设计，更重要的是可以让学生养成良好的习惯，是真正的授之予渔。在高校的教育教学中，通过多个知识点的研究与训练，让学生掌握了研究的方式，让他们在今后的教学中，碰到具体的教学知识点，能通过文献研究，深入分析该知识点的背景、特点、学生的思维等，从而更好地提高教学质量。

为此，高师院校要合理地组织职前教师教育的课程内容，要明确课程的教学是为了向学生传达哪些信息，在教学过程中哪些内容或者内容的哪些方面对学生是最有价值的等问题。

其实数学教育的课程内容，如果过多的介绍教育理论，对学生来讲“不实用”，但若过多的分析教学案例，则容易让学生陷入“见木不见林”的境地中，若是两者结合，则该如何结合？两者之间的什么比例是最合适的？用什么判断标准？这些问题在以往更多的是借助于教师个人的经验。在基于学生教学知识发展的授课中，教师在备课时候，应该思考教学内容与学生教学知识的联系，以及多选取学生所缺乏的教学知识的课程内容。例如，在数学史课程的教学过程中，就古希腊数学史这部分就有很多的内容，在备课过程中，授课教师就要思考哪些知识点，以及该怎么组合才能更好地促进职前教师教学知识的发展。与其流水账式地介绍古希腊的数学发展，不如选取与中小学数学相关的知识点，例如，有理数、无理数、初等几何、公理化思想等，以理论知识结合知识点融入教学的案例等形式对学生进行说明，这样的内容对学生的教学知识发展将有更大的促进作用。在教学过程中，授课教师还要随时关注学生的教学知识动态，对于其薄弱的环节要给予加强。从教学内容的角度上说，授课教师要根据学生的特点，多选取学生所欠缺的教学知识内容，在教学中重点讲授。教学知识的选取和组织具有很大的灵活性，授课教师若能以提升学生的教学知识为基准，合理地选取和组织教学内容，则会让教师教授课程的教学更具有针对性和有效性。

在职前教师教育课程的教学中，如何采用合适的教学方式也是十分重要的。同样一门课程，不同的教师授课对学生的影响也是不同的，除教师本身的教学艺术以外，是否根据学生基础和教学内容的特点进行针对性教学也是一个很重要的方面。一门课程的教学方式有很多种，有的教师选择了自己主讲，其优势是可以向学生传递更多信息；有的教师选择了学生分组讨论，其优势是学生可以将教学知识转化为自身知识，但是这占用更多的时间。那么，该如何选择合适的教学方式，为什么做这种选择？一般教师在做出选择的时候，更多的是出于自己的经验和直觉，这在有时候是会出现偏差的。若能以促进学生教学知识的发展为指导，选取教学方式，则会让教学活动更具价值性。例如，在教学前思考，怎样的教学形式对提升教师的教学知识是最有利的；在教学中准备，怎样的引导可以让学生深入地思考课堂知识与今后教学的联系等，以更好在教师教育中提升学生的教学知识。让职前教师无论从教学知识上，还是从教学理念上都能为今后的数学素养教育做好准备。

其次，对在职教师的培训要长短期相结合，以项目研究的形式促进高校教师和一线数学教师的交流，也要有具体的培训反馈机制。高校的学科教育教师和中小学的教研员、特级教师，他们对数学课程都有自己的理解，对数学教育也有不同的诠释，而他们的观点、经验对一线教师更好地教学都是有帮助的。因此，在职教师的培训形式可以多样化，针对同一个主题，不同背景的专家从不同视角进行分析和阐述，从理论和实践两个方面促进教师的专业发展是十分有必要的。为了避免一些教师培训过于表面化，可以采用项目研究的形式，在具体的中小学实施，通过高校教师和一线教师的合作，从教师的教和学生的学两个方面更好地深化新课程的实施，促进教学质量的提升。相较于职前教师，在职教师有更多的教学经验，有自己的教学理念，也形成了一定个人色彩的教学方式。要在培训改变教师的教学理念和教学方式不是一件短期内可以做到的，需要教师通过一段时间的自省和自悟，需要教师在教学实践中不断实践，反复体验，并不断的反思。因此，要在教师培训中培养教师的反思意识，培训后也要有一定的反馈渠道，供教师与培训者之间的再交流。

此外，在职教师培训的质量监控和反馈也是十分重要的，可以利用现代化通信工具，建立沟通平台，方便培训者和被培训者之间长期的交流。这不但有利于解决被培训者的疑问，更好地将理论与实践将结合，也有利于培训者更好地了解一线教师所需要的是什么，而且这种交流也有利于促进后期的进一步合作。

总之，基于数学素养发展的教师教育，需要让一线的任课教师了解两个方面的内容，一方面什么是数学素养，它的内涵是什么，高数学素养的学生会有哪些特征等；另一方面就是要让教师了解，他们该怎么做才能在数学教学中更好地发展学生的数学素养，哪些做法是合理的，哪些做法或许应该避免，要实施这种教育教师还缺什么等。这些都是今后教师教育中亟待解决的问题，可以通过理论传授、理念传播、案例分析、项目研讨等形式，向一线教师传达数学课程标准的精髓，通过提升教师教学信念、教学知识和教学技能，来发展学生的数学素养。

5.4 本章小结

数学课程标准对数学教育有着直接的影响，对全民数学素养的提升也有着重要的影响。本章就数学素养对数学课程改革的影响进行了论述，从国内外数学课程改革和数学课程标准的制定中，对数学素养的关注程度进行了分析，发现在学校数学教育中发展学生的数学素养，已成了国内外数学教育发展的主要趋势。自 2000 年以来，我国的数学课程改革已将培养学生的数学素养作为了重要指导思想，数学课程标准相较以前有了较大的区别，增加了一些现代化的教学内容，也提出了重视学生主体的教学方式。但是，随着数学知识广度的增加，深度也在降低，这在一定程度上削弱了学生的数学基本知识和基本技能。而且由于缺乏对在职教师必要的培训，新课程的教学理念和教学方式在落实过程中存在一定的偏差。为此，在指出了目前数学课程标准的若干不足后，本章从夯实基础、体现特色，借鉴 PISA 的数学素养框架和开展针对性的教师教育三个方面提出了基于数学素养课程改革的若干建议。当然，这些建议更多的是基于理论上的分析，还有待于在实践中进一步检验。

第6章　数学素养与数学教学

课堂教学与学生的数学学习有着直接的联系，对学生的数学素养发展有重要的影响。教学的方式有很多，即使同一个知识点，不同的教师也会有不同的处理方式。教学方法没有绝对的好坏之分，没有一种课堂教学方法是可以一成不变的，它会随着教师、学生知识点的不同而变化。但这并不表示教学就无章可循，好的教学方式一般都会具有一些共同的特征。教师的知识背景和教学理念是影响课堂教学方式的两个重要方面，本章将从数学素养的视角，探讨如何通过提升教师的教学知识和树立正确的教学理念，以更好地在课堂教学中发展学生的数学素养。

6.1　扎实全面的数学教学知识

课堂教学的主导者是教师，教师具有怎样的教学知识对教师的课堂教学方式有着重要的影响。例如，黄友初(2015a)研究发现，教师若掌握多种勾股定理的证明方式，他就敢于在课堂教学中让学生探究；而反之，他就会采用以我为主的教学方式，介绍自己所熟悉的勾股定理证明。学生数学素养的发展需要教师具备扎实全面的教学知识。

6.1.1　数学教学知识的内涵

1. 数学教师教学知识价值与发展

教师的教学效果为什么会存在差异？影响教师课堂教学的因素主要有哪些？这些问题一直以来都是教育研究所关注的热点。一般说来，教师的教学行为是影响课堂教学的直接因素，而教学行为又会受教师教学知识的影响，教学知识是影响课堂教学的间接因素。如果说教学行为就是教师素养的外在表现，对教师课堂教学的影响更为具体和直接，那么教学知识是教师素养的内在特征，对教师课堂教学的影响具有间接性和抽象性。

国内外的很多研究也表明了，具有良好教学知识的教师比一般的教师在教学中更出色，学生的学业成绩也更突出(Leninhardt，1988)；有学者通过实证研究表明，教师的教学知识直接影响着教师的教学质量(董涛，2008)。也有学者研究发现教师的教学知识与学生的学业成就之间存在正相关，并认为提高教师的教学知识可以促进学生的学习(Ball and Bass，2003)。全美数学教师协会(NCTM，2007)也指出，教师的教学知识对教师的教学有着重要的影响，并将其看成是成功教师应该具备的三个基本要素之一。由此可看出，发展教师的教师知识，对提高教师专业素质，提升课堂教学质量具有重要的意义。

教师所拥有的知识对教师教学所产生的影响，在很早以前就引起了人们的关注，20世纪初期，美国著名教育家杜威(Dewey，1938)就撰文探讨了教师教学知识的重要性。但是在很长的一段时间里，人们认为只要教师具备了学科的专业知识，该教师就能够很好地教授该学科，将教师的教学知识等价于教师的学科知识(Hill et al.，2008)。例如，有学者对教师在大学里所修读的课程数量与教师的教学效果的联系进行了研究(Begle，1972)。这类研究虽然也取得了一些研究成果，但是由于忽视了教育的复杂性，大部分的研究结果与教育现实存在较大的偏差。于是，从20世纪70年代中后期开始，在认知心理学的影响下，学者们逐渐将研究的焦点转向教师的认知过程，关注教师的思维和决策。这类研究多采用专家教师和新手教师相比较的方式，其研究结果中有两种观点最值得关注，一是研究认为教师只有通过实践才能获得教学所需要的知识，因此教学知识具有实践性(Elbaz，1983)；二是研究认为教师知识受到环境的影响，是教师对所处环境进行反思的结果，是在学校的具体环境和课堂情境中生成的，因此教学知识具有情境性(Olson，1988)。这两种观点都有其合理性，但也都存在不足，前者过于强调教师个体对教师教学知识的影响，而后者过于强调教学环境对教师教学知识的影响。而且这类研究的重点都是关注教师的课堂教学过程，对教师的学科知识重视不够。1986年，美国学者舒尔曼(Shulman，1986)对目前的教师知识研究中忽视教师学科知识的现象给予了批判，认为其是“缺失了的范式”,并提出了教学内容知识(Pedagogical Content Knowledge, PCK)的概念。此后，他撰文将教师教学所需要的知识分为了学科内容知识、一般教学法知识、课程知识、教学内容知识、有关学习者及其特点的知识、有关教育环境的知识和有关教育目标的知识7个部分(Shulman，1987)。舒尔曼的工作，尤其是PCK概念的提出，引起了学术界的强烈反响。据不完全统计，在此后的20年间，舒尔曼的这两篇论文被引用次数超过了1200次(Ball et al.，2008)。这也吸引了更多的学者对教师知识进行研究，并提出了很多教师教学知识内涵的阐述。

格罗斯曼(Grossman，1995)认为教师教学知识应该包括内容知识、学习者与学习的知识、一般教学知识、课程知识、情境知识和自我知识6个方面。该分类不但吸收了舒尔曼的教师知识模式，也吸收了其他研究者的成果，体现了教师知识包含了学科知识、教育学知识、教学环境、学生知识、教师信念等方面知识的联系。芬尼玛和弗兰克(Fennema and Franke，1992)以数学教师为例，认为数学教师的教学知识应该包括数学知识、教学方法的知识和有关学生数学认知的知识3个方面。黄毅英和许世友(2009)也以数学学科为例，认为数学教师的教学知识应该包括教学法知识、内容知识和数学知识3个部分。安淑华等人认为教师的教学知识应该包括学科内容知识、课程知识和教学知识3个部分(An et al.，2004)。范良火(2003)在研究中则认为教师教学知识应该包括教学的课程知识、教学的内容知识和教学的方法知识3个部分。刘清华(2004)则认为教师教学知识包括了学科内容知识、课程知识、一般性教学知识、教师自身知识、教育情景知识、教育目的及价值知识和学科教学知识8个方面。由此可看出，近几十年来，有关教师教学知识内涵的阐述很多，不同学者基于不同视角，提出了不同的教学知识类型。从这些内涵的阐述中，可看出教师所拥有的教学知识主要可以分为“教什么”和“怎么教”这两个部分。

2. MKT理论的发展及其对数学教学知识的诠释

近年来，在数学教师教学知识的研究中，美国学者鲍尔(Ball)及其研究团队的工作最值得一提，该团队经过30多年的研究积累，提出了MKT(Mathematical Knowledge for Teaching)理论。由于该理论有着诸多的合理性，近年来MKT理论受到了各国学者的广泛关注，成为目前教师知识研究的重要参考之一(Mosvold et al.，2014)。

美国学者在教师教学知识研究的过程中，以数学教师作为探讨对象的例子十分常见，鲍尔的研究也不例外。在研究的初期，她受到舒尔曼研究的影响，对教师的学科知识十分的关注。1988年，在博士学位论文中，她建立了一个数学教师教学所需要知识的框架，主要包括了数学知识、数学信念、学科领域的处理，学生和背景等内容，并认为数学教师教学的核心是要理解数学(Ball，1988)。在1989年，她指出教师要重视学科知识的本质，要了解它从哪里来、如何演变以及如何发展的(Ball，1989)。进入20世纪90年代后，鲍尔对教师的学科知识有了泛化解释的倾向。1990年，她撰文指出，若教师的学科知识只限于正确地理解概念、理论知识和发展过程是不够的，教师还需要知道所教学科的性质、结构和认识论，以及它在文化和社会中的意义(Ball，1990)。1991年，她分析了学科内容知识(Subject Matter Knowledge，SMK)对教师教学重要性的影响，并指出目前对学科内容知识的定义是多样化的，需要进一步厘清这些概念(Ball，1991)。由此可看出，这个时期的鲍尔认为教师教学知识的核心是学科知识，但学科知识的内涵也包括了教师对学科知识的发展、意义等理解的内容。

随着研究的深入，鲍尔发现教师如何教授该学科的知识是不可忽略的，而这些并不依附于学科内容知识，而是独立的成分。于是，此后的研究中她在注重教师学科内容知识的同时，也逐渐关注怎么教方面的知识，这些知识在此后被她称为教学内容知识(PCK)。1997年，鲍尔指出教师教学知识应是教师的学科内容知识和教师有关学生学习知识的综合(Ball，1997)。到了1999年，鲍尔的这种思想更是显露无遗。她们在文中指出，教师应该知道的知识必须包括教学所需要的学科内容知识、有关学生的知识、学着了解全体学生的知识、有关学习的知识和有关教育学的知识这5个部分(Ball and Cohen，1999)。进入2000年以后，鲍尔及其团队对教师学科内容知识和教学内容知识的内涵以及相互之间的联系进行了较为深入的研究，并逐渐意识到教学内容知识的重要性。她们认为教师的学科内容知识和教学内容知识应该相互影响，教学内容知识是一种特殊的知识，它是学习者的知识、学习的知识和教育学知识的综合，这种知识可以预期学生可能遭遇的困难以及可能处理的不同方法(Ball and Bass, 2000)。

2001年，她们为数学教师的教学知识提出了教学所需要的数学知识这一概念。她们认为，MKT是一种特殊的数学教学知识，它不同于数学家所拥有的高等数学知识，职前教师在大学里学的教育学知识，也不是教师的教学经验(Ball et al., 2001)。经过多年的研究，在大量实证研究的基础上，鲍尔及其研究团队在2008年终于提出一个比较成熟的MKT理论框架，认为教师的教学知识可以分为学科内容知识(SMK)和教学内容知识(PCK)两个部分，其中SMK包括一般内容知识(CCK)、专门内容知识(SCK)和水平内容知识(HCK)，而PCK包括内容与学生知识(KCS)、内容与教学知识(KCT)和内容与课程知识(KCC)(Ball et al.，2008)。具体框架结果如图6-1所示。

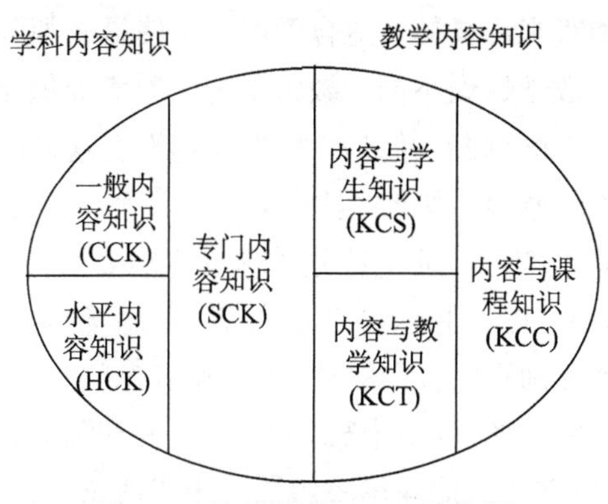

图 6-1　鲍尔等的 MKT 结构图

鲍尔等以整数的减法例子，说明为什么数学教学需要专门的知识，需要怎样的专门知识。例如，对于 307–168，大部分的人是这么做的：

$$\begin{array}{r} \overset{2}{3}\overset{9}{0}7 \\ -168 \\ \hline 139 \end{array}$$

但是，一些三年级的学生是这么做的：

$$\begin{array}{r} 307 \\ -168 \\ \hline 261 \end{array}$$

因此，教师不但需要判别这个结果是错误的，还要指出是什么原因导致这个错误，并分析学生为什么会出现这种错误，如何可以让学生更好地理解减法的过程，怎样才能让学生避免此类错误等。由此说明，教师所应该具有的是这个职业所特有的数学教学知识，而从事其他行业的人只需要掌握数学的学科知识，能认识数学、会用数学就可以，这两种数学是不同的。在文中，她们指出数学教学知识应该包括以下 6 个方面。

(1) 一般内容知识(CCK)，这里的 Common 并非指大家都会有的知识，并非教学所特有的知识，而是指它会被广泛使用于其他领域，也可以被运用到教学以外的其他领域的数学知识和技能；在数学教学中则要求教师必须知道所要教的教材上的内容，能识别学生的错误答案、教科书上不精确的定义，能正确使用专业术语和符号等。

(2) 专门内容知识(SCK)，指教学所特有的数学知识和技能，研究小组认为，教师要教给学生的数学内容都是经过压缩的，教师在教学中要经过解压缩，使得数学知识对学生而言更加直观和具体，适合学习；这使得教师分析学生的错误，与数学家分析自己研究中的数学错误不同。教师是为了教学而做错误分析，而且，在课堂上需要做出实时且迅速的判断，但是，数学家却没有这样的限制；如果学生的方法不合理，教师要能了解原因，如果学生创造出了一种新方法，教师还要考虑这个方法是否正确、是否有推广性，而这些是数学家不需要做的。

(3) 水平内容知识(HCK)，指一种了解数学主题在数学与课程之内存在怎样联系的知识；与其他几个类别不同，文中对 HCK 没有专门的阐述，而只是在“构建可使用的专业化学科知识结构图”环节中提到该知识; 并在随后指出, 研究小组对 HCK 是否属于 SMK，是否包含在其他知识之内还不是很清楚，需要后续的研究。

(4) 内容与学生知识(KCS)，指联结学生和学科的综合知识，包括教师要准确了解学生的思维、已有的知识基础，判断学生可能遇到的困惑；在准备例题时，教师要判断学生是否会有兴趣，能否吸引学生；在布置任务时，要能预判学生可能的做法，以及任务的难易程度是否合适；教师要能倾听学生的解释，以及领会学生用他们语言所表达的想法。

(5) 内容与教学知识(KCT)，指联结教学与学科的综合知识，包括能合理安排学科内容的教学顺序、选择恰当的例子引入教学，能评估不同概念表征在教学上的优劣，识别不同的数学方法所产生的不同教学效果，能准确地判断教学的重点和难点。包括哪些内容需要重点介绍、哪些内容可以忽略；在课堂讨论中，确定何时暂停讨论，对相关知识做进一步的澄清；怎样根据学生的谈论，归纳成数学结论；何时提出新问题或新的任务加深学生的学习等。这些教学决策都需要在数学内容，教学方法与教学目标之间达成协调。

(6) 内容与课程知识(KCC)：在文中并没有详细说明KCC的定义和内涵，只说明了该知识与舒尔曼所研究的课程知识类似；但是作者也指出，对于KCC是否属于PCK，是否可以包含在其他知识类别中还不是很清楚，需要后续研究。

MKT理论从萌芽到提出，到逐步完善，经历了三十多年的发展，Ball团队从关注教师的学科内容知识，到试图泛化学科内容知识的内涵，从将教学内容知识看成独立的个体，到将教学内容知识与学科内容知识视为教师教学知识中两个相互交融的重要成分。该理论有诸多的合理性，能很好地诠释了教师在教学中“教什么”和“怎么教”这两个最关键的问题。而且，该理论的6个子类别，比较全面地概括了教师有效教学所需要具备的知识。因此，近年来该理论受到教师教学知识研究者的普遍关注。例如，Thanheiser 等(2009)根据MKT理论，对小学教师的学科内容知识进行了研究；Olanoff (2011)的也利用MKT理论，通过访谈、课堂观察和听录音等形式对三位有经验的小学教师，在分数的乘除法教学中需要哪些学科内容知识进行研究；Yasemin(2012)通过问卷测试、访谈和课堂观察等方式研究了，中学教师的MKT水平与学生的学习成就之间的相关性。国内庞雅丽(2011)在研究中开发了一份职前教师MKT测试问卷，并认为通过视频分析的活动可以提高职前教师的MKT；黄友初(2015a)也利用MKT框架研究了，数学史课程中数学师范生教学知识的变化情况。而在2012年召开的ICME-12上有很多文献都有MKT理论有关, 有学者对MKT的理论框架本身进行了研究。

6.1.2　基于教学知识的数学素养教学

在教学过程中，最主要的是处理“教什么”和“怎么教”这两个问题，而这两个问题和教师教学知识中的学科内容知识和教学内容知识是相对应的，通过教学知识影响教师的教学行为，从而采取最为合理的教学方式。

在发展学生数学素养的教学背景下，基于教学知识的数学教学要求教师在上课前要思考三个方面的问题，分别是教学的预期目标、教师现有的教学知识，以及所实施的教学行为。

1) 预期目标

每一个教学知识点都有期望达到的教学目标，在发展学生数学素养的教学背景下，教学目标要围绕着通过该知识点的学习，学生能在哪些方面得到提高。PISA的研究框架中，将学生的数学素养转化为更易观察和测量的数学能力，包括沟通交流能力、数学化能力、数学表述能力、推理和论证能力、制定解决问题策略的能力、使用符号化、公式化以及技术性的语言和运算的能力，以及使用数学工具能力7种。这个能力目标的分类是可以借鉴的，教师可以在教学前思考，通过教学教师重点要发展学生哪些方面的能力。

2) 既有的教学知识

教师在教学以前最需要思考的就是自己对这个知识点的理解是怎样的，学生容易在哪里犯错，容易犯哪些类型的错误，学生已有的知识基础是怎样的，该知识点要讲到怎样一个课程难度等，这些都属于教师教学知识的范畴。在鲍尔的MKT理论中，从“教什么”和“怎么教”入手，将教师的教学知识分为学科内容知识和教学内容知识两个部分，并进而分为一般内容知识、专门内容知识、水平内容知识、内容与学生知识、内容与教学知识和内容与课程知识6个部分。教师在检验自身的教学知识时候，可以从这6个方面入手。如果发现某一方面的教学知识还比较欠缺，应该及时充实，以确保教学的质量。

3) 实施的教学行为

在既有的教学知识基础上，教师需要选择合适的教学方式，以达到预期的教学目标。而与教学方式直接联系的是教师的教学行为，尽管教师在课堂上的教学行为有多种多样，但讲授、提问、反馈和等待是教师使用较为频繁的课堂行为，而且它们相互联系，相互影响，贯穿于课堂教学的始终，对教学效果有着十分重要的影响(叶立军，2014)，可将课堂语言、课堂提问、课堂反馈和课堂等待这四种行为视为课堂教学行为的四个要素，从这四个要素思考教学方式的具体实施。

课堂教学语言是教师教学思想的直接体现，是最基本的信息载体，它决定着教学计划实施的成败，影响着学生对教学内容的理解。可以说，课堂语言是教学活动的主要行为，是教师应具备的最基本素养，对教学效果的影响至关重要。学者从不同的视角对教学语言的类型进行了不同的区分。研究表明，优秀数学教师善于将数学知识与生活相联系，采用追问性、引导性和过渡性的语言要比新手教师多，比新手教师更重视新知的讲解，而新手教师则更注重学生的联系；而且新手教师掌控话语的时间比较多，教学语言类型相对单一，缺乏生动性；而优秀教师则更关注于学生参与的师生对话，善于诱导学生参与课堂活动(叶立军，2014)。教师应根据课堂的实际情况，合理地运用语言。在教学中，能采用引导性、追问性和激励性的语言，引导学生主动地掌握知识，而不是用命令性，或者过多的陈述性语言讲授知识，从而有效地通过课堂语言行为，达到发展学生数学素养的目的。

严格说来，课堂提问属于课堂语言行为，但是提问是课堂教学中最为普遍的教学行为，而且是教学过程中师生交流的重要渠道，很多的数学课堂活动是以提问为中心而展开的，可以说课堂提问浓缩了教师对课堂和学生的理解，也是课堂教学艺术的浓缩。因此，在教学行为的研究过程中，往往将课堂提问行为看成是独立的教学行为。有研究表明，优秀教师的理解性、管理性和评价性提问多与新手教师，而新手教师的识记性、重复性和提示性提问多与优秀教师(叶立军和李燕，2011)；优秀教师提问后，学生的参与程度更高，而且更喜欢采用问题串引导学生思考(叶立军和周芳丽，2014)；新手教师常出现打断或者重复学生的回答，而优秀教师更喜欢称赞或者鼓励学生，更关注回答学生的全面性。教师的课堂提问是促进学生思维发展的有效手段，是实现教学目标的基本方法，好的问题可以让教学效果事半功倍。教师应在总结、反思和学习的基础上，提高提问的有效性，提出具有较强目的性和启发性的问题，避免出现简单的是非问题、识记性问题或者无效的反问。同时，应兼顾全体学生的反应，而不是个别优秀学生的回答。

相较于课堂提问和课堂语言，课堂反馈行为对很多人来说相对陌生。课堂反馈行为是指教师在课堂上，针对学生在学习中的表现，做出口头语言或者形体语言上的评判。它是教师在课堂教学中经常使用的行为，对课堂教学起到控制和调节的作用，能让学生强化正确，改正错误，找出差距，改进学习方法；也能让教师及时掌握教学效果，从而达到教与学的和谐发展(丁舒，2007)。因此，课堂反馈行为也是教师课堂教学的重要元素。有学者通过专家教师和新手教师的反馈行为进行对比研究后，认为专家教师的反馈方式比较多样化，多以肯定和鼓励为主，而且专家教师对差生的反馈和表扬多于新手教师(叶立军，2014)。虽然很多教师对教学反馈缺乏应有的重视，但是教学反馈贯穿着课堂教学的始终，对教学有着重要的影响。在教学中，教师对学生的学习行为进行及时的反馈，可以让学生了解自身对知识的掌握程度，而且教学反馈也能促进学生更积极主动地参与到学习中。因此，教师应在备课中重视教学反馈行为的应用，丰富反馈的方式，提高反馈的层次，让教学反馈能更好地促进学生的学习。

知识是经验的结果，也是思考的结果，从本质上说，学生的学习是在教师的引导下自我建构的结果，学生需要时间来思考和内化教学内容。在课堂教学中，教师若能设置合理地等待时间，对提升课堂教学效果具有重要的影响。这种等待对数学课堂教学尤为重要，在提问之后，教师根据观察，留出合理的等待时间，可以让学生进行充分的思考，自我完成相应的认知加工，提升问题的“有效价值”，从而提高教学效率。因此，课堂等待也是课堂教学行为的重要元素。有研究表明，合理地把握等待时间，可以增加提问的效率、优化课堂教学(Rowe，1987)。也有学者研究表明，等待时间的增加可以刺激学生反思性的思考，并可以提高学生的参与，例如，当等待时间大于 3 秒后，学生的回答质量较高，而当等待时间小于 3 秒则会以机械性回答、识记性回答为主；其中专家教师更加重视等待行为，在教学中的应用次数比新手教师多；新手教师在教学中多采用第一等待行为，而且等待时间普遍较短(叶立军，2014)。虽然课堂教学等待行为已经引起了一些学者和教师的关注，但是从总体上说，这种教学行为还被不少教师所忽略甚至忽视，甚至有教师认为较长的等待时间会让课堂冷场，或者会降低课堂教学效率。但研究已也表明了，合理的等待时间，可以加深学生的思考，增加回答的主动性，促进学生的交流，也会提高回答的质量。因此，教师应养成课堂等待的习惯，根据不同的对象、不同的问题，给出合理的等待时间，深化学生的学习，从而提升教学的质量。

在教学过程中，这三者是紧密联系着的，其中教师的既有知识是基础，预期的教学目标是方向，而教学行为是途径，它在教师教学理念的指导下实施。

6.2 以人为本的教学理念

教师的教学除受到教学知识的影响以外，教师自身的教学理念则是另一个重要的影响因素。教学理念，顾名思义，就是基于理性的教学观念。作为观念，教学理念属于意识的范畴；基于理性，教学理念，不是教学实践在人们头脑中的直接凝结，而是人们从教学理论中演绎出来的。由于出自教学理论又非教学理论自身，教学理念必然具有实践的倾向，反映着人们在教学领域的价值追求(刘庆昌，2010)。由于教师的教学理念都内在地蕴涵着对教育功能及其价值的理性认识，对学生及其发展的理性认识，这种理性认识虽不能直接提供具体的行动方式，但可以指示行动的方向，并为教学行为的转化和生成提供理论导向作用(段作章，2013)。可以说，有什么样的教学理念就会产生相应的教学行为，教学理念的转变是教学行为转变的前提，而教学理念也需要通过教学行为体现出来。如果教师缺乏先进的教学理念，其教学行为难以有效；如果教师的教学行为低效或无效，那么其教学理念也难说先进(吕宪军和王延玲，2012)。因此，教师具有怎样的教学理念对教师的教学有着重要的影响。在发展学生数学素养的背景下，需要教师确立以人文本的教学理念，将学生视为学习的主体，无论采用何种教学方式都应以学生能更好地掌握数学知识和数学技能作为唯一标准。而教学设计和教学过程，则是教师教学理念的体现，在教学设计中构思教学过程，在教学过程中展现教学理念。

6.2.1 智情结合的教学设计

教学设计是20世纪60年代末形成于教育技术领域的一种现代教学技术，在教育学、心理学理论和教育技术的影响下逐渐成熟。20世纪90年代开始，出现了一些教学设计的研究专著。虽然各学者基于不同的研究视角，对教学设计给出了不完全相同的概念表述，但是大多都蕴涵了教学设计的本质含义：教学设计是一个分析教学问题、设计解决方法、对解决方法进行试行、评价试行结果并在评价基础上修改方法，直至获得解决问题的最优方法的过程。教学设计从大到小可以分为教学系统设计、课程教学设计、课堂教学设计和教学媒体设计四个层次(叶立军，2015)。教师接触最多的是课堂教学设计，教师要在课前做好一系列准备工作，包括熟悉教材、钻研课程标准，明确任务、确定重点和难点、根据学生的理解能力和接受能力制订出切实可行的教学计划，以确保教学的质量(王秋海，2008)。影响教学设计的因素有很多，不同的教学内容，不同的学习对象，不同的任课教师，不同的教学环境，教学设计也会不一样，不存在固定的、统一的教学设计。但是，基于学生数学素养发展的教学设计，以人为本教学理念下的教学设计，应该遵循以下两个方面的指导思想。

1. 注重数学内容的知识性

如果认为以人文本的教学理念就是让学生快乐的学习，让课堂充满了欢笑，让学生在动手中发现和领悟知识，这种认识无疑是肤浅的。以人文本的一个重要特征就是要对学生负责，要把学生的发展放在首位。发展一切与数学有关的能力，都需要个体具备扎实的基础知识，数学素养也是基于一定的数学知识之上的，通过知识的学习发展各种数学思维和数学技能，并将其体现在具体的问题解决中。

重视基础知识和基本技能的掌握和训练，一直是我国数学教育的主要特征。在数学教学中强调知识结构的整体性，是认知心理学研究的一个基本立场，这种整体性由若干相互独立又相互联系的知识成分组成。在数学教学中，教师不仅要在数学知识的传递中帮助学生较好地去掌握相应的基础知识，也应十分重视如何将所说的基础知识与其他的知识联系起来，从而让学生形成整体性的知识网络，并能根据环境或需要灵活地在知识网络的不同成分之间做出转换。包括由概念的严格定义转移到相应的直观形象，或是由直观形象转移到概念定义，以及由特例转向一般，或由一般转向特例等。这种思维的灵活性事实上也就是数学思维的一个重要特点，是创新思维的一个重要特征。在数学技能的培养中，有研究表明越是局限于单一的情景，所学到的知识就越不具有可迁移性，这说明了我们不可能用“日常数学”来替代“学校数学”。只有在学校数学的教学中，培养扎实的基本数学技能，学生在面对条件变化时候，才能更好地辨认和应用相应的数学技能。如果基础不牢靠，无论是数学知识还是数学技能在不同问题背景下的自由转换都是难以实现的，数学素养也就无从体现。

但是，重视数学教学的知识性、系统性，不应被理解成某种按照事先指定的步骤或程序机械地予以实施的过程，那种认为重视基础知识和基本技能培养的数学教育必然是与“填鸭式教学”“机械训练”直接相联系；教学形式就是背诵定义、公式，反复操练，重视形式化演绎证明，以及“讲深讲透”“精讲多练”“熟能生巧”等，这类认识无疑是狭隘的。尽管数学学习心理学的现代研究在一定程度上表明了，“熟能生巧”这一传统在培养学生数学双基方面具有一定的合理性。但是，“熟”可能“生巧”，但却并非一定会“生巧”，如果在机械的练习这一层面上花费太多的教学精力，而完全忽视应当促进学生积极地去进行必要的“反省”这只会让“熟能生巧”成为一种事倍功半的不自觉行为(李士錡，2000)。因此，在教学设计时候，需要保证学生有一定的数学训练，同时应当更加重视如何才能更好地促进由“熟”向“巧”的转变，让“熟能生巧”这种“不自觉”状态向更为自觉的状态转变。在基础知识的教学中，要重视从原型出发上升到抽象的数学概念；在例题的讲解中，要多采用一题多解、一题多变等类型的变式教学，通过表面形式变化，让学生能抓住问题的层次结构。教学的设计一定要防止过分的规范性，要能体现学生的个体特殊性，能激发学生的创造力，从而在学习中逐渐构建知识的概念图。

在教学设计过程中，教师要不断地问自己：这部分内容主要想让学生获得什么？这个环节的设计意图是什么？这个例题的目的是什么？如何保证知识点的掌握？如何拓展知识点的联结，从而构建更广、更深的知识网络等。并努力做好数学教育短期目标与长期目标的相互渗透与密切结合。在短期目标中，要重视对知识原型的教学，在数学概念或命题、公式、法则等的教学中，教师应当清楚地认识到其中即已包括了由具体、特殊到抽象、一般的重要过渡，并应注意对各个相关概念或命题、公式、法则等之间的逻辑关系做出具体的分析；除此之外，教师还应十分重视帮助学生认识这些概念或命题、公式、法则等的典型现实原型，以及相应的“数学抽象”过程。只有借助具体的抽象过程我们才能帮助学生很好地把握相关概念或命题、公式、法则等的本质，并能顺利实现由后者向具体情境的复归。例如，为了帮助学生很好地掌握各个数学概念的实质，教师不仅应当向学生呈现各种类型的正例，而且也应向学生提供各种类型的反例，特别是那些表面相似，但本质不同的事例，让学生区别其相同点和不同点，从而真正把握“变化之中的不变因素”，并达到教学的长期目标(郑毓信和谢明初，2004)。

一般来说，重视知识性的数学课堂教学，在形式上有着较为固定的结构，课堂进程基本呈“知识、技能讲授—知识、技能的应用示例—练习和训练”的序状，即在教学进程中先让学生明白知识技能是什么，再了解怎样应用这个知识技能，最后通过亲身实践练习掌握这个知识技能及其应用。基于知识性的典型数学教学过程，一般包括“复习旧知—导入新课—讲解分析—样例练习—小结作业”这五个基本环节，每个环节都有自己的目的和基本要求。复习旧知的主要是为学生理解新知、逾越分析和证明新知障碍作知识铺垫，避免学生思维走弯路。在导入新课环节，教师往往是通过适当的铺垫或创设适当的教学情境引出新知，通过启发式的讲解分析，引导学生尽快理解新知内容，让学生从心理上认可、接受新知的合理性，即及时帮助学生弄清是什么、弄懂为什么；进而以例题形式讲解、说明其应用，让学生了解新知的应用，明白如何用新知；然后让学生自己练习、尝试解决问题，通过练习，进一步巩固新知，增进理解，熟悉新知及其应用技能，初步形成运用新知分析问题、解决问题的能力；最后小结一堂课的核心内容，布置作业，通过课外作业，进一步熟练技能，形成能力。在具体的教学过程中，教师对基础知识要讲解细致，对基本技能要训练入微，使学生一开始就能够对所学习的知识和技能获得一个从“是什么、为什么、有何用到如何用”的较为系统的、全面的和深刻的认识(邵光华和顾泠沅，2006)。当然，注重数学内容知识性仅仅是数学教学的一个重要方面，并不是全部。在教学设计中，教师还应该注重对学生能力的培养，让学生在融会贯通地掌握知识的基础上，能灵活地运用知识来处理不同情境下的问题，从而促进数学素养的提高。

2. 关注数学学习的情感与体验

教学设计的目标是学习，是以帮助学生的学习过程为目的，而不是以教学过程为目的。因此，在教学设计中要体现学生的学习主体性，要重视学生在学习中的思维发展过程，重视学生数学情感的发展和数学活动的体验。

数学基本思想贯穿于数学的学习过程，是对数学本质理解的集中体现，也是对数学基本知识理解的升华，是数学素养的重要表现。数学基本思想总是与具体的内容联系在一起的，而数学思想的形成需要在过程中实现，只有经历问题解决的过程，才能体会到数学思想的作用，才能理解数学思想的精髓，才能进行知识的有效迁移。在数学教学中，教师应结合具体内容体现抽象、分类、转化、演绎、归纳、模型等基本数学思想。一个数学思想的形成需要经历一个从模糊到清晰，从理解到应用的长期发展过程，需要在不同的数学内容教学中通过提炼、总结、理解、应用等循环往复的过程逐步形成，学生只有经历这样的过程，才能逐步“悟”出数学知识、技能中蕴涵的数学思想。在教学设计中，教师应凸显知识的形成过程，让学生感悟数学思想方法，关键是让学生经历和体验数学知识的获取过程，让学生“读—理解”“疑—提问”“做—解决问题”“说—表达交流”，并在其中获得对数学思想方法的感悟(马云鹏，2012)。

情感和认知有着紧密的联系，教育心理学的研究表明，在人的经验过程中，情感和认知就像一个硬币的两面，影响着人们的行动和选择。在数学学习中，学生的情感体验也会影响着学生的认知过程，并进而影响学生的行为参与。积极的情感可以促进学生认知的灵活性，并影响解决创造性问题的过程，并能让学生在做决定时能更有效的思考(孔企平等，2003)。教师的教学设计，应该重视在教学中对学生数学情感的培养，能吸引学生参与到数学活动中，激发他们的好奇心和求知欲，并通过数学的学习培养独立思考、反思质疑、勤奋坚毅的学习习惯和坚持真理、严谨求实的科学态度。

数学活动经验植根于数学活动中，是学习主体通过亲身经历数学活动过程所获得的具有个性特征的经验，它产生于对内容整体的直觉，没有明确的逻辑起点和逻辑结构，具有主观性、整体性与模糊性特征(朱黎生等，2012)。它既可以是感觉、知觉的，也可以是反省思考后留下的经验。数学活动经验是在数学活动中产生的，“是否为数学活动”的判断标准是看“是否有数学思维的参与”，仅是模仿、记忆的数学学习不能被称为数学活动。从数学活动经验所属的领域来分，可分为属于感知领域的感知型经验，属于认知领域的个人知识型经验、策略型经验和属于情感领域的情感型经验。感知型经验是通过外显的行为操作获得的感觉、知觉体验。认知领域的活动经验可从静态和动态两个角度来看，从静态来看，主体通过认知活动对客体形成的个性化的认识结果为个人知识型经验；从动态来看，数学活动过程中获得的经历性知识为策略型经验。情感型经验是在多次活动之后逐渐稳固的情感倾向(唐彩斌等，2012)。

当然，教师对数学活动应有正确的理解，要意识到并不是所有的数学知识都适合通过数学活动，或者学生的探究而获得。例如，一次探究勾股定理的课堂中，教师将学生进行分组，让学生通过画三角形，并测量三角形的三边长活动，来发现三角形三边的长度存在怎样的关系。殊不知，勾股定理并不是随意就能被发现的，倘若没有预习过，通过测量三边的长度，在课堂时间内要发现勾股定理是十分困难的；而倘若学生已经预习过，那这个环节的探究教学也就失去了意义。显然，这种数学活动就是对新课程理念的误解，课堂虽然十分的热闹，但是知识性过于单薄，数学体验的效果十分苍白，学生所收获的数学情感也十分有限。因此，教师要意识到，组织数学活动的时机要恰当，内容要合适，形式也可以多样。学生的数学情感培养和数学体验，并不意味着一定要经过动手操作的活动才能获得，按照知识点历史发展的顺序设计教学过程，让学生体验知识的发展过程，也是一种很好的数学体验。应该看到，目前的数学教学还比较功利化，缺乏对学生数学思维的培养，缺乏对数学文化特质的展示，缺乏对数学“火热思考”的体现，只留给学生“冰冷的美丽”。

一直以来，很多人认为数学教育是数学知识的教育，是为数学考试的教育，这是对数学教育价值的低估和扭曲。数学知识对于数学教育，犹如骨骼对于人一样重要，但是片面强调知识和技能的掌握，片面强调大运动量的习题训练，片面强调对考试分数的争取，我们的数学教育就会陷入应试教育的狭小空间中。这种教育把数学理解为习题，把人当成解题机器，学习是为了应付考试，这种教育模式下培养出来的学生头脑是发达的，人格是变态的。在学生的眼里，学数学是痛苦的，数学是枯燥无用的，考试结束后可以扔掉的。而数学教育的真正目的应该是培养学生的数学素养，素养是一个与文化有密切关系的概念。按照教育学理论对素养概念的理解，所强调的是人在先天素质的基础上，通过教育和社会实践活动发展而来的人的主体性品质，是人的智慧、道德、审美的系统整合，即素养概念的实质在于各种品质的综合。因此，从某种意义上说，把数学文化的思想精髓和基本观念内化为个体的主体性心理特征的过程，就是数学素养教育的过程(黄友初，2009)。

因此，以人文本的教学设计中，首先要体现数学知识的主体性，这其中包括对学生知识和技能的培养，并在此基础上，通过设置教学活动(可是各种类型的活动，而不仅是动手操作的活动)，让学生将数学知识上升到数学思想的高度，并经历数学的体验活动，进一步训练数学的思维过程，体会数学知识以及数学思想的应用价值，从中获得成功的乐趣。这不仅可以激发学生进一步地数学学习，也可以更好地发展学生的数学素养。

6.2.2　灵活多变的教学过程

课堂教学是一个复杂的过程，教师要处理各种动态的情境，这个不是教学设计就能全部包括了的，更不能十分严格地按照教学设计一步一步地实施教学过程，应该根据具体的教学内容、课堂动态，采用灵活多变的教学过程。这种灵活性主要体现在两个方面，其一是课堂教学中要根据具体的师生互动情况，调整教学过程，而不是刻板地按照预设的教学设计来实施；其二是针对不同的教学内容、教学对象，教师要采用不同的教学方式，而不是教师以我为主，无论何种情况下，都采用统一的教学模式。

1. 课堂教学的动态性

在师范生实习讲课或者在微格教室中模拟上课时候，经常会看到这些职前教师严格按照自己所准备的教案，或者教材所安排的教学内容和教学次序进行教学，对于课堂中学生的回答缺乏计划外的准备，尤其是学生有了出乎意料的回答，他们往往准备不足，一笔带过，进而按照自己的步骤进行教学。这种教学形式过于刻板，是“教书”，而不是真正的“教学”，缺乏挖掘学生思维的闪光点，这种课堂教学是没有生机的。

课堂中有很多不确定的因素，即使再详细的教学设计也不可能预测到全部事情的发生，这就是课堂教学的复杂性，也是课堂教学的魅力所在。叶澜(1997)认为，一堂好课的标准之一是有生成的课，即丰实的课，这样的课不会完全是预设的结果，在课堂上有师生之间真实的情感、智慧、思维、能力的投入，尤其是思维是相当活跃的，在整个过程，有资源的生成，又有过程的生成。当然，这并不表示教学设计就没价值，相反，正是由于课堂教学的复杂性，才需要教学之前需要认真准备，了解教学目标，判断学生的知识基础和思维特征，并根据教学的重难点，设计合理的教学过程。但在实施教学过程的时候，教师要意识到预设与生成是一对矛盾的统一体，是共存于课堂教学之中，教师要根据教学的实际情况，灵活地变更教学的实施，在预设中生成。而这种变化能力，除了要求教师具备较为深厚的教学知识以外，还需要教师牢固树立以人文本的教学理念。这种教学理念要求教师在教学中把关注的焦点真正地放在学生身上，思考学生需要的是什么，怎么才能根据现有的情况达到这种需要，如何真正体现学生在学习中的主体性等。

针对数学课堂教学的这种灵活性，何美华(2009)认为这属于动态生成的数学课堂教学，它是指在数学课堂环境中以教师教学或学生学习经验以及各自生活经验为基础，以学生内心需求为核心，以互动为活动方式，以学习内容探究的动态生成为特征，在师生相互作用、相互影响下，适当地选择学与教的目标、内容与方式，通过多元化的评价，以促进师生的共同发展和创新潜能开发为宗旨的教学形态。在数学课堂教学中，教师与学生交流，学生与学生合作，在对话和碰撞中，教师能不机械地按照原先设计的思路教学，而是根据学生课堂学习的具体情况，由灵活地调整自己的教学行为，生出新的、超出原计划的教学流程，这种流程使数学课堂一直处在动态及不断生成的过程中。这种课堂教学是开放的、生成的，但却是十分有序的，教师不仅是学生学习的引导者，也是教学的研究者。这种教学的灵活性，需要教师在教学前进行深入的思考和精心的准备。

2. 基于内容的教学针对性

教师要根据具体的教学内容，分析了重点和难点，知识点的主要特征后，制定相应的教学策略，在学生最近发展区基础上更好地达到教学效果。但是，我们也发现，有的教师教学方式千篇一律，无论是什么内容都按照“复习旧知—导入新课—讲解分析—样例练习—小结作业”这种顺序进行教学。有学者调查表明，教师的课堂教学形式十分单一，那些所谓的“自主探究”“小组合作”等学习方式，大多数教师只有在公开课上才采用(金丽丽，2013)。其实，不同学科的知识具有不同的特征，某一学科的知识也可以划分为不同的类型。不同类型的知识在形成、发展、迁移等过程中具有不同的特点。如果用单一的方式来指导多种类型知识的学习，便会混淆各类知识的特征，遮蔽各类知识间的差异，阻碍知识价值的实现(耿飞飞和郝文武，2013)。例如，有些内容可以不用复习旧知，有些知识可以创设情境直接引入，有些内容可以先由学生练习，教师再讲解分析，或者由学生来评价分析等。教学过程应该根据教学的内容和师生的互动情况，灵活多变。

耿飞飞和郝文武(2013)在研究中指出，哲学家、心理学家已根据不同的标准对知识进行不同类型的划分，哲学家更多地关注知识的客观形态，心理学家更多地关注主体对知识的表征。数学教学是以知识内容为中介，师生共同参与的过程，既有客观性的知识内容，又有师生主体的参与，因而，教学方式的建构既要根据数学学科知识的形态，又要考虑学生学习的认识规律。这就促使我们从学科知识和人的认识特征两个方面来思考对数学知识类型的划分。根据不同领域知识的存在形态，数学知识可以概括为数学概念、数学命题、程序性知识、数学问题四大类。不同类型知识的性质和获取机制存在差异，这也影响并决定了数学教学方式的选取和建构。例如，联结性知识的获得只需个体把同时出现的若干对象激活联结起来，不需要进行复杂的运算或认知操作活动；运算性知识的获得需要进行复杂的心智活动，相对于联结性知识，此类知识的教学更需进行深入的思考和精心的设计，教学方式也更多样化。

应该看到，教学内容并不等于教材内容，它应该是在教材知识的基础上，根据课程标准的要求、学生的实际情况和具体的教学环境等因素融合而成、能让学生有效吸收的信息。但是，在课堂教学中有不少教师是严格按照教材的教学内容、教学顺序，甚至例题、练习题都和教材中的一模一样。这种教学方式过于刻板，对有预习习惯的学生来说，这种课堂教学方式缺乏新鲜感。数学素养背景下，需要的不是能“教书”的数学老师，而是能“教好书”的数学老师。教师要上好一堂课，应该吃透教材，把教材要表达的核心思想、数学知识，通过更适合的方式表达出来，让学生在课堂的师生互动、生生互动中有效地获取，并能牢固地内化于自身的知识体系。

在教学中不存在放之四海而皆准的教学方式，也没有哪一种教学方式能够适应所有学科甚至是某一学科的所有内容。数学知识具有不同的类型，不同的学生也有不同的思维方式，不同教师也有不同的教学风格。因此，在具体的教学过程中，教师要根据数学知识的不同特点和不同的学习机制，灵活地建构教学方式，以保证数学教学的有效性。

综上所述，可构建基于数学素养发展的数学教学模式，该模式以教师的教学知识为出发点，学生的数学素养为落脚点，以人文本教学理念指导下的教学行为是实施途径。这其中，MKT理论所指的六个方面的教学知识可作为教师备课的指导，并在备课中有针对性地充实所欠缺的教学知识；教师要在以人为本的教学理念指导下，通过语言、提问、等待和反馈等教学行为实施灵活多变的课堂教学，能根据教学内容和学生特点创设有针对性的，可动态生成的数学课堂；预期的教学目标要智情结合，既要保证知识性和数学技能的掌握，又要注重数学情感的培养，将数学知识和数学技能上升到数学思维和数学思想的高度，从而向其他领域迁移；而PISA

研究将数学素养所表现的七种能力可以作为数学教学的落脚点，教师可观察学生在这几种能力的变化来判断学生数学素养的发展情况，并以此衡量自己的教学效果。该模式的详细结构，如图6-2所示。它具有一定的完整性，体现了数学素养的教学目的，可给教师的备课和教学提供一定的参考。

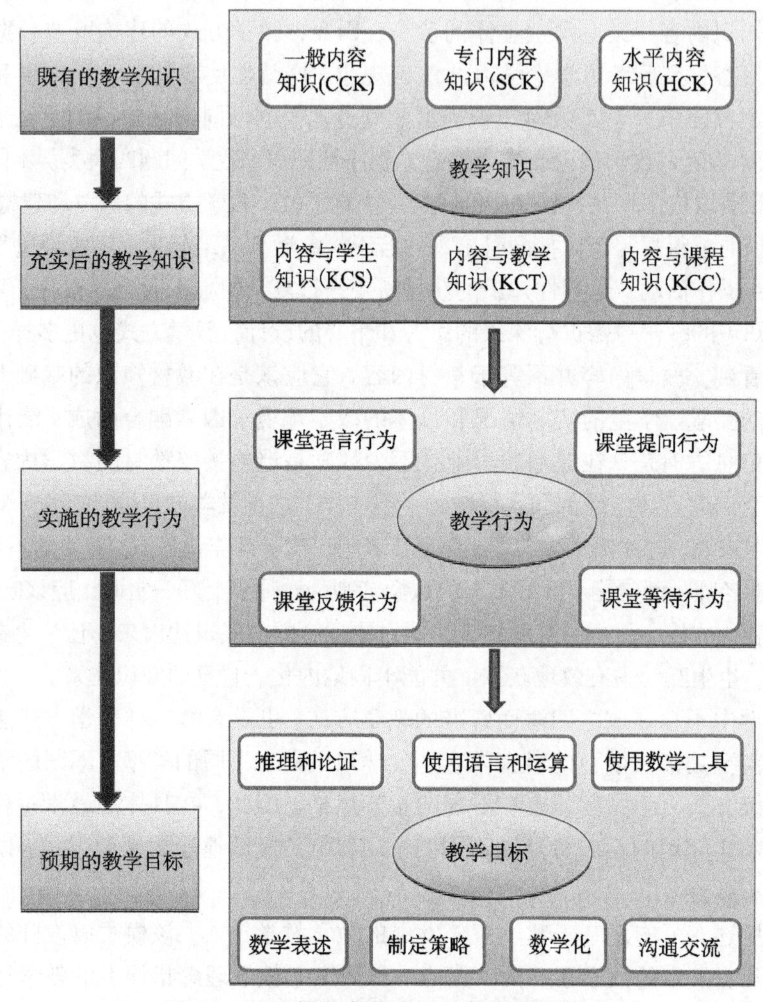

图6-2　基于数学素养发展的数学教学模式

6.3　教学案例展示

从上述分析可以看出，教学没有固定的模式，也没有规定好的套路，基于数学素养的数学课堂教学方式也是如此，它需要根据不同的教学内容、教学对象，结合教师自身的特点选取合适的教学方式。为了更好地诠释以上的理论分析，本节展示部分教学案例或教学设计。这些教学案例，均来自已经公开发表的文献，是原施教者比较满意的、研究者也认为能在一定程度上反映培养学生数学素养教学目的的文献。限于篇幅，小学、初中和高中各展示一个案例，仅供参考。

6.3.1　小学数学教学案例展示

案例的内容为北师大版五年级数学(上)的“分数再认识”，该案例来自张殿军和吴正宪(2013)。

1. 活动目标

(1) 在三年级初步认识分数的基础上，结合具体情境再次认识分数，理解整体不同，它的$\frac{1}{4}$表示的具体数或量不同，从“变化”中感悟“不变”的关系，理解分数的相对性。

(2) 在小组交流过程中，培养学生倾听、沟通的能力，感受通过交流进行学习探索的快乐。

2. 教学过程与评析

1) 引出课题，初步感知$\frac{1}{4}$随着整体的变化而变化

师：近期在小组交流上这个组进步特别大，今天老师要对他们进行奖励(打开A糖盒取出8块糖)。这还有一个B 糖盒，如果把B糖盒中的$\frac{1}{4}$奖励给这个小组，同学们帮他们选择一下，选择第一个方案还是第二个方案？

生：如果让我选，我选第一种方案，因为第二种方案我不知道B糖盒中有多少块，也许很多，也许很少，保险起见我还是选择第一种。

师：你们对B糖盒中的$\frac{1}{4}$有什么看法？

生：怀疑。

生：不确定。

师：那我们用一个词来形容一下B糖盒中的$\frac{1}{4}$。

生：千变万化。

生：神秘莫测。

生：深不可测。

师：同学们认为B糖盒中的$\frac{1}{4}$是千变万化的。

(板书课题：千变万化的$\frac{1}{4}$)

(评析　在具体情境中，学生对整体的$\frac{1}{4}$所表示的具体数量会随着整体“1”的变化而变化有了初步的感知，为研究分数的相对性提供支撑。)

2)表示不断变化的$\frac{1}{4}$，感悟分数的相对性

师：看来你们对这个$\frac{1}{4}$有很多想法，一起看屏幕(出示个人学习单)。谁来读一下活动要求？

生：活动一，不断变化的$\frac{1}{4}$，请你用画一画、举例等方法表示不断变化的$\frac{1}{4}$。

(个人学习4分钟)

师：刚才同学们独立活动时把千变万化的$\frac{1}{4}$想象得很丰富，下面是小组交流。看交流要求(大屏出示要求)。谁来读一下？

生：交流要求：① 介绍自己表示的$\frac{1}{4}$。② 总结出你们组对$\frac{1}{4}$的理解，写在即时贴上。

(小组交流5分钟)

(评析　张老师敢于在课堂上给学生近$\frac{1}{4}$的时间进行独立学习、小组交流，充分相信学生，为学生真正成为课堂的主人提供了时间和空间。)

师：哪个组想把小组的成果汇报一下？

生A：我们组认为，随着总数的变化，总数的$\frac{1}{4}$也会变，所以，总数的$\frac{1}{4}$可以表示不同的具体数或量。比如，我们组有4个人，其中的1个就是$\frac{1}{4}$；假如，有8块饼干，其中的$\frac{1}{4}$就是2块；有12个小朋友，其中的$\frac{1}{4}$就是3个人。所以我们组认为，总数除以4，每份就是它的$\frac{1}{4}$。请问大家对我们组的想法有什么补充吗？

生B：我觉得你们组说得挺好的，但是我有一个疑问，你们说总数的$\frac{1}{4}$可以表示的具体数量不同，如果是小数呢？

生：那也可以。(许多学生七嘴八舌地说着)

生A：可以，总数如果是小数，假如，是2.2，2.2除以4也是可以得出它的$\frac{1}{4}$。

生B：我懂了，谢谢。

生C：你说的是2.2，如果是2.5怎么办？

生A：用2.5除以4，其实也是可以算出来的。

生C：请你帮我再解释一下。

(教师为学生A提供了一支粉笔)

生A：假如这一线段是2.5(生A在黑板上画了一条线段)，它的$\frac{1}{4}$就是把它平均分成4份，也是能得到的。

生D：你们说的我听明白了，但我们组还是不确定所有的东西都能表示出$\frac{1}{4}$，请你再举一下例子吧。

教师帮助学生A又画出一条线段，聚焦问题：请你借助这条线段说明。

生A：假如，老师画的这段线段的总长度是80，它的$\frac{1}{4}$就是20；总长是160，那么它的$\frac{1}{4}$就是40，以此类推。

生E(质疑)：单位“1”是变的，这段既是$\frac{20}{80}$，也是$\frac{40}{160}$，怎么回事？

生A ：$\frac{20}{80}$就是80份中的20份，就等于$\frac{1}{4}$，$\frac{40}{160}$也等于$\frac{1}{4}$，谢谢你的问题让我想得更深入了。

生E ：行，我也谢谢你呀，你让我明白啦！

(全场笑声)

(**评析**　可以看出，是学生间的质疑、补充、碰撞推动着课堂教学的深入。学生首先澄清了如2.2和2.5这样的小数是否有$\frac{1}{4}$，认识到$\frac{1}{4}$表示的具体数量的广泛存在性；接着在教师巧妙的干预下(教师画一条线段图作为学生交流的支撑材料)，在线段图中学生“看到”$\frac{1}{4}$表示的具体数量随着总数的变化而变化，认识到$\frac{1}{4}$对应数量的不确定性。这个环节引导学生从“变化”的角度感知$\frac{1}{4}$的相对性。)

生F：我还有困惑。因为我刚才想起来老师说的糖的事，我们不知道具体的总糖数，但是如果B糖盒中是单数，总不能分到半颗糖吧？

师：不打开B糖盒不放心是吧，打开看一下，12颗。

生F反问老师：那也有可能是13颗糖呀。

生G：13颗的$\frac{1}{4}$肯定是小数呀。

生F：对呀，是小数，可现在分的是糖呀，怎么分呀！不信你把糖换成人去想会怎么样？

(生笑，都无语)

师：你回答不了，可以问问别人。

生H：虽然$\frac{1}{4}$"个"人这个概念稍微有点恐怖，但还是可以的……

师：我明白你们的意思了，你们认为虽然能分，只是有些时候不太合适分，是这个意思吗？可以了吧。

(**评析**　学生对$\frac{1}{4}$的理解分两个角度，一是数学的理解：把单位1平均分成4份，表示其中的1份；二是结合生活实际理解，不是所有的东西、任何的数量都可以平均分成4份。学生能体会到这些，说明学生真的在让"数学"为生活服务，体会数学源于生活又高于生活。)

生A：我们组的结论是"随着总数的变化，总数的$\frac{1}{4}$也随之变化，所以$\frac{1}{4}$表示的具体数量应该是多样的"，请问大家还有什么不同意见吗？

生N：正如你们图上画的，有8人，取其中的两个人，就是把整体平均分成8份，取其中的2份，虽然它代表$\frac{1}{4}$，可它其实是$\frac{2}{8}$呀！

生K(跑到黑板前边讲解边板书)：$\frac{2}{8}$我们可以把它变成$2 \div 8$，这是一个除法算式，除法算式我们以前学过商不变规律，把2和8都除以2，商不变，就变成了$1 \div 4$，$1 \div 4$就等于$\frac{1}{4}$。

师(追问)：那这个"1"表示的是几个人呀？(师指着$\frac{1}{4}$的分子"1")

生K(愣住)：1个人？不对！哦，这个"1"表示几个人都行，你得看它这个分母4表示多少。

(**评析**　此处教师的处理比较智慧，当学生再次谈起$\frac{1}{4}$与$\frac{2}{8}$关系时，教师故意回避，因为学生还没有学习分数与除法的关系，教师话锋一转追问：$\frac{1}{4}$这里的"1"表示几个人呀？引导学生体会到这个"1"是几个人都行，关键看整体。再次理解分数的相对性。)

师：大家明白了是吗？谢谢。其他组对他们的结论还有什么补充？

生O：不变的都是把单位“1”平均分成4份。

师(干预)：什么意思，不变的是？

生O：不变的都是把单位“1”平均分成4份，取其中的1份。变化的是单位“1”在变化，总数不一样，所以$\frac{1}{4}$所表示的具体数量也就不一样了。

生P：我补充，单位“1”指的是总数。

生Q：我补充，$\frac{1}{4}$这个比率不变，但是总数的数量是在变的。

师：看来大家觉得我写的“千变万化的$\frac{1}{4}$”不够全面，你们再给$\frac{1}{4}$一个词。

生S：时而变，时而不变。

师：再用一词形容$\frac{1}{4}$可不可以是“固定不变的$\frac{1}{4}$”。

生：可以。

师：那$\frac{1}{4}$什么时候固定不变，什么时候千变万化？讨论一下吧。

生T：在总数确定的时候，$\frac{1}{4}$就是固定不变的。如果不知道总数，它的$\frac{1}{4}$所表示的具体数量只能靠猜，猜成什么整体都可以，除以4就是它的$\frac{1}{4}$，所以这个就是千变万化的。请问大家有什么补充？

生U：我给你的发言整理一下，你的意思也就是说千变万化的$\frac{1}{4}$是在总数不确定的时候，固定不变的$\frac{1}{4}$是在总数确定时。

生T：谢谢你。

生V：我同意你的观点，我可以帮你解释得更清楚。(借助实投解释)千变万化的$\frac{1}{4}$就是在它的整体“1”没确定，假如，整体“1”是4cm，它的$\frac{1}{4}$是1cm；8cm的$\frac{1}{4}$是2cm；整体“1”是12cm，它的$\frac{1}{4}$就是3cm。不变的是1cm、2cm、3cm表示的都是$\frac{1}{4}$。

生T：我受到了启发，我可以反着解释。这是一个正方形，如果想让它成为$\frac{1}{4}$，必须再添上三个同样大小的正方形。在这里可以把正方形缩小，也可以扩大，这样可以根据$\frac{1}{4}$的变化来确定不同的整体。

师：你的意思是不管这个正方形怎么变，都是这4份中的1份，都是$\frac{1}{4}$，是这个意思吗？

生T：是。(全班鼓掌)

(评析　对$\frac{1}{4}$相对性的理解应为两个层次，一是“变化”的角度，$\frac{1}{4}$表示的具体数量随着总数的变化而变化，二是“不变”的角度，即关系不变。教师机智地捕捉到学生发言中“不变的都是把单位‘1’平均分成4份，取其中的1份”。从而在“变”和“不变”中深刻理解分数的相对性。)

师：通过今天的学习，你们有什么收获？

总评　从课堂上学生的独立思考、小组交流、全班互动中(组间互动、生生互动、生师互动)可以看出，学生如果真正成为了课堂的主人，他们的思维就会推动课堂向前走。教师的几次干预不是去干扰和打断学生的思维，而是顺着学生的思路并把他们的思维引向深入。合作学习这种“教与学方式的变革”，通过教师在课堂上角色的转变，既让学生学到了数学知识，又使他们获得了合作的技能，进而体验到了成功的愉悦，最终达到了让学生会学习、会思考，能“独立行走”的目的。

6.3.2　初中数学教学案例展示

案例内容为北师大版课标教材七年级的第三章“字母表示数”第四节“合并同类项”的第2课时，该案例来自邹国胜和李中华(2013)。

1. 总体设计思路

1) 教材分析

“字母表示数”这章的学习对学生来说是个从数到式的认识上的飞跃，因此，对于学生思维形式从具体形象思维向抽象逻辑思维的过渡和发展有着重要意义。合并同类项是有理数加减运算的延伸与拓展，掌握了合并同类项及去括号的法则，就可以顺利完成整式的加减运算，同时，合并同类项对简化计算有着特殊的意义，它还是今后学习解方程、解不等式的基础。本课的学习可以让学生体会到分类的思想方法在数学学习和生活中的广泛运用。

2) 学情分析

这节内容的授课对象是七年级的学生，他们具有强烈的好奇心与求知欲，其思维形式正处于由直观形象思维向抽象逻辑思维的过渡时期，因此抽象逻辑思维能力还比较薄弱，这节课授课班级的学生基础知识扎实、有较好的口头和书面表达能力，已初步形成了乐于交流、勇于探索的学习氛围。

在小学，学生曾接触过用字母表示数的问题，在本节的第1课时，学生已学习了多项式的项、项的系数等概念；在日常生活和学习活动中，学生也经常会遇到一些对事物进行分类和将同类事物进行合并的现象和问题，这些已有的知识和经验使学生具备了理解同类项，并将其合并的学习基础。

3) 教学目标设置及教学重点和难点

基于以上分析及课表要求，将本节课的教学目标、教学重点和难点确定如下。

教学目标：(1)知道同类项的概念，会识别同类项；掌握合并同类项的法则，并能准确合并同类项；

(2) 能在合并同类项的基础上进行化简求值运算；

(3) 体会分类合并、化繁为简的思想方法。

教学重点：会判断同类项并能合并同类项。

教学难点：同类项的定义、合并同类项法则的形成过程及应用。

4) 教学问题诊断分析

为了突破以上教学难点，决定采用三个方面的策略。

(1) 在形成同类项概念时，给出了一些代数式让学生去分类，并要求说出分类依据，通过师生、生生的辨析，总结出同类项的两条标准，体会类与同类项的区别，为了进一步准确地辨别同类项，设计了三组过渡性的练习。

(2) 为了学生能够自行得出并掌握合并同类项的法则，设计了一组贴近学生生活的联系，为发展的形成做好铺垫，通过知识迁移得出法则，并利用等积法对法则进行验证。

(3) 在例题和变式题的学习中，先让学生自主探索，当学习出现困难时，适时地引导学生进行讨论，通过师生、生生互动寻找解决问题的途径，进而巩固法则。

另外，针对以往学生在化简求值时总是直接代入数值计算，而没有先合并同类项进行化简，造成计算错误的情况，在教学中采取的应对策略如下。

(1) 在例1讲解后，引导学生把合并后的结果和原代数式进行比较，通过对比、辨析，由学生自己得出合并同类项具有化繁为简的功能，为后面在代数式求值时确立："先化简，后代入求值"的步骤做铺垫。

(2) 在"做一做"的学习中，首先并未要求学生先化简、后求值，而是通过对比学生的两种计算方法，让学生领悟先化简的好处。

(3) 在同类项的辨析时，教师有意给出 $3pq$ 和 $2qp$，a^2b与ab^2，为后面的变式练习做铺垫。

2. 教学过程

1) 创设情境，感知分类

(1) 在一次"送温暖、献爱心"的活动中，我们班同学非常积极，其中一位同学把储蓄罐捐出来，满满的一罐硬币里有一元、有五角、有一角，你能以最快的方式统计一下这罐硬币共有多少钱吗？

(2) 观看超市里货物的摆放、书店里书籍的摆放。

(3) 多媒体展示下列问题。

观察下列代数式，把你认为相同类型的式子归类，并说出归类的依据：

$$6ab，\ 4ab^2，\ -3x，\ 3，\ 2x，\ 0.6ab^2，\ -4.5$$

师生活动：让学生说出自己的归类结果和依据。

设计意图　从生活导入，使学生体会分类、合并的思想方法在现实生活中的实际意义，体现数学来源于生活又服务于生活的思想渗透本课主题，鼓励学生从不同角度去归类，而后重点分析按照同类项的方式进行归类；让学生体会按照不同的标准进行不同的分类，同时在讨论、辨析、交流中，突出按同类项的归类，进而得到同类项的概念。

2) 识别特征，深化概念

用多媒体展示下列题组：

课堂练习：

(1) 判断下列各组是否为同类项？

① x与y；

② a^2b与ab^2；

③ $-pq$与$5qp$；

④ abc与ac；

⑤ 2^3与5^2；

⑥ $0.7a^2b$与$2ab^2$。

(2) 在下列各组式子中，不是同类项的一组是(　　)。

A. 2，-5　　B. $-0.5xy^2$，$3x^2y$　　C. $-3t$，$200t$　　D. ab^2，$-b^2a$

(3) 变式练习

① 你能列举代数式$-3x^3y^2$的同类项吗？

② 如我列举的是$3x^{m-1}y^n$，则m=(　　)，n=(　　)。

师生活动：在完成问题(3)时，把学生列举的同类项板书写在黑板上，练习结束后，教师分别给出x和y的值，并提出求值的要求，从而引出对“合并同类项”的思考。

设计意图　通过练习强化同类项的基本特征，两同：所含类项之号连接字母相同；相同字母的指数相同。两无关：与系数无关；与所含字母的顺序无关。同时认识到几个常数也是同类项。通过练习，学生进一步掌握同类项的概念。(3)的②是为强化“相同字母的指数相同”设置的。教师将学生列举的同类项写在黑板上，从而得到一个代数式，当教师提出求值要求后，不同的求值过程，会让学生感受合并同类项的必要性，从而自然展开下一环节的学习。

3) 联系实际，探究法则

做一做，填一填(图6-3)：

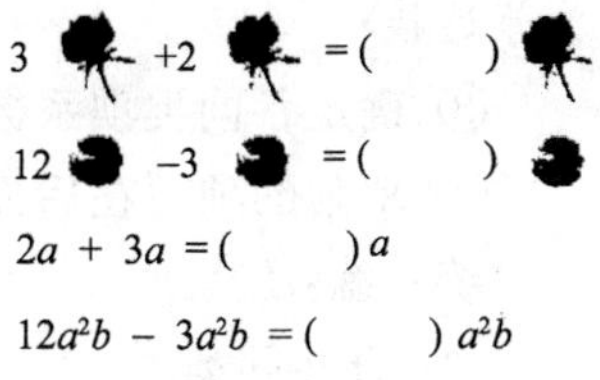

3　　+2　　=(　　)

12　　−3　　=(　　)

$2a + 3a =($　　$)a$

$12a^2b - 3a^2b =($　　$)a^2b$

图 6-3

把等式从右向左看，就是逆用乘法对于加法的分配律。

图6-4中的大长方形由两个小长方形组成，列式计算它的面积；

图6-5中的大长方体由两个底边均为 a 的小长方体组成，列式计算它的体积。

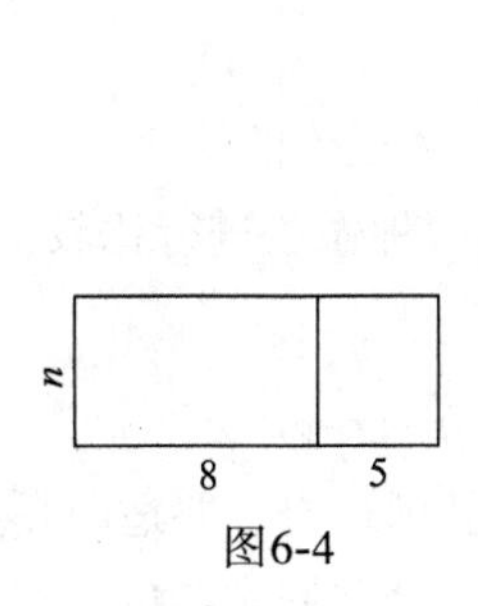

图6-4

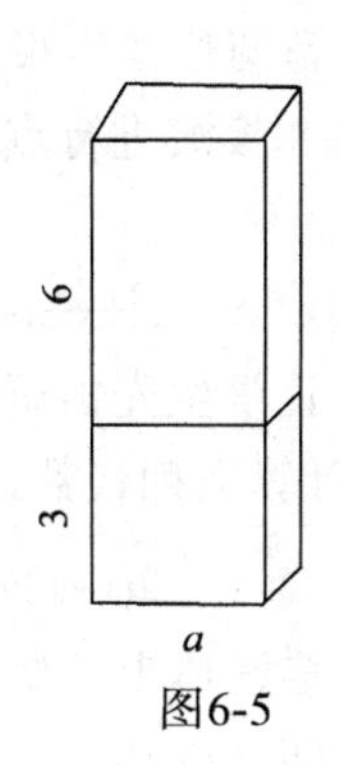

图6-5

由图6-4得到：$8n+5n=(8+5)n$；

由图6-5得到：$3a^2+6a^2=(3+6)a^2$。

这里，不同的列式表示的是同一结果，可用等号连接，直接印证了法则。

多媒体出示：

$5x+3y=$______________；$-3x^3-8x^3=$______________；

$ab+2ba=$______________；$6x^2y-7x^2y=$______________。

师生活动：根据学生的讨论，师生一起归纳得出：把同类项合并成一项，叫做合并同类项；得出合并法则：把同类项的系数相加，字母、字母的指数不变。简称："一加两不变"。

设计意图　在做的过程中凸显系数加或减的环节，以昭示法则：系数相加减。另外，用几何法印证法则。经过练习，学生很快得到合并同类项的法则。为了方便学生记忆，简称为"一加两不变"。

4) 灵活运用，延伸拓展

(1) 对$3x^2y-4xy^2-3+5x^2y+2xy^2$合并同类项。

师生共同完成例1，学生先发表自己的观点，说出合并同类项的一般步骤，根据学生的回答，教师板书，同时多媒体出示合并同类项的注意事项：

① 找出同类项(用线画出来)；

② 把同类项移到一起(移项时要连同它的符号一起移，两组同类项之间应该用

加号连接)；

③ 确定各同类项系数，合并同类项；

④ 单独的项写在后面。

练一练：

(2) 合并同类项。

① $-4ab+8-2b^2-9ab-8$；

② $3a^2c+5ac^2-7a^2c-5a^2c+2ac$。

师生活动：请两位学生板演，教师在学生中巡查学生相互检查、点评，最后教师对学生的练习和板演进行点评。

(3) 做一做。

求代数式$-3x^2+5x-x^2+x+1-6x$的值，其中$x=0.5$，谈谈你的算法。

师生活动：让学生先尝试，然后利用投影仪对两种做法进行比较。

变式1：试计算下列代数式的值：

$$2(x-y)+3(x+y)^2-5(x-y)-8(x+y)^2-(x-y)$$

师生活动：多媒体出示变式，学生当堂完成，教师巡查，并适时用展示台展示学生的作业。教师进行必要的示范，师生共同总结出合并同类项的一般步骤，并强调注意事项。

设计意图　在练习、巩固环节，以学生自主学习，相互检查、点评为主让学生进一步体会合并的必要性，体会化繁为简思想的重要性。

5) 交流分享，共同成长

教师从下列4个方面进行引导：

(1) 本节课你有哪些收获？

(2) 你对自己在本节课中的表现有何评价？

(3) 你在与同学的交流中有何感受？

(4) 你对本节课还有哪些困惑和建议？

设计意图　切实从学生学习的角度出发去小结。

6) 课后作业，分层提升

从校本教材《分层练习册》中分层布置作业，以适应不同学习层次的学生。

3. 评析

本节课符合新课程教学理念：把课堂交给学生，重视学生探索、获取知识的过程，让学生在轻松愉快的氛围中学习。在知识的讲授中注意由易到难，联系实际，使学生较容易接受所学知识，并能运用其解决实际问题，同时，能够面向全体学生，分层教学，使不同程度的学生在知识和方法上都得到了提升，取得了很好的教学效果。本节课有以下四个特色值得借鉴。

1) 概念归纳，体现分类思想

在本节课的概念教学中，首先，教师从学生熟悉的钱币分类过渡到对整式的分类，自然地引入了同类项的概念，调动了学生的学习积极性，并初步了解学习合并同类项的意义；其次，利用三组练习，对同类项进行巩固理解。

在这里，教师没有利用教材的情境，也没有参考其他版本书的情境，而是结合本班的实际，鼓励学生从不同角度去归类，然后重点分析按照同类项的方式进行归类，让学生体会按照不同的标准进行不同的分类，同时在学生讨论、辨析、交流中突出按同类项的归类，得到同类项的概念，引导学生感悟分类思想。

2) 法则探究，使数学问题简单化

在新课程改革中，教师不再是课程的执行者，而是课程的设计者、实施者和评价者。在本节课的教学中，教师很好地扮演了研究者的角色，在归纳合并同类项法则时，利用"3朵花+2朵花，12个汉堡−3个汉堡"等实例，简单易懂，让学生感到理解深刻。显然，教师在这个环节进行了认真研究和精心设计。法则的得出是本节课的难点，为了让学生能够自行得出并掌握合并同类项的法则，教师设计了一组贴近学生生活的练习，为法则的形成做好铺垫，同时通过知识迁移得出法则，并利用等积法对法则进行验证。从而很好地突破难点。从数到式，涉及初中学生从具体的形象思维到抽象逻辑思维的过渡，对学生来说具有一定的难度。教师通过"3朵花+2朵花，12个汉堡−3个汉堡"这个桥梁，突破了数式转换的关键，起到搭建脚手架的作用。

3) 归纳总结，方便学生记忆和理解

为加强对同类项概念及合并同类项法则的理解，教师把它们总结为"两相同两无关"和"一加两不变"，既强调了易错点，又便于学生记忆。

首先，通过练习强化同类项的基本特征。两同：所含字母相同；相同字母的指数相同。两无关：与系数无关；与所含字母的次序无关。

其次，理解发展是强化把同类项的系数相加，字母、字母的指数不变。

最后，通过例题和练习的处理，引导学生利用不同的表示标记同类项，使学生养成良好的学习习惯，有利于解决问题。

4)重视"四基"，培养"四能"

本节课在教会学生基本知识、基本技能的同时，更重视对学生基本思想、基本活动经验的训练。例如，在例1及课堂练习中，让学生体会化繁为简的思想；在引例及练习中，体会分类思想的重要性。在学生解决问题的同时，引导学生发现问题、提出问题；在变式问题的讲解中，让学生自己发现$(x+y)$和$(x-y)$作为整体合并比较方便，并提出不同的想法。课堂中，学生能够独立思考、积极发言、思维活跃、兴趣浓厚。

总之，这节课的教学设计和实施，教师通过对教材和学生的认真研究，提出了自己的想法和策略，取得了良好的教学效果，这是值得提倡的。只有不断研究，才能解决问题，促进自身专业的发展，进而更好地促进学生数学素养的发展。课程实施提倡互动调试观，具体到教学环节上，需要对教科书进行认真研究，真正体现用教材教，这也对教师的素质提出了很大的挑战，需要不断学习、不断研究。本节课在法则的归纳环节，如果能再充分借鉴人教版的方法，可能在合情推理方面会更加充分、全面，进而解决教师在课后反思中提出的探究法则环节过于“顺溜”的问题。

6.3.3　高中数学教学案例展示

案例内容为苏教版必修四，“向量的加法”，该案例来自高烽(2014)。

1. 案例说明

《向量的加法》是学生学习了向量的基本概念之后，进而开始学习向量运算的第一课，主要的教学目的是通过本课的教学使学生理解向量加法的定义；会用向量加法的三角形法则和平行四边形法则作两个向量的和；掌握向量加法的交换律和结合律，并会用它们进行向量运算。“向量” 的加法区别于学生已经习以为常的“数量”的加法，这种既有大小又有方向的特殊性让学生在学习的过程中不易适应。为了让学生想得通，学得懂，作者设计本节课时将生活情境贯穿于教学之中，通过一个生活情境把所有知识点串联起来，让学生从生活情境中观察、思考、自主探究知识的发生、发展、形成的过程，而后再让学生运用所学知识回到生活情境中去解决问题。整节课以问题串的形式展开，通过巧妙设问，引导学生开展探究。在学习知识以外，让学生深刻体会到数学源于生活，用于生活的本质。

2. 创设情境，生成概念

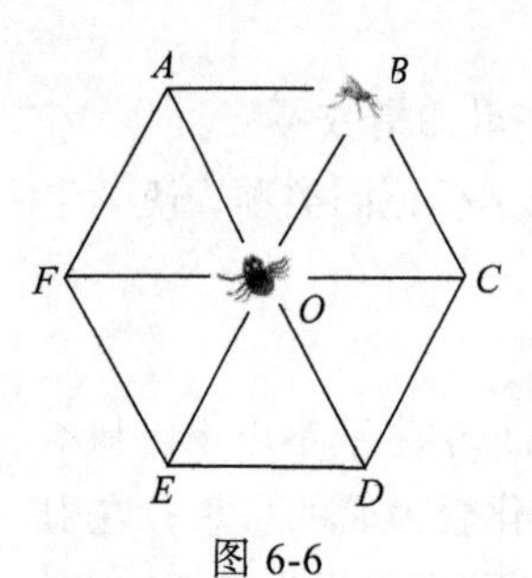

图 6-6

俗话说“万事开头难”，在课堂教学中，教师若能有意识地创设一些与本节课紧密相关的生活情境，以此来激发学生的兴趣，调动学生的情感，那教学活动的开展势必会更加自然顺畅，本节课在导入部分创设了以下一个情境：

情境一：一只蜘蛛从O点爬到A点再爬到B点吃蚊子(图6-6)；

问题1：从O点到A点过程中产生的位移可如何表示？从A点到B点呢？

问题2：从O点到A点再到B点的过程与从O点直接到B点的过程所产生的位移相同吗？

问题3：你能用等式刻画出问题2的结论吗？

$\overrightarrow{OA}+\overrightarrow{AB}=\overrightarrow{OB}$，即向量$\overrightarrow{OB}$是向量$\overrightarrow{OA}$和向量$\overrightarrow{AB}$的和。

设计意图　作者在设计情境之前了解到学生在物理课上已经学过“位移”这样一个既有大小又有方向的向量，因而考虑在此基础上设计了以上情境引入新课。通过三个问题，让学生顺理成章地发现蜘蛛的两种不同路径却是同样的位移，进而让学生思考用数学关系式来刻画这个结论，学生无意中已经引出了今天的课题。需要指出的是，作者在前一节课“向量的概念及表示”中引入的也是这个情境。若在条件允许的情况下，情境的使用具有一定的连续性是有利于学生理解教材和领会教师意图的。

问题4：你能总结如何作向量$\boldsymbol{a}$与$\boldsymbol{b}$的和吗？

问题5：对于两个首尾不相接的向量，我们怎么定义两个向量的和呢？(图6-7)。

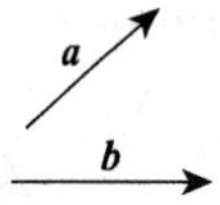

图 6-7

学生：可以将向量$\boldsymbol{a}$平移，使它的起点与向量$\boldsymbol{b}$的终点重合，然后就和上面的一样了。

教师：能不能平移向量$\boldsymbol{b}$呢？

学生：可以。

问题6：平移的过程中要注意什么？

学生：第二个向量的终点与第一个向量的起点重合。

教师：可以用四个字概括：首尾相接。你能说出完整的做法吗？

做法：(1) 如图6-8所示，在平面内任取一点O；

(2) 作$\overrightarrow{OA}=\boldsymbol{a}$，$\overrightarrow{AB}=\boldsymbol{b}$(用多媒体动态演示平移过程)；

(3) $\overrightarrow{OB}=\boldsymbol{a}+\boldsymbol{b}$。

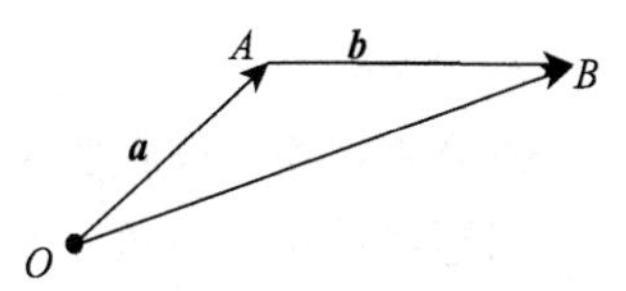

图 6-8

两个向量和的定义：已知向量$\boldsymbol{a}$，$\boldsymbol{b}$，在平面内任取一点O，作$\overrightarrow{OA}=\boldsymbol{a}$，$\overrightarrow{AB}=\boldsymbol{b}$，则向量$\overrightarrow{OB}$称为向量$\boldsymbol{a}$，$\boldsymbol{b}$的和，记作$\boldsymbol{a}+\boldsymbol{b}$，即$\boldsymbol{a}+\boldsymbol{b}=\overrightarrow{OA}+\overrightarrow{AB}=\overrightarrow{OB}$。

向量的加法的定义：求两个向量和的运算称为向量的加法。

设计意图　在生成“向量的加法”概念的过程仍旧依托于之前用于引入的情境部分，让学生一脉相承，从情境中发觉到原来我们要学的概念就在其中。两个向量和的定义其实就是给出向量加法的三角形法则。这种生成概念的过程自然、流畅，让学生能深刻体会到生活中是可以提炼出数学的，也让整个课堂教学避免了杂乱无章，凸显出了主线。

3. 依托情境，探究法则

新课程理念积极倡导自主、合作、探究的学习方式，然而作者认为“探究”不等同于“放野马”，并非撒手不管，教师依然是要完成教学目标的。因而，在引导探究的教学中，教师的预设就显得非常重要，要找到合适于学生的探究方法和路径，精心设计教学流程，要让学生有得探究、能够探究、能探究下去。作者在设计向量加法法则的探究时，依然紧扣课堂伊始所设立的情境，准确抓住问题切入点，为学生铺设了合理的思维坡度和主线。

情境二：投影仪投放一只蜘蛛从O点到B点后旋转一圈的过程(图6-9)。

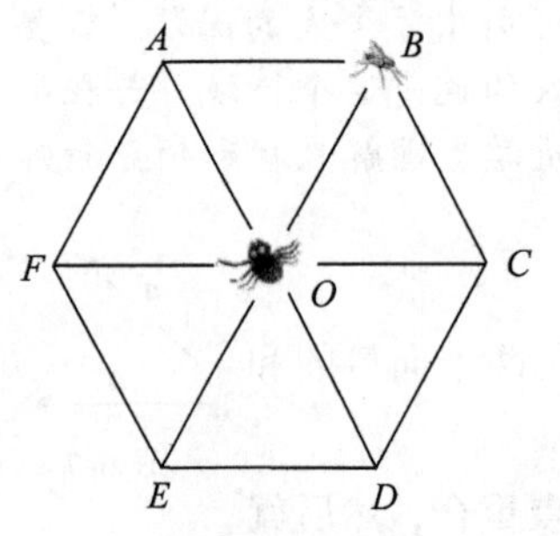

图 6-9

问题7：蜘蛛从O点到B点运动所产生的位移是什么？

问题8：蜘蛛旋转所产生的位移是什么？

问题9：你能用向量的加法表示出蜘蛛两次运动的过程吗？

$$\overrightarrow{OB}+\mathbf{0}=\overrightarrow{OB}$$

情境二′：投影仪投放一只蜘蛛旋转一圈后从O点到B点的过程。

问题10：你能用向量的加法表示出蜘蛛两次运动的过程吗？

$$\mathbf{0}+\overrightarrow{OB}=\overrightarrow{OB}$$

问题11：你发现什么？

$$\overrightarrow{OB}+\mathbf{0}=\mathbf{0}+\overrightarrow{OB}=\overrightarrow{OB}$$

问题12：由此你能得到什么结论？

$$\boldsymbol{a}+\mathbf{0}=\mathbf{0}+\boldsymbol{a}=\boldsymbol{a}$$

情境三：投影仪投放一只蜘蛛从O点到C点后又回到O点的过程。

问题13：蜘蛛在这整个运动过程中所产生的位移是什么？

问题14：你能用向量的加法表示出蜘蛛运动的过程吗？

$$\overrightarrow{OC}+\overrightarrow{CO}=\mathbf{0}$$

问题15：$\overrightarrow{OC}$与$\overrightarrow{CO}$是什么关系？ 互为相反向量。

问题16：由此你能得到什么结论(图6-10)？

$$(-\boldsymbol{a})+\boldsymbol{a}=\mathbf{0};\quad \boldsymbol{a}+(-\boldsymbol{a})=\mathbf{0}$$

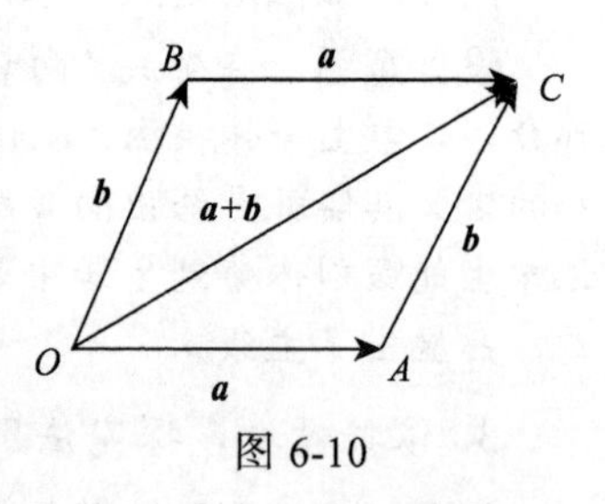

图 6-10

情境四：投影仪投放一只蜘蛛从O点到C点后再到B点的过程。

问题17：蜘蛛在这个运动过程中所产生的位移是什么？

问题18：你能用向量的加法表示出蜘蛛运动的过程吗？

$$\overrightarrow{OC}+\overrightarrow{CB}=\overrightarrow{OB}$$

情境四′：投影仪投放一只蜘蛛从O点到A点后再到B点的过程。

问题19：你能用向量的加法表示出蜘蛛运动的过程吗?

$$\overrightarrow{OA}+\overrightarrow{AB}=\overrightarrow{OB}$$

问题20：你发现什么?

$$\overrightarrow{OA}+\overrightarrow{AB}=\overrightarrow{OC}+\overrightarrow{CB}$$

问题21：$\overrightarrow{OA}$ 和 $\overrightarrow{CB}$ 是什么关系? $\overrightarrow{OC}$ 和 $\overrightarrow{AB}$ 呢? (相等向量)

问题22：由此你能得到什么结论?

$$\boldsymbol{a}+\boldsymbol{b}=\boldsymbol{b}+\boldsymbol{a}$$

设计意图　以上的三个情境显而易见是从引入中延续下来的。通过生动的情境，以三组问题串的形式让学生直观感受到向量加法的三个恒等式，即$\boldsymbol{a}+\boldsymbol{0}=\boldsymbol{0}+\boldsymbol{a}=\boldsymbol{a}$; $\boldsymbol{a}+(-\boldsymbol{a})=(-\boldsymbol{a})+\boldsymbol{a}=\boldsymbol{0}$; $\boldsymbol{a}+\boldsymbol{b}=\boldsymbol{b}+\boldsymbol{a}$，在探究过程中也顺带着复习了相等向量、相反向量等知识点。应该说这样的设计避免了学生对知识点的凭空想象，把知识融入情境中，合理地把握了学生的思维跨度，让学生真真切切地、顺理成章地感受到了这三个恒等式的存在性、合理性以及生活性。在教学中作者将学生要探究的内容巧妙地转化成环环相扣的问题，使学生的探究活动始终围绕着这些问题展开，从而较为顺利地完成探究任务，也有效地帮助学生树立了对探究学习的信心。

问题23：$\overrightarrow{OB}$ 与$\boldsymbol{a}$，$\boldsymbol{b}$是什么关系?

$$\boldsymbol{a}+\boldsymbol{b}=\overrightarrow{OC}$$

问题24：我们可以如何作$\boldsymbol{a}$与$\boldsymbol{b}$的和(图6-11)?

以OA，OC为邻边作平行四边形$OABC$，则以O为起点的对角线$\overrightarrow{OB}$就是$\overrightarrow{OA}$与$\overrightarrow{OC}$的和。

教师：你能以此方法说出完整的$\boldsymbol{a}+\boldsymbol{b}$的做法吗?

学生：做法：(1)如图6-12所示，在平面内任取一点O;

(2)作$\overrightarrow{OA}=\boldsymbol{a}$，$\overrightarrow{AB}=\boldsymbol{b}$(多媒体动态演示平移的过程);

(3)以OA，OB为邻边作平行四边形$OACB$;

(4) $\overrightarrow{OC}=\boldsymbol{a}+\boldsymbol{b}$。

教师：这种求和的方法称为平行四边形法则，在平移$\boldsymbol{a}$，$\boldsymbol{b}$的过程中要注意什么?

学生：让$\boldsymbol{a}$的起点与$\boldsymbol{b}$的起点重合。

教师：可概括为“共起点”。

设计意图　作者在设计向量加法的平行四边形法则时是有一个整体构思的。作者并未采取大多数教师所考虑的在讲三角形法则时一并将平行四边形法则给出，这种设计不利于学生同时消化两个“法则”，作者将平行四边形法则延后，转而承接上面的情境(四)，利用在探究“$\boldsymbol{a}+\boldsymbol{b}=\boldsymbol{b}+\boldsymbol{a}$”时所呈现出的一个平行四边形并以此为平台挖掘出“平行四边形”法则，进而对法则加以完善，自然、清晰地生成了一个重要的知识点。

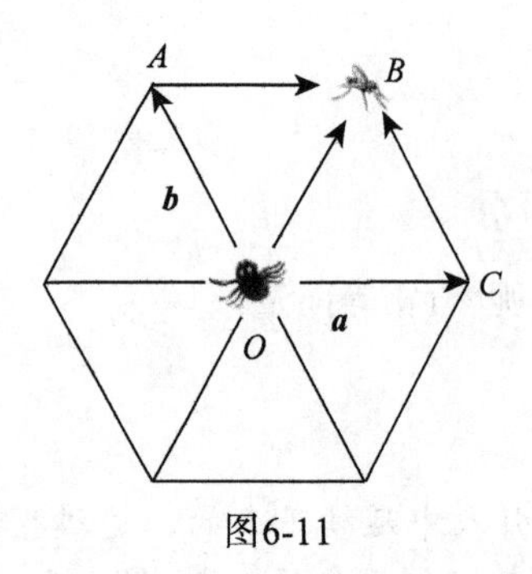

图6-11

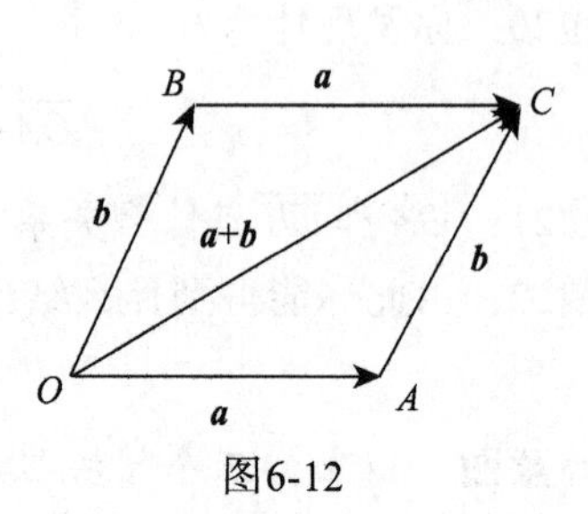

图6-12

练习：(1)在图中先作$\boldsymbol{a}+\boldsymbol{b}$，再作$(\boldsymbol{a}+\boldsymbol{b})+\boldsymbol{c}$。

(2)在图中先作$\boldsymbol{b}+\boldsymbol{c}$，再作$\boldsymbol{a}+(\boldsymbol{b}+\boldsymbol{c})$。

问题25：你能从作的图中得到什么结论？(图6-13)。

$$(\boldsymbol{a}+\boldsymbol{b})+\boldsymbol{c}=\boldsymbol{a}+(\boldsymbol{b}+\boldsymbol{c})$$

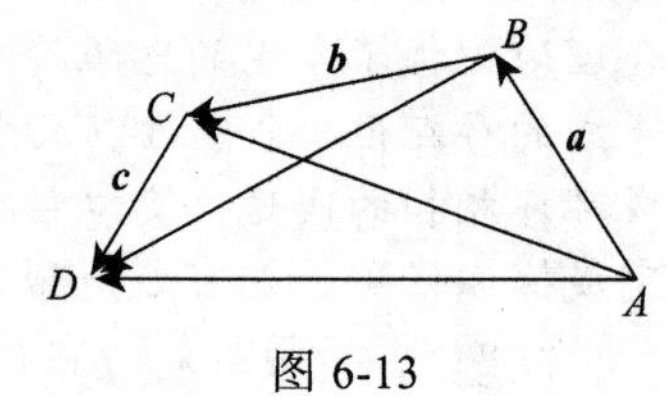

图 6-13

教师：运算律：(1)交换律：$\boldsymbol{a}+\boldsymbol{b}=\boldsymbol{b}+\boldsymbol{a}$；

(2)结合律：$(\boldsymbol{a}+\boldsymbol{b})+\boldsymbol{c}=\boldsymbol{a}+(\boldsymbol{b}+\boldsymbol{c})$。

设计意图　在此处安插一个练习主要有两个方面的考虑：①依托简单的练习让学生能对前面学习的“法则”有一个实际操作的过程，通过运用体会法则；②在前面的情境设计中作者让学生通过自主探究发现了向量加法其中的一个运算律——交换律，而设计这个练习则希望能实现让学生发现另一运算律即“结合律”的目的。

4. 回归情境，运用新知

“为生活而教育”是陶行知先生的至理名言，告诫我们教育工作者要意识到生活是教育的中心。高中数学教学理应要做到适应社会生活的需要，数学教学最终还是要以生活为落脚点，为生活所用。要想把数学知识回归生活，让学生学以致用，就要求老师在教学过程中要创设出运用数学知识的条件，寻找数学模型与生活原型间的联系。在新课程背景下，加强对现在高中学生应用能力和解决问题意识的培养已显得尤为重要。

例1(投影投出)　如图6-14所示，O为正六边形$ABCDEF$的中心，做出下列向量：(1)$\overrightarrow{OA}+\overrightarrow{OC}$；(2)$\overrightarrow{BC}+\overrightarrow{FE}$；(3)$\overrightarrow{OA}+\overrightarrow{FE}$。

学生：$\overrightarrow{OA}+\overrightarrow{OC}=\overrightarrow{OB}$。

教师：依据是什么？

学生：平行四边形法则。$\overrightarrow{BC}+\overrightarrow{FE}=\overrightarrow{AD}$

教师：对，是三角形法则的特殊情况；那(3)呢？

学生：$\overrightarrow{OA}+\overrightarrow{FE}=\mathbf{0}$。

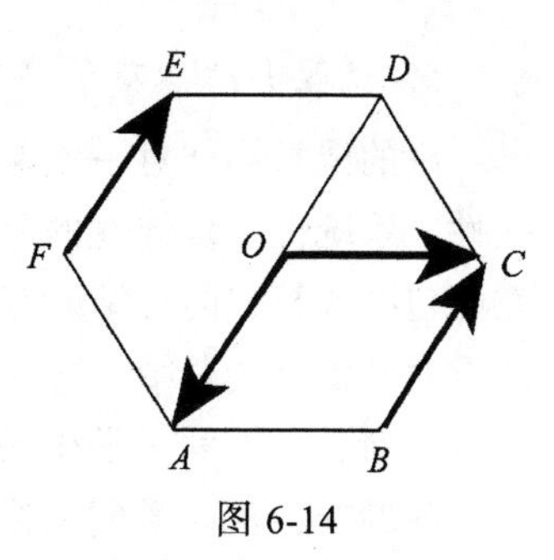

图 6-14

教师：很好，本题主要考查学生对三角形法则和平行四边形法则的理解和应用。应用两个法则要记住：首尾相连；共起点。

设计意图　例1在设计时的背景仍然沿用了前面情境中涉及的“蜘蛛网”，在这个正六边形中利用所学新知解决一些向量加法的问题有利于让学生感受到知识的连贯性，同时由于学生对此图形已有接触，相对较为熟悉，也便于学生解决，增强学生应用新知的成就感，更重要的是此图形有利于学生感受后面的“结论”。

例2(投影投出)　在长江南岸某渡口处，江水以 12.5km/h 的速度向东流，渡船的速度为25km/h(图6-15)。渡船要垂直地渡过长江，其航向应如何确定？

教师：船头能不能按垂直于对岸的方向航行？

学生(齐答)：不能。

教师：应该怎样？

学生：考虑到水流，航向应北偏西(图6-16)。

(师巡视，学生板演)

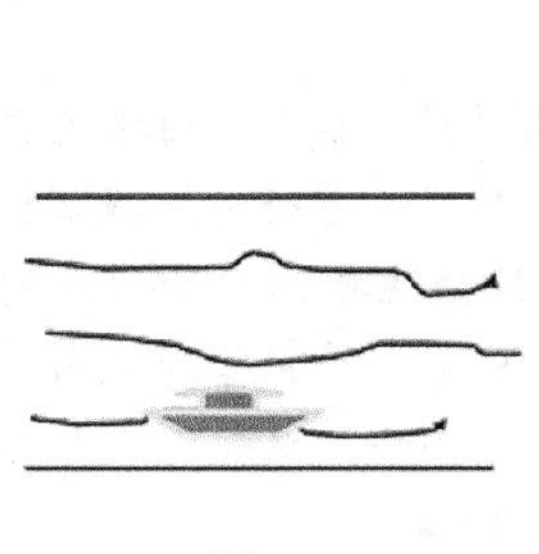
图6-15

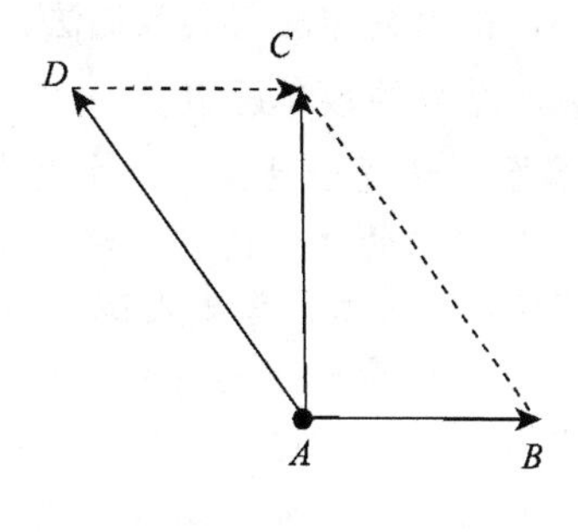

图6-16

设计意图　设计这道应用题的目的是让学生意识到数学并非是束之高阁遥不可及的，相反数学是切实有用的，当学生发现在实际生活中果然有些问题需要依靠数学知识来解决并且数学知识还是解决这类问题的关键之所在，那么他对于学习数学是充满了自豪感和成就感的，而这种自豪感和成就感必然又会进一步地增强学生学习数学、应用数学的积极性。

5. 梳理小结，双管齐下

好的课堂小结对一堂课能起到画龙点睛的作用，是针对课堂教学内容所做的概括性、系统性、延伸性的总结，其在教学中的作用是不容忽视的。在传统教学中，教师包办代替式的总结时有发生，同时极易忽视对思维方法和数学思想的提炼，只注重对知识点的总结。这种传统的课堂总结方式不利于学生暴露问题，不利于学生温故知新，也不利于学生提升思维，理应摒弃。

问题26：请同学们来谈一谈，这节课你学到些什么？

1) 知识结构(图6-17)

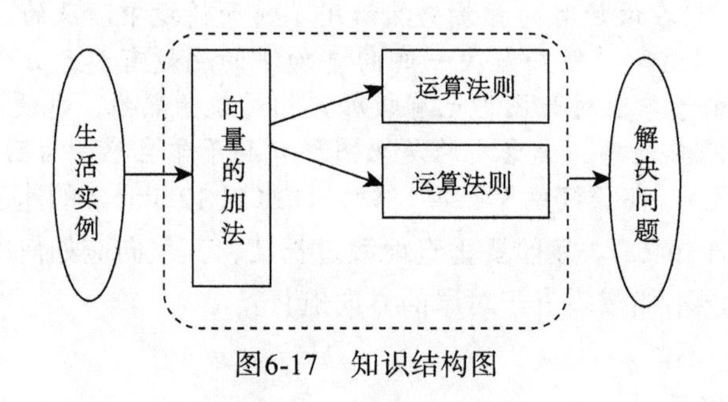

图6-17 知识结构图

2) 思想方法

(1) 从特殊 ⟶ 一般 ⟶ 特殊；

(2) 类比：向量加法与实数加法；

(3) 数形结合的数学思想。

设计意图 课堂小结设计时主要有两个方面的考虑：第一，由学生自己来做课堂小结，根据学生的总结情况教师判断学生的知识漏洞，进而补充提醒，帮助学生完善知识网络。第二，学生在课堂小结时候一般只会注意到对知识点的梳理，作者在设计时特别注意到从思想方法的角度总结课堂所学，并且作者板书设计时也注意将"知识要点"与"思想方法"对应联系起来，这样的"双管齐下"能让学生更全面地认识课堂所学，提高数学素养，更好地学习数学。

6.4 研究总结与展望

数学素养是目前数学教育研究的热点之一，各国都将培养学生的数学素养作为数学课程改革的重要目标。但是，目前在国内还鲜有专门研究和探讨数学素养的著作，也还没有学者对数学素养内涵、测评和发展做一个较为详细的梳理、阐述和分析。而数学素养的内涵、测评和发展对数学素养的研究，以及推行基于数学素养发展的数学教育都具有重要的意义，因此本书将对此进行专门的探讨，这也是本研究的价值所在。本书从国内外对数学素养的发展进行了阐述和分析，尤其对PISA研究中数学素养的内涵和测评进行了较为详细的介绍和分析，并从数学课程改革和数学教学两个方面论述了学生数学素养的发展。本节将从研究结论与启示、研究局限与展望两个方面对本书的研究进行总结和展望。

6.4.1　研究结论与启示

1. 我国数学素养发展的阐述与分析

数学是一门基础学科，也是我国基础教育的一个优势学科，新中国成立以来的60多年里，我国的数学教育逐渐从注重培养工具性数学人才，过渡到培养能在处理各种综合性问题中自如使用数学的人才，这些就是数学素养的体现。本书从教育政策、研究文献和教育实施这三个层面对我国数学素养的发展过程进行了论述，并指出我国的数学素养研究具有自发性，数学素养的内涵从最初的模糊逐步趋向明确，而且对数学素养的研究也在逐渐深入等特点。由于数学素养的内涵是进一步研究的基础，本书对我国的数学素养文献进行了分析，认为这些文献所阐述的数学素养内涵具有很强的时代感，可以根据时间将我国文献中数学素养内涵分为无直接阐述时期、内涵的组合说和发展说时期和内涵阐述的多元化时期。自2000年以来，我国文献对数学素养内涵有了各种论述，包括成分说、后天训练说、实践说、内化说，以及直接沿用国外或者PISA研究中的数学素养这几种类型。虽然这些表述基于不同的研究视角，但是，可认为它们大多都从解决问题中所需要的数学知识、数学技能、数学思想和数学思维等角度来探讨数学对个体的作用。

随后，本书分别对大陆和台湾的数学素养测评与发展进行了分析。研究发现，相比较数学素养的内涵探讨，大陆的数学素养测评和发展的研究还比较缺乏，在测评方面也是以理论探讨和问卷调查类的研究居多；而在发展方面的研究还不多，尤其是实证方面的研究更少，但令人可喜的是近年来借鉴国外的研究框架，对国内学生数学素养进行实证探讨的文献有了逐渐增多的趋势。由于接触西方的数学教育比较多，特别是受到PISA研究的影响比较早，台湾对数学素养测评和发展都有着比较深入的研究。在测评方面不但有台湾学者通过实证研究，构建了小学生和中学生数学素养测评试题，“台湾教育部门”还组织一批专家，借鉴PISA的测评框架，编制了《台湾2011数学素养评量样本试题》，供一线教师在教学中参考。此外，台湾学者也从理论和实证两个方面，对如何在学校教育中发展学生的数学素养进行探索，教育部门还委托学者对如何在学校教育中发展学生的数学素养进行研究。本书对台湾学者在数学素养的测评和发展方面的研究成果进行介绍，由于两岸文化的相近性，台湾的数学素养研究对大陆学者的研究具有重要的参考价值，尤其是台湾的数学素养测试试题和发展模式，具有较强的借鉴意义。本书认为，台湾学者无论是在数学素养的测评还是在发展方面的研究都做得都比较规范，这种研究方法具有移植的价值。

最后，本书从数学知识、数学经历、数学体验、个体感悟、数学素养的能力体现和非智力因素对数学素养的影响等方面对数学素养内涵的发展趋势进行了分析，并认为PISA的数学素养内涵对各地的研究都将产生重要的影响，可以被大家所借鉴。而在数学素养研究的发展趋势方面，本书认为今后应该在数学素养的定义和内涵方面进行更为深入的研究，应该注重数学素养的测评，以及在学校中如何发展学生的数学素养的探索，对数学素养内涵和表现能力中核心成分的梳理也是今后研究的一个重点。

2. 国外数学素养发展的阐述与分析

数学素养在不同的国家有着不同的名词，本书首先对欧美国家数学素养术语的发展情况进行了介绍，然后综合了各种欧美文献，分别对Numeracy、Quantitative Literacy、Mathematical Literacy、Mathematical Proficiency和Matheracy等若干常用数学素养术语所表示的内涵分别进行了分析。研究发现，Numeracy所指的数学素养其内涵虽然依然强调数量关系以及数的运算，但是，已经发展为个体在社会生活和进一步学习所需要的数学，并强调能力的培养和个体使用能力的意愿，有较强的能力取向；Quantitatively literate所表示的数学素养，强调个体能运用数学知识和数学能力，借用现代化的工具来理解数量、处理数量；Mathematical Literacy所指的数学素养是基于个体终身学习的视角，是从人的发展、人在社会中的生活和进一步学习所需要的数学为出发点，重视个体在社会生活中所需要的数学思维、基本沟通和演算技能；Mathematical Proficiency所指的数学素养强调知识、技能与信念，和数学教学联系较为紧密，可认为是个体的社会生活与学校的数学教育的一个结合体，对如何在数学教学中培养学生的数学素养具有重要的指导性；Matheracy所代表的数学素养也是指某种数学能力，但强调对数学素养的培养要置身于社会文化，从将来在社会生活中对数学的要求来设置数学课程、改变教学方式，从而更好地在学校教育中培养学生的数学素养。

本书还从内容和功能两个角度对国外数学素养的内涵进行分析，从数学素养表述内容的角度将数学素养的内涵分为“特定区域和背景”说、“数学内容”说、“数学过程”说和数学素养的“综合性”诠释四种类型。从数学素养的功能方面，可以其分为人力资本的数学素养、文化特征的数学素养、社会变迁的数学素养、环境意识的环境和评价数学的数学素养五个部分。一般来说，对复杂的事物，要研究其内部性质，往往从研究其外部特征入手，本书还对国外学者从智力因素和非智力因素两个方面对数学素养的研究情况进行了介绍，并指出非智力因素在个体数学素养发展中的重要性。

最后，本研究对欧美主要国家的数学素养测评情况进行了介绍，包括TIMSS、ALLS、IALS、NAAL和PIAAC测试中的数学素养部分。并对各国重视个体数学素养发展的具体举措、纲领性文件进行了介绍。研究认为，欧美国家在数学素养研究方法方面比较规范，这使得他们的研究结果具有较强的说服力；而且欧美国家在推行数学素养教育时候，十分注重对数学教师的培训，通过各种形式的教师教育，加深他们对数学素养的理解，逐步改变职前和职后教师的知识观、教学观，以及数学教育的评价观，然后通过教师的教学来促进学生数学素养的发展。这种思路是正确的，是值得学习和借鉴的。

3. PISA 数学素养的内涵、测量和结果的阐述与分析

PISA是目前全球最具影响力的测评项目之一，数学素养内涵、测评成了国际上数学素养研究的重要借鉴来源，其数学素养的测评结果对各地的研究和政策制定也有着重要的参考价值。本书结合OECD的PISA官方网站和台湾PISA研究中心的官方网站的有关信息，用了较大篇幅对PISA的数学素养，以及我国学生在PISA数学素养中的表现进行了介绍，这是目前国内比较全面介绍PISA的数学素养的研究。鉴于PISA研究的科学性和影响力，本书的成果对国内学者的数学素养研究具有较强的参考意义。

本书首先从测评对象和评价方式、测评科目和评价目标、测评的学生抽样和问卷设计三个方面对PISA的研究和实施情况进行了介绍。然后对PISA的数学素养内涵进行了分析，认为早期OECD的DeSeCo所构建的学生核心素养体系是PISA数学素养发展的理论基础。虽然从PISA2000开始，PISA的数学素养定义表述基本一致，但在PISA2012中有了一些变化，变得更加具体，描述更为贴近个体的现实生活。PISA2012从数学过程、数学内容和数学情境三个方面对数学素养的定义进行了阐述。其中数学过程包括形成数学情境，应用数学概念、事实、程序以及推理，以及诠释、应用以及评鉴数学结果三个方面；数学内容包括变化和关系、空间和形状、数量，不确定性和数据四个部分，并进而细分为函数、代数、方程和不等式、坐标系、二维和三维几何对象之间的联系、测量、数字和单位、算术运算、百分比、比率和比例、计数原理、估算、数据收集、数据变化与描述、样本及抽样、机会和概率等内容；在数学情境中，PISA2012将其分为个人的情境、职业的情境、社会的情境和科学的情境四个部分。但是，数学素养是内隐的而不是外显的，是综合的而不是单一的，是交叉的而不是平行的，是立体的而不是平面的。为了便于观察和测试，PISA将个体的数学素养转换为数学能力，在PISA2012中不再将数学素养所表现的

能力分为再现、联系和反思三个能力群，也不是具体的八种能力，而是将其整合成了沟通交流，数学化，数学表述，推理和论证，制定解决问题的策略，使用符号化、公式化以及技术性语言和运算和使用数学工具七个方面的能力。

PISA的数学素养测评主要根据以上的理论框架，编制试题，建立测评体系。本研究根据PISA的理论框架，构建了一个结构图来体现，具体如图4-3所示。本书较为详细地介绍PISA2012的数学素养测评，包括了PISA2012测试题中各种数学内容、各种数学过程和各种数学情境分别所占的比例；试题的结构和难度，试题的评分准则，以及测评结果的处理等。其中，较为详细地介绍了在PISA数学素养试题编制中，各数学内容难度的要求。此后，本研究按照不同的内容类别、情境类别和不同的难度，介绍了PISA2012中的数学素养测试题目。这对我国数学素养测评的研究和测评工具的开发都具有重要的借鉴价值。

最后，本书根据PISA的测试结果，以及上海和台湾在数学素养的测评结果进行了比较和分析，包括它们在不同数学素养水平等级中学生的比例、男女性别差异，在不同数学过程和数学内容中的表现差异等。本书还结合PISA2012的测评结果，对上海和台湾学生的数学素养与学生个人品质、学校和家庭的联系进行了分析。研究认为，虽然上海和台湾在PISA的数学素养测评中都有着不错的表现，但是还有一定比例学生的数学素养低于水平1，需要引起重视；台湾学生的迟到和旷课现象还需要进一步降低，包括学习数学的毅力和解决问题的能力方面都需要进一步发展；上海男女生在数学学习归因，对数学的学习动机存在显著差异，需要给予关注；而无论是上海还是台湾学生的数学学习都存在较强的焦虑感，需要教育部门和教师给予重视。研究认为，可以在教学中融入数学文化，设置一定的数学活动，让学生经历必要的数学体验，以提升学生的数学情感。PISA2012的调查还表明，同一地区如果存在学校竞争、学校有较好的学科气氛、父母的职业和与学生的交流情况都会影响学生的数学素养发展，这些结果对我国的数学教育改革和教学改革都具有重要的参考价值。

4. 基于数学素养的数学课程改革与数学教学阐述与分析

在本书的第5章和第6章，分别从数学课程和数学课堂教学两个方面对学生的数学素养发展进行了探讨。

在数学素养与数学课程改革部分，本书首先从数学素养教育背景、数学素养教育的研究和课程标准中的数学素养三个方面分析了国外数学课程中的数学素养，尤其是对美国、德国、英国、芬兰、澳大利亚、新加坡、日本和南非八个国家数学课程标准中的数学素养成分，分别进行了介绍。然后，根据我国数学课程标准的主要特点，将1949—2000年我国数学课程的发展分为选择数学课程发展道路时期、探索中国数学课程体系时期和建立中国数学课程体系时期这三个阶段。研究认为，我国的数学课程标准普遍比较重视对学生基本知识和基本技能的培养，而在2000年以后的数学课程改革中，在理念上、要求上、内容上都有了较大的区别，重视了数学对人发展的影响，体现个体的差异性，减少一些烦琐的计算，注重思想方法、数学情感，更加地贴近生活，将“双基”拓展为“四基”，这些变化都是适应时代发展的。但是，数学课程标准对一些数学内容的处理，以及数学改革的理念如何在教育现实中得到落实，还需要进一步的探讨和摸索，而本书的研究也可认为是这种探索的一个部分。

在分别从小学和中学两个部分分析数学素养对我国数学课程改革的影响后，本研究认为我国的数学课程标准还存在知识基础与数学应用的结合点失衡、知识体系和内容要求有待进一步厘清，以及教学理念和教学方法需要深化与落实这三个方面的不足。而这些不足，可以从夯实基础、体现特色，借鉴PISA的数学素养框架和开展针对性的教师教育三个方面进行改进。

而在数学素养与数学教学方面，本书认为虽然数学教学具有复杂性，没有固定的模式，但是，教师的教学知识背景和教学理念是影响课堂教学方式的两个重要方面。在阐述了数学教师教学知识的内涵后，本书认为在教学过程中，教师最主要的是处理“教什么”和“怎么教”两个问题，而这两个问题和教师教学知识中的学科内容知识和教学内容知识是相对应的，通过教学知识影响教师的教学行为，从而采取最为合理的教学方式。在发展学生数学素养的教学背景下，基于教学知识的数学教学要求教师在上课前要思考教学的预期目标、教师现有的教学知识，以及所实施的教学行为三个方面的问题，这三者之间有着紧密的联系。

要培养学生的数学素养，教师的数学课堂教学十分关键。教师首先要树立以人为本的教学理念，将学生视为学习的主体，无论采用何种教学方式都应以学生能更好地掌握数学知识和数学技能作为唯一标准。而教学设计和教学过程，则是教师教学理念的体现，在教学设计中构思教学过程，在教学过程中展现教学理念。那种认为数学素养就是要增加活动降低知识难度，以人为本的教学理念就是要让学生通过合作探究后进行学生快乐的学习，这种认识都是狭隘和肤浅的。数学知识是数学素养的基础，是发展各种数学技能，培养数学思想方法和数学思维能力的根本，因此，教师在教学设计中教师要注重数学内容的知识性。由于教学设计的目标是学习，是以帮助学生的学习过程为目的，而不是以教学过程为目的。因此，在教学设计中要体现学生的学习主体性，要重视学生在学习中的思维发展过程，重视学生数学情感的发展和数学活动的体验。

课堂教学是一个复杂的过程，教师要处理各种动态的情境，这不是教学设计就能全部包括了的，更不能十分严格地按照教学设计一步一步地实施教学过程，应该根据具体的教学内容、课堂动态，采用灵活多变的教学过程。这种灵活性主要体现在两个方面，其一是课堂教学中要根据具体的师生互动情况，调整教学过程，而不是刻板地按照预设的教学设计来实施；其二针对不同的教学内容、教学对象，教师要采用不同的教学方式，而不是教师以我为主，无论何种情况下，都采用统一的教学模式。这种课堂教学的动态性和教学内容的针对性，虽然对教师提出了较高的要求，但是对在课堂教学中发展学生的数学素养具有重要的影响，培养高水平教学知识和具有先进教学理念的教师也是今后数学教育发展的主要趋势。本书分析的基础上，构建了基于数学素养发展的数学课堂教学模式，具体如图6-2所示，该模式对教师的教学具有一定的指导意义。

最后，为了更好地说明，本书根据小学、初中和高中三个不同的学习阶段分别展示了数学教学案例，供教师参考。

6.4.2 研究局限与展望

1. 研究的局限

虽然本书力求能较为全面地梳理国内外研究文献中对数学素养内涵、测评和发展的研究，但是限于作者的精力和能力，只能展现其中的一部分研究情况。例如，在介绍PISA的研究部分，作者已投入较多的精力，虽然可认为是目前国内比较全面介绍PISA的数学素养研究的文献之一，但是这与PISA的众多原始文献比起来还是有不小的差距。因此，未能更全面地展示国内外的数学素养研究是本书的局限之一。

此外，本书更多的是基于理论上的阐述和分析，缺乏在教育教学的实际中进行实证研究，这也是本书的另一个局限。尤其在数学素养与数学教学部分，如果能将拟定的数学教学模式在真实的教学情境中实施，会让研究更具说服力。

2. 研究的展望

本书对国内外的数学素养内涵、测评和发展进行了阐述，并进行了分析，这些可以为后续研究提供一定的参考，尤其是可以作为后续研究奠定理论基础。今后的数学素养研究，可以从理论转向实证，从国内外的数学素养研究，尤其是PISA的数学素养研究中吸收有价值的成果，构建适合本地区学生的数学素养评价体系，并通过测评来促进数学课堂教学，从而更好地发展学生的数学素养。这类研究具有重要的现实意义，也是今后数学素养研究的主要方向。

应该看到，数学素养的重要性已不言而喻，在数学教育中发展学生的数学素养也是教育本质目的的体现，因此探讨数学素养的重要性已没有多大的必要。今后应该重点关注如何在数学教学中发展学生的数学素养，这当然需要一定的教育制度作为保证，通过考试和课程标准引导数学教育的发展方向。除此之外，还需要构建合理的数学素养测评体系，监测教育教学的实施。而在实施教学的过程中，教师是最为关键的因素，教育部门应重视教师教育。通过职前和职后的教师教育，培养具有扎实教学知识和先进教学理念的高质量数学教师。只有在教师的有效教学下，才能将课程标准的理念和精神落到实处，才能更好地发展学生的数学素养。

参 考 文 献

蔡上鹤. 1994. 民族素质和数学素养一学习《中国教育改革和发展纲要》的一点体会. 课程・教材・教法, 14(2): 15-18.

蔡志丹, 王崇阳. 2005. 关于高等数学教学中的数学素质教育的几点思考. 长春理工大学学报(社会科学版), 18(3): 22-24.

曹才翰, 章建跃. 2006. 数学教育心理学. 北京: 北京师范大学出版社.

曹一鸣. 2012. 十三国数学课程标准评介(小学、初中卷). 北京: 北京师范大学出版社.

陈冬, 张立新, 贾文敬. 2006. 数学素质与应用型人才. 大学数学, 22(4): 11-13.

陈眉. 1996. 小学生数学素养的培养. 教育评论, (5): 64-65.

陈汝平. 2005. 新课程背景下的有效教学. 重庆师范大学硕士学位论文.

代钦, 松宫哲夫. 2011. 数学教育史-文化视野下的中国数学教育. 北京: 北京师范大学出版社.

代婷. 2007. 1949—2000 年中国小学数学教学大纲的比较研究. 西北师范大学硕士学位论文.

戴雄燕. 2011. 变式教学对初中艺术生数学素养的培养研究. 湖南师范大学硕士学位论文.

丁舒. 2007. 教师教学行为有效性研究. 南京师范大学硕士学位论文.

董涛. 2008. 课堂教学中的 PCK. 华东师范大学博士学位论文.

杜文平. 2012. 小学生数学素养评价方案的研究. 课程与教学, (2): 26-30.

段作章. 2013. 教学理念向教学行为转化的内隐机制. 教育研究, (8): 103-111.

范良火. 2003. 教师教学知识发展研究. 上海: 华东师范大学出版社.

高烽. 2014. 从生活中来, 到生活中去——《向量的加法》的教学设计评析. 数学教学通讯(中等教育), (11): 14–16.

耿飞飞, 郝文武. 2013. 不同类型数学知识的有效教学方式. 中国教育学刊, (6): 71-74.

顾沛. 2001. 十种数学能力和五种数学素养. 高等数学研究, 4 (1): 5.

顾荣华. 2012. 浅谈师范生的数学素养及提高策略. 学园(教育科研), (24): 62-63.

关雯. 2006. 1949—2000 年中国中学数学教学大纲的比较研究. 西北师范大学硕士学位论文.

桂德怀, 徐斌艳. 2008. 数学素养内涵之探析. 数学教育学报, 17(5): 22-24.

桂德怀. 2011. 中学生代数素养内涵与评价研究. 华东师范大学博士学位论文.

桂林, 刘丹. 2003. 新课程标准下的高中数学教师素质的调查研究. 数学教育学报, 12(3): 51-54.

郭慧玲. 2002. 探讨量化素养的意涵与评量中学生量化素工具之开发. 台湾师范大学硕士学位论文.

韩龙淑, 丁琴芳. 1995. 新一代公民的数学素养及其培养. 教育理论与时间, 15(1): 62-64.

何美华. 2009. 高中数学课堂教学动态生成研究. 云南师范大学硕士学位论文.

洪碧霞, 萧嘉伟, 林素微. 2009. PISA 数学素养认知成分分析对补救教学的意涵. 课程与教学季刊, 13(1): 47-66.

胡典顺. 2010. 数学素养研究综述. 课程・教材・教法, 30(12): 50-54.

黄华. 2010. 从 PISA 数学素养测试对国内数学教学的启示——PISA 数学素养测试与上海市初中毕业统一学业考试数学测试之比较. 上海教育科研, (5): 8-11.
黄华. 2015. PISA2012基于计算机的数学素养测评分析. 上海教育科研, (2): 20-23.
黄惠娟, 王晞. 2003. PISA: 数学素养的界定与测评. 上海教育科研, 3(12): 59-61.
黄秦安. 2001. 数学文化观念下的数学素质教育. 数学教育学报, 10(3): 12-17.
黄雅云. 2011. 高中数理资优学生数学素养能力之研究. 台湾彰化师范大学硕士学位论文.
黄毅英, 许世红. 2009. 数学教学内容知识□结构特征与研发举例. 数学教育学报, 18(1): 3-5.
黄友初. 2009. 数学文化与数学教育之研究. 数学通报, 48(5): 22-24.
黄友初. 2014. 欧美数学素养教育研究. 比较教育研究, 36(6): 47-52.
黄友初. 2015a. 数学教师教学知识发展研究. 北京: 科学出版社.
黄友初. 2015b. 我国数学素养研究分析. 课程·教材·教法, (8): 55-59.
简大为. 2009. 不同性别高中职学生数学素养、成就、焦虑与自我效能相关之探讨. 台湾东华大学硕士学位论文.
江西教委教研室"提高数学素养"课题组. 1995. 提高数学素养的思考. 数学通报, 34(5): 22-24.
姜涛. 2006. 全日制义务教育数学新课程标准与数学教育改革. 数学教育学报, 15(2): 87-89.
教育部. 2001. 全日制义务教育数学课程标准(实验稿). 北京: 北京师范大学出版社.
教育部. 2003. 普通高中数学课程标准(实验稿). 北京: 人民教育出版社.
金立村. 2005. 高中数学新课程实施一年来的调查与思考. 数学通报, 44(9): 13-17.
金丽丽. 2013. 动态生成的初中数学课堂的研究. 山东师范大学硕士学位论文.
康世刚. 2009. 数学素养生成的教学研究. 西南大学博士学位论文.
科尔达舍夫 A M. 1961. 数学教学与学生生产劳动的结合. 丁克, 译. 数学通报, (4): 2-5.
课程教材研究所. 2001. 20 世纪中国中小学课程标准#教学大纲汇编: 数学卷. 北京: 人民教育出版社.
孔凡哲. 2007. 基础教育新课程中"螺旋式上升"的课程设计和教材编排问题探究. 教育研究, (5): 62-68.
孔企平, 张维忠, 黄荣金. 2003. 数学新课程与数学学习. 北京: 高等教育出版社.
孔企平. 2002. 小学数学教学的理论与方法. 上海: 华东师范大学出版社.
孔企平. 2011. 国际数学学习测评: 聚焦数学素养的发展. 全球教育展望, (11): 78-82.
赖纪宁. 2010. 以臆测为中心的数学写作活动对学生数学素养的影响历程之行动研究. 台湾彰化师范大学硕士学位论文.
乐瑞芳. 2008. 数学史与中学数学教师的数学素养. 华中师范大学硕士学位论文.
李宏彬. 2006. 数学素养的构成要素与培养策略. 课程教材教学研究(小教研究), (1): 12-13.
李辉来, 袁缘. 2012. 关于高等学校数学文化教育的若干思考. 吉林师范大学学报(自然科学版), (1): 20-23.
李静. 2015. 挖掘非智力因素 培养学生良好的数学素养. 科学咨询(科技·管理), (6): 146.
李善良, 沈呈民. 1993. 新一代公民数学素养的研究. 数学教育学报, 2(2): 26-30.
李士錡. 2000. 熟能生厌吗——三谈熟能生巧问题. 数学教育学报, 9(2): 23-27.

李祎. 2012. 提高教师数学素养的“六维度”. 数学通讯, (10): 1-5.
李玉红, 石永生. 2010. 影响大学生数学素养形成的因素分析. 统计与咨询, (1): 52-53.
李云芳. 2015. 论学生数学素养的培养. 学周刊(中旬), (3): 172.
李兆华. 2005. 中国近代数学教育史稿. 济南: 山东教育出版社.
林清珍. 2015. 浅谈农村小学生的数学素养的提高. 读与写杂志, 12(1): 203-248.
林志礼. 1985. 谈我省考生的数学素质. 江苏教育, (5): 29.
刘和景. 2006. 昆明市石林彝族自治县义务教育数学新课程实施现状的调查与分析. 云南师范大学硕士学位论文.
刘丽敏. 2013. 浅谈如何提高小学生的数学素养. 中国校外教育(上旬), (6): 37.
刘林芝. 2012. 数学优等生的教学策略研究. 华中师范大学硕士学位论文.
刘明香. 2013. 浙江省高中数学教师数学专业素养的调查研究. 浙江师范大学硕士学位论文.
刘清华. 2004. 教师知识的模型建构研究. 西南师范大学博士学位论文.
刘庆昌. 2010. 论教学理念及其形成. 山西大学学报(哲学社会科学版), 33(6): 91-97.
刘婷. 2010. 新中国成立 60 年高中数学教学大纲(课程标准)的传承与变迁. 天津师范大学硕士学位论文.
刘艳, 杜其奎. 2011. 幼师生的数学素养的现状分析与培养. 教育教学论坛, (27): 127-129.
刘喆, 高凌飚. 2011. 西方数学教育中数学素养概念之辨析. 中国教育学刊, (7): 40-43, 51.
刘喆, 高凌飚. 2012. 西方数学教育中数学素养研究述评. 中国教育学刊, (1): 62-66.
卢光辉. 2007. 八年级学生数学素养测量与评价研究. 西北师范大学硕士学位论文.
陆璟. 2013. PISA 测评的理论和实践. 上海: 华东师范大学出版社.
陆昱任. 2004. 论数学素养之意涵及小学阶段评量工具之开发. 台湾师范大学硕士学位论文.
吕世虎. 2009. 中国当代中学数学课程发展的历程及其启示. 东北师范大学博士学位论文.
吕宪军, 王延玲. 2012. 试析教学理念与教学行为的割裂与融合. 教育科学, 28(1): 36-40.
吕雪, 陈忠. 2014. 拔尖创新人才数学素养的培养方式探讨. 长江大学学报(自科版), 11(28): 115-117.
洛斯 Γ A. 1956. 在八年级中数学与物理课程的结合. 王敏, 译. 数学通报, (10): 23-27.
马蕾迪. 2013. 昆明市初三学生数学学习参与度及其对数学素养的影响. 云南师范大学硕士学位论文.
马云鹏. 2012. 教学中如何把握“四基”——《义务教育数学课程标准(2011 版)》解析之十二. 小学数学教育, (7–8): 41-42.
马忠林, 王鸿钧, 孙宏安, 等. 2001. 数学教育史. 南宁: 广西教育出版社.
梅松竹. 2014. PISA2012 数学素养精熟度水平评价研究. 教育测量与评价(理论版), (3): 25-30.
倪惠玉. 1994. 国民小学教师科技素养之研究. 台湾师范大学硕士学位论文.
宁连华. 2008. 新课程背景下高中数学教师教学知识的调查研究. 教育理论与实践, (10): 14-16.
欧朝成. 2012. 湖北省恩施州农村初中数学教师数学素养现状研究. 华中师范大学硕士学位

论文.

潘小明. 2012. 基础教育阶段学生数学素养的四维一体模型. 教育与教学研究, 26(10): 91-95, 99.

庞雅丽. 2011. 职前数学教师的 MKT 现状及其发展研究. 华东师范大学博士学位论文.

齐宇歆. 2013. 基于PISA的学习素养评价系统设计. 华东师范大学博士学位论文.

綦春霞, 王瑞霖. 2012. 中英学生数学素养的比较及其启示. 比较教育研究, (11): 75-80.

全光淑. 2014. 中学数学教师数学教育观的现状调查研究——以和龙市中学数学教师为例. 延边大学硕士学位论文.

全美数学教师理事会. 2004. 美国学校数学教育的原则和标准. 蔡金法, 译. 北京: 人民教育出版社.

上海教委. 2004. 上海市中小学数学课程标准(试行稿). 上海: 上海教育出版社.

邵光华, 顾泠沅. 2006. 中国双基教学的理论研究. 教育理论与实践, 26(2): 48-52.

盛祥耀, 宋烈侠, 张元德. 1984. 从研究生数学入学试卷谈谈数学教学. 教育研究通讯, (8): 42-47.

史宁中, 孔凡哲. 2013. 十二个国家普通高中数学课程标准国际比较研究. 长沙: 湖南教育出版社.

束镇文. 2013. 抗议小学数学课堂学生数学素养培养. 上海教育科研, (2): 85-86.

数学教育研究小组. 1993. 数学素质教育设计要点. 数学教学, (3): 1-5.

斯米尔诺夫 C B. 1963. 伊凡诺夫师范学院附属青年数学学校. 金耳, 译.数学通报, (4): 6-7.

苏洪雨, 吴周伟. 2009. 高中数学课程标准对学生数学素养的要求. 教学与管理, (1): 44-47.

苏洪雨. 2009. 学生几何素养的内涵与评价研究. 华东师范大学博士学位论文.

孙国芹. 2004. 初中生数学素质培养的探索与研究. 东北师范大学硕士学位论文.

孙宏安. 1996. “数学素质”界定我见. 数学教育学报, 5(4):10-14.

汤建英, 许丽. 2013. 让素养成全学生的发展——基于小学生数学素养发展的教学策略研究. 江苏教育研究, (10A): 62-66.

唐彩斌, 朱黎生, 杨慧娟. 2012. “四基”“四能”给课程建设带来的影响——宋乃庆教授访谈录. 小学教学(数学版), (7–8): 11-13.

滕永康. 1982. 相似三角形的一堂讨论课. 数学教学, (6): 17-19.

田果萍, 崔克忍. 2013. 欧洲科学数学项目中数学素养教学案例的剖析. 时代教育科学(普教研究), (1): 107-137.

田琦. 2009. 新课程实施背景下农村教师专业化培训方式. 齐齐哈尔师范高等专科学校学报, (3): 32-33.

王博. 2013. 高中数学素养的发展策略研究. 华中师范大学硕士学位论文.

王广辉. 2012. PISA 视角下的数学素养及其教育启示. 教育科学论坛, (9): 11-13.

王克勤, 马建峰, 盖立春, 谷海军. 2006. 师范教育的转型与教师教育发展. 教育研究, (4): 76-79.

王庆元. 2011. PISA评价下初中生数学素养培养的实践与研究. 浙江师范大学硕士学位论文.

王秋海. 2008. 数学课堂教学技能训练. 上海: 华东师范大学出版社.
王秀珍. 2001. 关于大学生数学素质教育的几点思考. 长沙大学学报, 15(4): 76-78.
王子兴. 2002. 论数学素养. 数学通报, (1):6-8.
韦碧琴. 2011. 基于数学素养的高中数学有效教学研究. 广西师范学院硕士学位论文.
魏爱芳. 2011. PISA 数学素养测试及其对我国青少年数学素养评价的启示. 考试研究, (6): 78-87.
文德靖. 2013. 昆明市初三数学教师的学生评价方法对学生数学素养的影响研究. 云南师范大学硕士学位论文.
吴晓层. 2003. 案例教学是培养学生素质教育的好方法. 广西大学学报(自然科学版), 28(增刊): 54-57.
吴晓红, 郑毓信. 2012. 新课程背景下学生数学素养问题探析. 中国教育学刊, (4): 52-55.
吴炎冠. 2012. PISA2009亚洲国家地区学生ICT与数学素养表现关系之探讨. 台湾台中教育大学硕士学位论文.
武学平. 2002. 论中学生的数学素质结构及其优化. 内蒙古师范大学硕士学位论文.
向文娟. 2011. 对初一学生数学素养现状的调查与研究. 华中师范大学硕士学位论文.
肖绍菊. 2006. 民族地区初中数学新课程实施状况——“学生问卷”调查分析. 数学通报, 45(8): 13-16.
肖云霞. 2014. 基于PISA的高二学生数学素养的调查研究. 南京师范大学硕士学位论文.
谢恩泽, 滕福星, 徐本顺, 朱新民. 1991. 文科学生的自然科学素养. 济南: 山东教育出版社.
辛涛, 姜宇, 刘霞. 2013. 我国义务教育阶段学生核心素养模型的构建. 北京师范大学学报(社会科学版), (1): 5-11.
辛涛, 姜宇, 王烨辉. 2014. 基于学生核心素养的课程体系建构. 北京师范大学学报(社会科学版), (1): 5-11.
辛涛, 姜宇. 2015a. 全球视野下学生核心素养模型的构建. 人民教育, (9): 54-58.
辛涛, 姜宇. 2015b. 以社会主义核心价值观为中心构建我国学生核心素养体系. 人民教育, (7): 26-30.
徐斌艳. 2007. 关于德国数学教育标准中的数学能力模型. 课程·教材·教法, 27(9): 84-88.
许滯方. 2003. 国民中学数学领域课程实施之研究. 台湾台南师范大学硕士学位论文.
薛怀维. 2001. 数学素质教育与中学数学教师. 福建师范大学硕士学位论文.
严士健. 1994. 面向 21 世纪的中国数学教育=M1. 南京: 江苏教育出版社.
杨国翰. 1956. 高等师范学校数学系、科各专业科目及数学教学法参考查料的介绍. 数学通报, (11): 40-43.
杨红萍, 喻平. 2008. 初中数学新课程实施情况调查研究——以山西省为例. 教育理论与实践, (3): 25-27.
杨萍. 2013. 高中数学教师知识素养研究. 上海师范大学硕士学位论文.
叶金标, 陈文. 2014. 立足课堂教学发展数学素养. 内蒙古师范大学学报(教育科学版), 27(4): 128-130.
叶澜. 1997. 让课堂焕发出生命活力. 教育研究, (9): 3-7.

叶立军, 李燕. 2011. 基于录像分析背景下的初中统计课堂教学提问研究. 数学教育学报, 20(5): 52-54.
叶立军, 周芳丽. 2014. 基于录像分析背景下的优秀数学教师课堂提问能力的研究. 数学教育学报, 23(3): 53-56.
叶立军. 2014. 数学教师课堂教学行为研究. 杭州: 浙江大学出版社.
叶立军. 2015. 中学数学教学设计. 北京: 高等教育出版社.
尤昭奇. 2009. 实施以以臆测为中心的数学探究教学中七年级学生数学素养的展现之行动研究. 台湾彰化师范大学硕士学位论文.
游昭芳. 2012. 以阅读融入臆测的数学教学活动对国中生数学素养影响之行动研究. 台湾彰化师范学院硕士学位论文.
于丽. 2009. PISA 数学素养测试研究. 上海师范大学硕士学位论文.
袁贵仁. 2001. 素质教育: 21世纪教育教学改革的旗帜. 中国教育学刊, (5): 3-7, 12.
袁桐, 周锦泉. 1985. 处理好特殊与一般的关系, 提高学生的数学素养. 江苏教育, (4): 32.
臧雷. 1995. 数学观念培养与数学素质教育. 数学教师, (7): 1-4.
张殿军, 吴正宪. 2013. 合作学习让思维更深入——“分数再认识”教学设计与评析. 教学月刊小学版, (11): 9-11.
张美丽. 2014. 基于PISA的中学生数学素养测试研究. 河南大学硕士学位论文.
张娜. 2013. DeSeCo 项目关于核心素养的研究及启示. 教育科学研究, (10): 39-45.
张顺燕. 2005. 数学文化与数学教育. 数学通报, 44(1): 4-9.
张维忠, 陆吉健, 陈飞伶. 2014. 南非高中数学素养课程与评价标准评介. 全球教育展望, 43(10): 38-47.
张维忠, 陆幸意. 2014. 台湾《数学素养向度建议文》评介. 浙江师范大学学报(自然科学版), 37(4): 416-420.
张玉林. 1998. 论数学美育中的数学素养教育. 桂林教育学院学报, (2) : 88-91.
郑强. 2005. 论数学素养及其在数学课程中的价值体现. 曲阜师范大学学报, 31(2):126-128.
郑毓信, 谢明初. 2004. “双基”与“双基教学”: 认知的观点. 中学数学教学参考, (6): 1-5.
郑正亚, 石循忠. 2001. 数学素质教育是提高学生数学考试水平的关键. 数学教育学报, 10(2): 65-67.
钟静. 2005. 论数学课程近十年之变革. 教育研究月刊, (133): 124-134.
周慧, 綦春霞. 2015. PISA2012 数学素养测试分析框架及例题分析. 教育测量与评价(理论版), (5): 36-42.
周先育. 2011. 国内数学素养研究综述. 牡丹江教育学院学报, (5): 56-57.
周玉秀. 2006. 从PISA 看数学素养与中小学数学教育. 科学教育月刊, (293): 2-21.
朱斌, 杜一川, 胡建国. 2015. 温州人吴朝晖任浙江大学校长. 温州都市报, 2015-3-27.
朱长江. 2011. 谈谈如何提高大学生的数学素养. 中国大学教学, (11): 17-19.
朱德江. 2004. 小学数学素养构成元素与培养策略. 学科教育, (7): 27-31.
朱德全, 宋乃庆. 2000. 论数学教育现代化与素质教育观. 西南师范大学学报(人文社会科学版), 26(1): 76-81.

朱德全. 2002. 数学素养组成要素探析. 中国教育学刊, (5): 49-51.

朱黎生, 沈南山, 宋乃庆. 2012. 数学课程标准“双基”内涵延拓的教育思考. 课程 ·教材 · 教法, 32(5): 41-45.

庄青伦. 2012. 以臆测为中心的数学探究教学下探讨国中生数学素养的行动研究. 台湾彰化师范大学硕士学位论文.

邹国胜, 李中华. 2013. 注重培养“四基”，提高数学素养——“合并同类项(2)”的教学设计与评析. 中国数学教育, (7-8): 73-75.

邹云志, 王宝富. 2004. 关于大学数学教育的一些思考. 高等理科教育, (5): 35-37.

佐藤学. 2004. 学习的快乐——走向对话. 钟启泉, 译. 北京: 教育科学出版社.

“MA”课题组. 1997. “发展学生数学思想, 提高学生数学素养”教学实验研究报告. 课程 · 教材 · 教法, 17(8): 35-39.

An S, Kulm G, Wu Z. 2004. The pedagogical content knowledge of middle school mathematics teachers in china and the US. Journal of Mathematics Teacher Education, (7): 145-172.

Australian Association of Mathematics Teachers. 1997. Numeracy = Everyone’s Business. The Report of the Numeracy Strategy Development Conference, Perth. April. Australian Association of Mathematics Teachers, Adelaide.

Ball D L, Bass H. 2000. Interweaving content and pedagogy in teaching and learning to teaching: Knowing and using mathematics//Boaler J, ed. Multiple perspectives on the teaching and learning of mathematics. Westport, CT: Ablex: 83-104.

Ball D L, Bass H. 2003. Toward a practice-based theory of mathematical knowledge for teaching //Davis B, Simmt E, ed. Proceedings of the 2002 Annual Meeting of the Canadian Mathematics Education Study Group. Edmonton, AB: CMESG/GCEDM: 3-14.

Ball D L, Cohen D K. 1999. Developing practice, developing practitioners: Toward a practice-based theory of professional education//Sykes G, Darling-Hammond L, ed. Teaching as the learning profession: Handbook of policy and practice. San Francisco: Jossey Bass: 3-32.

Ball D L, Lubienski S, Mewborn D. 2001. Research on teaching mathematics: The unsolved problem of teachers’ mathematical knowledge// Richardson V, ed. Handbook of Research on Teaching. 4th ed. New York: Macmillan: 433-456.

Ball D L, Thames M H, Phelps G. 2008. Content knowledge for teaching: What makes it special? Journal of Teacher Education, 59 (5): 389-407.

Ball D L. 1988. Knowledge and Reasoning in Mathematical Pedagogy: Examining what prospective teachers bring to teacher education. Unpublished doctoral dissertation, Michigan State University, Michigan.

Ball D L. 1989. Teaching mathematics for understanding: What do teachers need to know about the subject matter//National Center for Research on Teacher Education, ed. Competing Visions of Teacher Knowledge: Proceedings From an NCRTE Seminar for Education Policymakers: 79−99. MI:National Center for Research on Teacher Education. East Lansing.

Ball D L. 1990. The mathematical understandings that prospective teachers bring to teacher education. Elementary School Journal, 90(4): 449-466.

Ball D L. 1991. Research on teaching mathematics: Making subject matter knowledge part of the equation// Brophy J. ed. Advances in Research on Teaching: Vol.2 Teachers’ Subject Matter

Knowledge and Classroom Instruction. Greenwich, CT: JAI Press: 1-48.

Ball D L. 1997. What do students know? Facing challenges of distance, context, and desire in trying to hear children//Biddle B J, et al., ed. International Handbook of Teachers and Teaching, Netherlands: Kluwer Academic Publishers: 769-818.

Begle E G. 1972. Teacher knowledge and student achievement in Algebra. SMSG Reports, No.9 Stanford: School Mathematics Study Group.

Bishop A J. 2000. Overcoming obstacles to the democratisation of mathematics education. Regular lecture presented at the Ninth International Congress on Mathematics Education, Makuhari, Japan.

Bobby O. 2011. Mathematics Literacy: Are We Able To Put The Mathematics We Learn Into Everyday Use? Journal of Mathematics Education, 4(1): 89-100.

Carey S, Low S, Hansbro J. 1997. Adult Literacy in Britain.

Christopher D. 2003. Numeracy, literacy and earnings: evidence from the National, Longitudinal Survey of Youth. Economics of Education Review, 22: 511-521.

Cockcroft W H. 1982. Mathematics Counts. London: Her Majesty's Stationery Office.

D'Ambrosio U. 1999. Literacy, Matheracy and Techonoracy: A New Trivium for Today. Mathematical Thinking and Learning, 1(2): 131-153.

de Lange J. 2003. Mathematics for Literacy//Madison B L, Steen L A, ed. Quantitative Literacy: Why Numeracy Matters for Schools and Colleges. Princeton, NJ: National Council on Education and Disciplines: 75-89.

de Lange J. 2006. Mathematical literacy for living from OECD-PISA Perspective. Tsukuba Journal of Educational Study in Mathematies, 25:13-35.

Denisse R T, Michaele C. 2007. Communication and representation as elements in mathematical literacy. Reading and Writing Quarterly, (23): 79-196.

Department for Education and Employment (DfEE). 1999. Improving Literacy and Numeracy: a Fresh Start, Great Britain Working Group on Post-School Basic Skills chaired by Sir Claus Moser. Department for Education and Employment: London.

Department of Education and Skills. 2011. Literacy and Numeracy for learning and life: The National Strategy to Improve Literacy and Numeracy among Children and Young People 2011－2020. Department of Education and Skills, Marlborough Street, Dublin 1, Ireland.

Department of Education, Training and Youth Affairs. 2000. Numeracy, a Priority for All: Challenges for Australian Schools. DETYA Canberra.

Dewey J. 1938. Experience and education. New York: Kappa Delta Pi.

Elbaz F. 1983. Teacher Thinking: A Study of Practical Knowledge. London: Croom Helm: 5-47.

Eva Jablonka. 2003. Mathematical Literacy//Bishop A J, Clements M A, Keitel C, et al., ed. Second International Handbook of Mathematics Education. The Netherlands, Dordrecht: Kluwer Academic Publishers: 75-102.

Fennema E, Franke L M. 1992. Teachers' knowledge and its impact//Grouws D A, ed. Handbook of research on mathematics teaching and learning. New York: Macmillan.

Gal I, van Groenestiin M, Manly M, et al. 2003. Adult numeracy and its assessment in the ALL survey: A conceptual framework and pilot results. Ottawa: Statistics Canada.

Gal I. 2002. Adult's Statistical Literacy: Meanings, Components, Responsibilities. International Statistical Review, 70(1):1-25.

Goldstein H. 2000. IALS–A Commentary on the Scaling and Data Analysis//Carey S, ed. Measuring Adult Literacy: The International Adult Literacy Survey in the European Context. Office for National Statistics: London.

Green F, Felstead A, Gallie D. 1998. Changing Skill-Intensity: an Analysis Based on Job

Characteristics.

Grossman P L. 1995. Teachers' Knowledge//Anderson L W, ed. International Encyclopedia of Teaching and Teacher Education. 2nd ed. Cambridge: Cambridge University: 20-24.

Hamilton M, Barton D. 2000. The International Adult Literacy Survey: What does it really measure? International Review of Education, 46(5): 377-389.

Harms Timothy John. 2003. Analysis of Minnesota Students' Mathematical Literacy on TIMSS, NAEP, and MN BST. University of North Dakota.

Hill H C, Blunk M L, Charalambous C Y, et al. 2008. Mathematical Knowledge for Teaching and the Mathematical Quality of Instruction. An Exploratory Study. Cognition and Instruction, 26: 430-511.

Howie S, Hughes C A. 1998. Mathematics and Science Literacy of Final-Year School Students in South Africa. A Report on the Performance of South African Students in the Third International Mathematics and Science Study (TIMSS). Human Sciences Research Council, Pretoria (South Africa).

International Life Skills Survey. 2000. Policy Research Initiative. Statistics Canada.

Irwin K. 2001. The International Adult Literacy Survey (IALS): Understanding What Was Measured. Educational Testing Service Princeton.

Kaiser G, Willander T. 2005. Development of mathematical literacy: results of an empirical study. Teaching mathematics and its applications Volume, 24(2-3): 48-60.

Katja L, Darmstadt. 2005. Reflecting mathematics: an approach to achieve mathematical literacy. ZDM, 37(3):246-249.

Kaye S. 2002. Adding It Up: Helping Children Learn Mathematics. ZDM, 34(6): 297-298.

Kemp M, Hogan J. 2000. Planning for An Emphasis on Numeracy in the Curriculum. Commonwealth: Commonwealth Department of Education.

Kilpatrick J, Swafford J, Findell B. 2001. Adding It Up: Helping Children Learn Mathematics. Mathematics Learning Study Committee, Center for Education, Division of Behavioral and Social Sciences and Education. Washington, DC: National Academy Press.

Kilpatrick J. 2001. Understanding mathematical literacy: the contribution of research. Educational Studies in Mathematics, 47(1):101-116.

Kramarski B, Mizrachi N. 2006. Online discussion and self-regulated learning: effects of instructional methods on mathematical literacy. The Journal of Educational Research, 99(4): 218-230.

Lake D. 1999. Helping Students to Go SOLO: Teaching Critical Numeracy in the Biological Sciences. Journal of Biological Education, 33(4): 191-198.

Leninhardt G. 1988. Situated knowledge expertise in teaching//Caldhear J, ed. Teachers' professional learning. London: Falmer Press: 141-148.

Lindenskov L, Wedege T. 2001. Numeracy as an Analytical Tool in Mathematics Education and Research. Roskilde: Centre for Research in Learning Mathematics.

Madison B L, Steen L A. 2003. Quantitative Literacy: Why Numeracy Matters for Schools and Colleges. Princeton, NJ: National Council on Education and Disciplines.

Madison B L. 2003. The Many Faces of Quantitative Literacy//Madison B L, Steen L A, ed. Quantitative Literacy: Why Numeracy Matters for Schools and Colleges. Princeton, NJ: National Council on Education and Disciplines: 3-6.

Meeks L, Kemp C, Stephenson J. 2014. Standards in Literacy and Numeracy: Contributing Factors. Australian Journal of Teacher Education, 39(7): 106-139.

Michel M. 2003. Defining Mathematical Literacy in France// Madison B L, Steen L A, ed. Quantitative Literacy: Why Numeracy Matters for Schools and Colleges. Princeton: National Council on Education and Disciplines: 221-223.

Miller L D, Mitchell C E. 1995. Using quality control activities to develop scientific and mathematical literacy. School Science and Mathematics, 95(2): 58-60.

Moje E B. 2008. Foregrounding the Disciplines in Secondary Literacy Teaching and Learning:A Call for Change. Journal of Adolescent & Adult Literacy.

Mosvold R, Jakobsen A, Jankvist U T. 2014. How Mathematical Knowledge for Teaching May Profit from the Study of History of Mathematics. Science & Education, (23):47-60.

National Audit Office(NAO). 2008. Skills for Life: Progress in Improving Adult Literacy and Numeracy. LONDON: The Stationery Office.

National Center for Education Statistics (NCES). Adult Literacy in America. Report of the National Adult Literacy Survey (NALS). Washington, DC: U.S. Department of Education, 1993.

National Council of Teachers of Mathematics. 1989. Curriculum and evaluation standards for school mathematics. Reston, VA: Author.

National Council of Teachers of Mathematics. 2000. Principles and Standards for School Mathematics. Reston Va: Author.

National Council of Teachers of Mathematics. 2007. Mathematics teaching today: Improving practice, improving student learning. 2nd ed. Reston, VA: Author.

Olanoff D E. 2011. Mathematical Knowledge for Teaching Teachers: The Case of Multiplication and Division of Fractions. Unpublished doctoral dissertation, Syracuse University, New York.

Olson J. 1988. Making sence of Teaching:Cognition vs Culture. Journal of Curriculum Studies. 20(2):167-170.

Organization for Economic Cooperation and Development. 1995. Literacy, Economy and Society: Results of the first international adult literacy survey. Paris: OECD.

Organization for Economic Cooperation and Development. 1999. Measuring Student Knowledge and Skills. A New Framework for Assessment. Paris: OECD.

Organization for Economic Cooperation and Development. 2004. Learning for Tomorrow's World First Results from PISA 2003. OECD Publishing.

Organization for Economic Cooperation and Development. 2005. PISA 2003 Technical Report. OECD Publishing.

Organization for Economic Cooperation and Development. 2007. Assessing Scientific, Reading and Mathematical Literacy: A Framework for PISA 2006. OECD Publishing.

Organization for Economic Cooperation and Development. 2010. PISA 2009 Assessment Framework: Key competencies in reading, mathematics and science. OECD Publishing.

Organization for Economic Cooperation and Development. 2013. PISA 2012 Assessment and Analytical Framework: Mathematics, Reading, Science, Problem Solving and Financial Literacy. OECD Publishing.

Organization for Economic Cooperation and Development. 2014. PISA 2012 Technical Report. OECD Publishing.

Parsons S, Bynner J. 1998. Influences on Adult Basic Skills: Factors Affecting the Development of Literacy And Numeracy from Birth To 37. The Basic Skills Agency: London.

Pugalee D K. 1999. Constructing a model of mathematical literacy. The Clearing House, 73(1): 19-22.

Pugalee D K. 2001. Using communication to develop students' mathematical literacy. Teaching Children Mathematics, 6(5): 296-299.

Robinson P. 1997. Literacy and Numeracy and Economic Performance. Working Paper No.888, Centre for Economic Performance, London School of Economics.

Romberg T A. 2001. Mathematical Literacy: What does it mean for school mathematics? Wisconsin School News, 56(6): 5-31.

Rowe M B. 1987. Wait-time slowing down may be away of speeding up. American Educator, 1987, 11(1): 38-47.

Schoenfeld A H. 2007. What is mathematical proficiency and how can it be assessed?//Schoenfeld A H, ed. Assessing Mathematical Proficiency. Cambridge: Cambridge University Press: 59-73.

Schreiber, James B, Chambers E A. 2003. American high school seniors' Mathematics Literacy achievement. North American Journal of Psychology, 5(1): 15-30.

Shava, Fungai Munashe Mavugara. 2005.Teaching for Mathematical Literacy in Secondary and High Schools in Lesotho: A Didactic Perspective. University of the Free State, Bloemfontein, South Africa.

Shomos A. 2010. Links Between Literacy and Numeracy Skills and Labour Market Outcomes. Productivity Commission Staff Working Paper, Melbourne, August.

Shulman L S. 1986. Those who understand: Knowledge growth in teaching. Educational Researcher, 15(2): 4-14.

Shulman L S. 1987. Knowledge and teaching: Foundations of the new reform. Harvard Educational Review, 57(1): 1-22.

Statistics Canada & OECD. 2005. Learning a Living: First Results of the Adult Literacy and Life Skills Survey. Ottawa, Ontario and Paris, France: Statistics Canada and OECD.

Steen L A. 1990. Numeracy. Daedalus, 119 (2): 211-231.

Steen L A. 1999. Mathematical Reasoning//Lee Stiff, ed. Developing Mathematical Reasoning in Grades K-12. Reston Va: National Council of Teachers of Mathematics: 270-285.

Steen L A. 2001. Mathematics and Democracy: The Case for Quantitative Literacy. National Council on Education and Disciplines.

Steven M, Anna V. 2000. Measuring and Assessing the Impact of Basic Skill on Labour Market Outcomes. Centre for the Economics of Education, London School of Economies and Political science. London: Houghton Street.

Stoessiger R. 2002. An introduction to critical numeracy//Morony W, Brinkworth P, ed. Springboards into numeracy: Proceedings of the National Numeracy Conference 4-5October 2002. Hobart: The Australian Association of Mathematics Teachers Inc.Walkerdine, V: 47-51.

Susie G. 2001. Numeracy Across the Curriculum: Recognising and Responding to the Demands and Numeracy Opportunities Inherent in Secondary Teaching. Mathematics Education Research Journal, 3:48-61.

Tamsin M. 2007. Weighing up the influence of context on judgments of mathematical literacy. International Journal of Science and Mathematics Education. National Science Council, Taiwan.

Thanheiser E, Browning C, Grant T, et al. 2009. Preservice elementary school teachers' content knowledge in mathematics. Proceedings of the 31St Annual Meeting of the North American Chapter of the International Group for the Psychology of Mathematics Education Vol. 5, Atlanta, GA: Georgia State University: 1599-1606.

The Department for Education and Skills. 2006. Primary Framework for literacy and mathematics. Department for Education and Skills of Great Britain, Sure Start (Programme), corp creators.

The Design Team. 2001. The Case for Quantitative Literacy//Steen L A, ed. Mathematics and Democracy: The Case for Quantitative Literacy. National Council on Education and Disciplines: 1-22.

Tine W. 2010. Ethnomathematics and mathematical literacy: people knowing mathematics in society//Bergsten C, Jablonka E, Wedege T, ed. Mathematics and mathe-matics education: Cultural and social dimensions. Proceedings of MADIF 7. The Seventh Mathematics

Education Research Seminar, Stockholm: 26–27 January. Linköping: Skrifter från SMDF, Nr.7, Linköping Universitet: 31-46.

Usiskin Z. 2001. Quantitative literacy for the next generation//Steen L A, ed. Mathematics and Democracy: The Case for Quantitative Literacy. The National Council on Education and the Disciplines(NCED)Press: 79-86.

Yasemin C G. 2012. Teachers' mathematical knowledge for teaching, instructional practices, and student outcomes. Unpublished doctoral dissertation, University of Illinois, Urbana, Illinois.

Zacharias J R. 1974. The Importance of Quantitative Thinking. National Elementary Principal, 53(2): 8-13.